Kolja Möller, Jasmin Siri (Hg.)
Systemtheorie und Gesellschaftskritik

Sozialtheorie

Kolja Möller, Jasmin Siri (Hg.)

Systemtheorie und Gesellschaftskritik

Perspektiven der Kritischen Systemtheorie

[transcript]

Diese Publikation wurde unterstützt vom DFG-geförderten Exzellenzcluster »Die Herausbildung normativer Ordnungen« an der Goethe-Universität Frankfurt am Main.

Bibliografische Information der Deutschen Nationalbibliothek

Die Deutsche Nationalbibliothek verzeichnet diese Publikation in der Deutschen Nationalbibliografie; detaillierte bibliografische Daten sind im Internet über http://dnb.d-nb.de abrufbar.

Umschlaggestaltung: Kordula Röckenhaus, Bielefeld
Korrektorat: Simon Bussieweke, Gütersloh
Satz: Michael Rauscher, Bielefeld
Printed in Germany
Print-ISBN 978-3-8376-3323-8
PDF-ISBN 978-3-8394-3323-2

Gedruckt auf alterungsbeständigem Papier mit chlorfrei gebleichtem Zellstoff.
Besuchen Sie uns im Internet: *http://www.transcript-verlag.de*
Bitte fordern Sie unser Gesamtverzeichnis und andere Broschüren an unter:
info@transcript-verlag.de

Inhalt

Wie beobachten? Was tun?

Perspektiven der Kritischen Systemtheorie

Ein Vorwort von Kolja Möller und Jasmin Siri

> »Auf welches *selbst erzeugte* Problem re-
> agiert die Soziologie als Reflexionstheorie,
> und warum sieht es gar nicht wie ein *selbst
> erzeugtes* Problem aus, sondern wie ein –
> ja was für eines, eines der Welt? eines der
> Zeit? eines des historischen Schicksals?
> eines der Vernunft oder der Moral? Alles
> richtig! Aber vor allem gilt: *eines der Ge-
> sellschaft.* [Herv. i. O.]« (Nassehi 2006: 27)

Was eine kritische Theorie der Gesellschaft leisten soll, ist weiterhin umstritten. Dies gilt umso mehr in Zeiten, in welchen das Label »kritische Theorie« sich zunehmend von der Traditionslinie der
Frankfurter Schule gelöst hat. Zwischenzeitlich beanspruchen eine
Vielzahl an Orientierungen in Sozialtheorie und politischer Soziologie für sich, kritisch zu sein oder bilden ihr Grundverständnis
auf einem emanzipatorischen Erkenntnisinteresse aus: Die For-
schungsaktivitäten sollen nicht nur zu einem besseren Verständnis
der sozialen Welt, wie sie ist, beitragen, sondern sich kritisch auf
die bestehende Gesellschaft und auf den Standpunkt wissenschaftlicher Beobachtung selbst beziehen.

In seinem frühen Aufsatz zu »Traditioneller und kritischer
Theorie« hatte Max Horkheimer diesen Zusammenhang als »kritisches Verhalten« (Horkheimer 1992: 223) bezeichnet und man kann

wohl davon ausgehen, dass kritische Theorie sich heute weniger um einen bestimmten Typ der Gesellschaftstheorie versammelt, als um eben diese Figur. So scheint das kritische Verhalten, also das Kritisieren selbst in seinen vielfältigen Facetten und Theoriebezügen, die vom Poststrukturalismus bis zum Postkolonialismus reichen, das verbindende Motiv aktueller kritischer Theorien zu sein.

Die Perspektiven könnten dabei unterschiedlicher oft nicht sein. So unterscheiden sich die kritischen Perspektiven auf Gesellschaft zum Beispiel massiv hinsichtlich der Beantwortung der Frage, wie und welcher Eingriff in die Gesellschaft möglich sei. Während Adorno und Horkheimer hinsichtlich der Möglichkeiten einer Veränderung dessen, was ist, sehr skeptisch waren – vielleicht sogar skeptischer als der Systemtheoretiker Luhmann – machen die Nachfahren oft den Glauben an bessere Argumente und an die Widerstandsfähigkeit von Individuen stark. Damit wird aber fraglich, welche Rolle dann das »Übergewicht von Verhältnissen über die Menschen«, von dem Adorno einst sprach, noch spielt (Adorno 1997: 9).

Die Wende zu einem pluralistischen Verständnis der kritischen Theorie sieht sich zudem mit dem Problem im Gegenstandsbezug konfrontiert. Eine kritische Theorie bewährt sich nicht einzig am Verhalten der Kritisierenden und am ›Wie‹ der Kritik. Sie muss auch ihre Gegenstände selbst entschlüsseln, verstehen und kontextualisieren können. Das »kritische Verhalten« Horkheimers ist ausdrücklich *keine* Tugendlehre für kritische Wissenschaftler, keine kantianische Aufforderung zum besseren Kritisieren. Sie geht vielmehr von einer »doppelten Präformation« der sozialen Welt aus:

»Die Tatsachen, welche die Sinne uns zuführen, sind in doppelter Weise gesellschaftlich präformiert: durch den geschichtlichen Charakter des wahrgenommenen Gegenstands und den geschichtlichen Charakter des wahrnehmenden Organs.« (Horkheimer 1992: 217)

Dass dieses ›wahrnehmende Organ‹ sich im Falle der Soziologie nicht außerhalb der Gesellschaft lokalisieren kann, ist eine wissenssoziologische Einsicht, die für die Frage der Bedingung der Möglichkeit kritischer Theorien wesentlich ist. Eine kritische Theorie der Gesellschaft muss diese doppelte Präformation verstehen und mit ihr arbeiten. Sie benötigt daher eine hinreichend komplexe Theorie sozialer Evolution, die den »geschichtlichen Charakter« aufnimmt und so auch den Gegenstandskomplex (hier das Zusammenspiel aus »Gegenstand« und »Organ« – bspw.: von Soziologie und ihrem Gegenstand) zu erfassen vermag.

An diesem Problem setzt auch die Systemtheorie an. Zwar hatte Niklas Luhmann seine Theorie der Gesellschaft immer wieder von der Kritischen Theorie der Frankfurter Schule distanziert, dennoch findet sich in systemtheoretischen Überlegungen genau jenes Zusammenspiel wieder, das Horkheimer zum Ausgangspunkt wählte: eine allgemeine Theorie, die ihrem zentralen Gegenstand – der »Gesellschaft« – gerecht wird und die Aktivität des wissenschaftlichen Beobachtens selbst reflektiert. Hieraus resultierte für Adorno und Horkheimer die sehr skeptische Beobachtung von heldenhaften Versuchen der Gesellschaftsveränderung. Luhmann führte diese Kritik des Heldensubjekts noch weiter, indem er es gleichsam aus den Funktionssystemen ›verbannt‹. Vielfach weist er in seinen Studien über funktionssystemische Eigenlogiken auf die Grenzen moderner Steuerungsphantasien und die widerständige Eigensinnigkeit sozialer Praktiken hin. Und auch die Idee, dass nur eine Universaltheorie adäquate Beobachtungsleistungen der Gesellschaft anfertigen kann, verbindet die ›alte‹ kritische Theorie mit der Systemtheorie. Es reicht nicht mehr aus, einfach von Krisendiagnosen auf Kritik zu schließen, um Soziologie zu betreiben (Luhmann 1991: 147).

Wir wenden uns also in diesem Band den Spielräumen für eine Kritische Systemtheorie zu, gerade weil hier ein Bezug zu einer verallgemeinerbaren Evolutionstheorie erhalten bleibt, die kritisiert, indem sie aufklärt, und aufklärt, indem sie kritisiert. Statt also immer nur nach dem »Wie tun?« der Kritik zu fragen, wollen wir die Aufmerksamkeit auch auf das »Was«, also auf die Sachdimension der Kritik richten: Kritik muss sich nicht einzig in den Köpfen derer, die Kritik üben wollen, sondern auch am Gegenstand selbst bewähren!

In diesem Sinne versammelt der vorliegende Band Perspektiven, die ganz unterschiedliche kritische Positionen für sich beanspruchen (oder auch gerade nicht), dabei aber gemeinsam haben, die schon angesprochene doppelte Präformation zu reflektieren. Die Beiträge dieses Bandes sind in diesem Sinne auch bemüht, den Verbindungslinien zwischen der Systemtheorie und anderen aktuellen theoretischen Ansätzen sowie konkreten Forschungsfeldern nachzugehen. Ihnen allen ist aus unserer Sicht gemein, dass es Ihnen weniger um das Vorführen einer kritische Haltung geht als um die Frage, wie das Verhältnis von Gegenstand/Empirie und Kritik gefasst werden kann und welche Voraussetzungen hierfür in einer modernen Theoriearbeit gegeben sein müssen. Dass es nicht nur darum gehen kann, wohltönende (genauer: in politischen Milieus zustimmungsfähige) kritische Sätze zu formulieren, ist ihnen dabei allen klar. Vielmehr stellt sich die Frage, ob und wie solche Sätze unter den Bedingungen einer ausdifferenzierten Gesellschaft in anschlussfähiger Form formuliert werden können. Dies führt zu einer Soziologie, die sich *in* der Gesellschaft und in der Tradition einer reflexiv werdenden Aufklärung verortet:

»Soziale Komplexität mitsamt den Bemühungen zu ihrer Erfassung und Reduktion ist ein Sachverhalt, den die Soziologie in der Welt vorfindet und erforscht. Unterstellt sie sich selbst und ihre eigene Funktion diesem Problem, so ordnet sie sich damit ihrem Gegenstandsbereich ein und versteht sich als ein Sozialsystem unter anderen. Andererseits ist ihren Gegenständen weder dieses Problembewußtsein eigen, noch gar eine aufklärerische Tendenz der Steigerung ihres Potentials zur Erfassung und Reduktion von Komplexität ohne weiteres immanent. Selbstaufklärung ist den Systemen der Welt weder von der Natur mitgegeben, noch ist sie ein Gesetz notwendiger geschichtlicher Entwicklung. Wenn die Soziologie soziale Systeme, darunter sich selbst, mit diesen funktionalen Begriffen erforscht, stellt sie sich damit unter das Postulat der Aufklärung.« (Luhmann 2009:109)

Dabei sind unterschiedliche Verständnisse der Kritischen Systemtheorie am Werk.[1] Auch wenn es den Beiträgen nicht gerecht wird, sie in einem Absatz zusammenzufassen, wollen wir in diesem Vorwort doch zumindest einen ersten inhaltlichen Überblick geben:

Die Beiträge von Dirk Baecker und Moritz Klenk sowie ein Interview mit Armin Nassehi diskutieren die theorieimmanenten Spielräume für Kritik:

Dirk Baecker lotet in seinem Beitrag die Möglichkeiten von Kritik in der nächsten Gesellschaft aus. Baecker zeigt, dass der Ort der Gesellschaftskritik eine Öffentlichkeit ist, die sich mit dieser Kritik in einem spekulativen Überschuss bewegt. Die Zurechnung auf Gesellschaft bedeutet laut Baecker auch, dass soziologisch nach dem Ort der Kritik in dieser Gesellschaft gefragt werden könne. In der nächsten, vom Computermedium geprägten Gesellschaft werden die vom Buchdruck induzierten Kulturtechniken des Kritisierens aber zunehmend unbrauchbar. Mithilfe der Luhmann'schen Analyseebenen von Codierung und Programmierung diskutiert Baecker daher die Möglichkeiten einer durch Technopoiesis vermittelten »Geselligkeit«. Die Wahrheit der Kritik hingegen werde in der nächsten Gesellschaft transparent, unsichtbar, negativ. Aber, so Baecker. »Besser könnte das Überleben der Kritik nicht gesichert sein.«

Moritz Klenk lokalisiert die Kritikfähigkeit der Systemtheorie darin, dass sie immer wieder neu nach dem Anfang ihrer Theorie sucht. Dieser Anfang beziehe sich auf die kritischen Analysen ihres Gegenstandes ebenso wie auf die reflexive Theoriekritik, der sie sich selbst unterziehe. Diese These führt Klenk an einer Auseinandersetzung mit der Frankfurter Schule und an der Diskussion ausgewählter Schriften Niklas Luhmanns aus. Die Supertheorie könne überhaupt nur ertragen werden, wenn sie in ihrem Anfang

---

1 | Im Sinne dieser Diversität haben wir auch darauf verzichtet, in diesem Band einen fixen Umgang mit geschlechtersensibler Sprache zu definieren. Wir überlassen die Entscheidung hierüber den Autorinnen und Autoren selbst, die unterschiedlich damit umgehen.

das Ende erkenne, wenn sie sich also selbst weniger ernst nehme als ihre Gegenstände und ihre Neugierde, diese zu beschreiben. Systemtheorie als Kritische Theorie zu denken bedeutet daher vor allem, Umschreibeversuche der Theorie nicht nur nicht zu scheuen, sondern mithin für theoretisch notwendig zu erachten.

In einem Interview erörtern *Armin Nassehi* und die Interviewerin *Jasmin Siri* die Frage, was Theoretisieren in kritischer Absicht überhaupt bewirken kann. Hierbei nehmen sie auch das Verhältnis von kritischer Theorie und Systemtheorie in den Blick. Sie diskutieren außerdem die Grenzen und Möglichkeiten soziologischen Einwirkens auf Gesellschaft sowie die Frage, ob und wie sich Soziologie in öffentliche Debatten einmischen kann, und vielleicht sogar soll.

Demgegenüber betonen die Beiträge von Guilherme Leite Gonçalves und Kolja Möller die Notwendigkeit, den systemtheoretischen Rahmen deutlich zu erweitern.

Guilherme Leite Gonçalves mobilisiert die Ressourcen der *postcolonial studies*, um zu zeigen, wie sich die systemtheoretische Weltgesellschaftsdiagnose zum Projekt einer soziologischen Aufklärung verhält: Indem sie von den konkreten sozialen Ungleichheiten abstrahiert und einem westlichen Fortschrittsnarrativ anhängt, avanciert die funktionale Differenzierung zu einem Machtinstrument, zu einer – wie Leite Gonçalves es nennt – »Ideologie der Allgemeingleichheit«. Sie ist in kolonialisierende Praktiken verstrickt, die mit einer regionalen Differenzierung zwischen dem aufgeklärten »Westen« und anderen, nicht-zivilisierten Weltregionen operieren.

Kolja Möller schlägt in seinem Text eine politische Soziologie verfassungsgebender Gewalt im Anschluss an systemtheoretische Überlegungen vor. Dabei zeigt er, wie die funktionale Analyse doch wieder auf demokratietheoretische Einsichten zurückführt: Die konstituierende Macht des Volkes, so Möller, darf nicht als Selbstbestimmung eines territorial gebundenen Staatsvolks verstanden werden, sondern als Möglichkeitsbedingung für die Kommunikation von Gegenmacht. Ihre Rolle ist deshalb vor allem negativ zu verstehen. Sie erzielt ihre Wirkungen durch die Drohung mit einem Rücknahmeszenario, das bei den konstituierten Organgewalten zu begrenzenden und disziplinierenden Effekten führen soll.

Weitere Beiträge widmen sich dem Verhältnis von Systemtheorie und konkreten Forschungsfeldern wie der Technikforschung, der Organisationstheorie und den Gender Studies sowie theorievergleichenden Perspektiven auf das Verhältnis von Systemtheorie und Kritik.

Victoria von Groddecks Beitrag wendet sich der Organisationstheorie zu. Sie zeigt, dass kritische Theorien die Funktion von Organisationen und ihren Eigensinn kaum berücksichtigt haben. In Kritischen Theorien würden Organisationen so zwar in den Blick genommen, jedoch kaum als eigenständiges Phänomen beschrieben. Vielmehr würden Organisationen als sicht- und beobachtbarer Ort des Arbeitens und des Einsatzes von Technik dazu genutzt, auf die Strukturen einer Gesamtgesellschaft zu schließen. Die Organisation als Organisation bleibt dabei zugunsten der Beschreibung eines prekären Individuums unterbestimmt. Hingegen können systemtheoretische Einsichten dazu genutzt werden, die Rolle von Organisationen besser zu erfassen und auf diese Weise auch Anknüpfungspunkte für eine adäquate Organisationskritik aufzuspüren.

Jasmin Siri diskutiert in ihrem Beitrag über Psychoanalyse und Systemtheorie die Frage, inwiefern sich an den Grenzen dieser Theorien Möglichkeiten für soziologische Erkenntnis bereithalten. Mittels der Psychoanalyse werde die soziologische Perspektive um eine sozialpsychologisch sensible Lesart der Psyche ergänzt, die Abweichungen nicht etwa pathologisieren müsse, sondern ihre Funktionalität herausstelle. Rassismus und scheinbar vormoderne Akte des Hasses und der Irrationalität können mit der psychoanalytischen Brille nicht nur als ein Normverstoß oder misslungene funktionale Differenzierung verstanden werden, sondern als eine individuelle wie kollektive Lösung für spezifische Bezugsprobleme.

Sascha Dickel und *Benjamin Lipp* wenden sich dem Problem der Technikkritik zu: Das Potential der Systemtheorie kommt hier insofern zur Geltung, als dass sie das Hin- und Herschwanken der Technikkritik zwischen der Beherrschung des Menschen durch die

Technik und dem umgekehrten Anschmiegen des Technischen ans Menschliche als Teil eines wiederkehrenden Narrativs kontextualisiert. Technikkritik kann sich dann weder abstrakt auf die Seite der Technikkontrolle noch auf die Seite des Kontrollverlusts stellen, sondern muss sich auf die spezifischen Kontexte im Verhältnis von Mensch und Technik einlassen.

Cornelia Schadler schlägt in ihrem Text eine kritische Parallellektüre von Allgemeiner Systemtheorie und New Materialism vor. Neue Materialismen sind, so Schadler, Prozessontologien, die sich nicht für A-priori-Entitäten sondern für die Ausdifferenzierungen sozialer Praxis interessieren und dies verbinde sie mit älteren Prozessontologien, beispielsweise mit der Allgemeinen Systemtheorie Ludwig von Bertalanffys. In ihrem Artikel untersucht Schadler daher Ähnlichkeiten der beiden Theorieanlagen, wobei sie ausgehend vom Paradigma des New Materialism nicht nur die Texte ›für sich‹, sondern auch die Biographien der Autor*innen sowie politische und wissenschaftliche Kontexte in den Blick nimmt. Schadler stellt heraus, dass New Materialism und Allgemeine Systemtheorie zu ähnlichen Beobachtungen kämen, daraus aber ganz unterschiedliche Schlüsse zögen.

Jasmin Siri und *Tanja Robnik* diskutieren das Verhältnis von Systemtheorie/funktionaler Analyse und Foucault'scher Diskursanalyse als zweier im Geiste verwandter Theorien, denen es darum gehe, die Herstellungsbedingungen und Kontingenz sozialer Praxis zu beschreiben. Der Text stellt die These auf, dass das Verhältnis von Theorie und Empirie bzw. ›Methoden‹ für die Frage, wie mit Universaltheorien Kritik geübt werden könne, wesentlich ist und diskutiert daher die Kombinationsmöglichkeiten von funktionaler Analyse und Diskursanalyse. Die Stärke einer Rekombination beider Verfahren bestehe im Scharfstellen des soziologischen Blicks auf unterschiedlich konzipierte Analyseeinheiten und der Beförderung eines soziologischen Zuganges, der um seine Herstellungsbedingungen wisse, und dementsprechend weder der Essentialisierung noch der Selbstlokalisierung auf Seiten objektiver Wahrheit verfalle. Diese Haltung sei für eine systemtheoretische Soziologie in kritischer Absicht wesentlich.

Korbinian Gall fragt in seinem Beitrag nach der Funktionalität von Geschlecht für soziale Systeme. Entgegen der Diagnose, dass Geschlecht in Funktionssystemen keine Rolle spiele, fragt er nach den Gründen für die Resistenz der binären Geschlechterunterscheidung. Im Ergebnis kann er zeigen, dass die Inanspruchnahme der Geschlechterunterscheidung ganz unterschiedliche Probleme sozialer Praxis bearbeitet. Geschlecht diene dabei nicht als Exklusionsmechanismus, sondern vielmehr als strukturelle Stütze diverser Arrangements sozialer und psychischer Systeme. In der Konsequenz könnten die Gender Studies von der Systemtheorie durchaus etwas lernen – und vice versa.

Alexander Weiß beschäftigt sich in seinem Beitrag mit dem Verhältnis von Systemtheorie und Demokratie. Niklas Luhmanns politische Soziologie wird dabei so verstanden, dass sie eine eigenständige Theorie des Wechselspiels aus Regierung und Opposition bereithält, in deren Mittelpunkt ein anspruchsvolles Konzept der Kontingenz steht: Die Rationalität der Demokratie entspringt aus ihrer Offenheit gegenüber alternativen Weltbeschreibung und innerer Varianz, nicht aus der Zuspitzung auf optimale Problemlösungen oder richtige und wahre Entscheidungen.

Soweit zu den Beiträgen, die den Leser und die Leserin erwarten. Bevor es losgeht, scheint es uns angebracht, noch einige Worte zum Entstehen des Bandes zu verlieren. Die Zusammenarbeit des Herausgebers und der Herausgeberin hat sich aus einer zum Thema des Bandes veranstalteten Ad-hoc-Gruppe auf dem DGS-Kongress in Trier ergeben. Das große Interesse besonders auch jüngerer Tagungsteilnehmer*innen hatte uns seinerzeit überrascht und erfreut. Die Idee von Michael Volkmer, zum Thema einen Sammelband herauszugeben, haben wir daher gerne aufgenommen. Der vorliegende Band ist eine von zwei Publikationen, die aus diesem Zusammenhang entstehen. Die zweite wird ein Themenschwerpunkt der Zeitschrift *Soziale Systeme* mit einer anderen Autor*innenschaft und ausführlicheren Beiträgen sein.

Unser Ziel für diesen Band war, einen Überblick über aktuelle Diskussionen zum Thema »Systemtheorie und Gesellschaftskritik« zu versammeln und durch die Bearbeitung einer ähnlich lautenden Fragestellung miteinander ins Gespräch zu bringen. Dass dies keine vollständige Betrachtung sein kann und will, versteht sich bei einem so großen Thema bereits von selbst. Wir haben uns für kürzere Texte entschieden, damit ein weites Publikum von der Studierendenschaft über soziologisch allgemein Interessierte bis zu den Eingeweihten in systemtheoretische Spezialdiskurse Zugang zu dieser Diskussion erhalten kann und viele unterschiedliche Perspektiven in dem Band Platz finden. Ins Gespräch bringen wollten wir ebenfalls unterschiedliche Generationen von theoretisch interessierten Wissenschaftler*innen, von Studierenden über Promovierende, die Post-Docs bis hin zu Professoren, die Luhmann als Gesprächspartner und soziologischen Lehrer erlebt haben.

Aufgrund der Kürze der Beiträge haben wir unsere Autor*innen mit vielfachen Kürzungsaufforderungen gequält, sogar die Frage, ob man sich denn nicht noch ein paar Zeichen kaufen oder mit einer anderen Person tauschen könne, wurde hartherzig mit Nein beschieden. Für diese Leidensfähigkeit wie auch für die konstruktive und spannende Zusammenarbeit bedanken wir uns bei allen Autor*innen. Michael Volkmer vom transcript Verlag danken wir zum einen für die initiatorische Idee, diesen Band überhaupt entstehen zu lassen und für seine kenntnisreiche Unterstützung in der Konzeptionalisierung. Wie danken außerdem Nicole Lühring und Daniel Lehnert, die als studentische Lektor*innen die Produktion des Buches professionell begleitet haben. Dem Exzellenzcluster »Normative Orders« danken wir für einen finanziellen Zuschuss zur Publikation.

Dieses Buch ist Theo und Natalja gewidmet, die sich (noch!) überhaupt nicht für Systemtheorie interessieren.

LITERATUR

Adorno, Theodor W. (1997): »Gesellschaft«, in: Ders., Gesammelte Schriften Band 8. Soziologische Schriften I, Frankfurt a. M.: Suhrkamp, S. 9–19.

Horkheimer, Max (1992): »Traditionelle und kritische Theorie«, in: Ders., Traditionelle und kritische Theorie – Fünf Aufsätze, Frankfurt a. M.: Suhrkamp, S. 205–259.

Luhmann, Niklas (1991): »Am Ende der kritischen Soziologie«, in: Zeitschrift für Soziologie, Jg. 20, Heft 2, S. 147–152.

Luhmann, Niklas (2009): »Soziologische Aufklärung«, in: Ders., Soziologische Aufklärung 1, Wiesbaden: Springer VS, S. 83–115.

Nassehi, Armin (2006): Der soziologische Diskurs der Moderne, Frankfurt a. M.: Suhrkamp.

Der Anfang vom Ende

Zum kritischen Potenzial soziologischer Systemtheorie

Moritz Klenk

I.   Einleitung

> »Ich würde es für richtiger halten, die Unsicherheit der Theorie nach Ansatz und methodischer Ausführung bewußt zu halten, ja hervorzukehren. Darin dürfte eine Vorbedingung liegen für jede Art Selbstkontrolle politischer Implikationen.« (Luhmann 1976c: 404 f)

> »Alles könnte anders sein – und fast nichts kann ich ändern.« (Luhmann 1994: 44)

Für einen Beitrag zum Thema *Systemtheorie als Kritische Theorie* könnte man zu sehr vielen und sehr unterschiedlichen Fragen schreiben. Und selbst wenn man sich vorab auf *eine* Systemtheorie (z. B. die im Anschluss an Niklas Luhmann) und *ein* Verständnis von Kritischer Theorie (z. B. im Anschluss an die sogenannte Frankfurter Schule) einigen könnte, wäre eben *dieses* kritisch-theoretische Potenzial eben *jener* Systemtheorie noch zu umfangreich, um einen Aspekt als den geeignetsten auswählen zu können. Aber irgendwie muss begonnen werden. Ich beginne hier also, oder habe bereits begonnen, mit der Beobachtung der Schwierigkeit des Anfangs.[1]

Systemtheoretikerinnen ist dieser Beginn vertraut, er weckt wohl nicht einmal mehr ein müdes Lächeln des Erkennens – ah, mal wieder einer dieser Aufsätze – doch ist dieser Anfang für den Beitrag nicht (nur) rhetorisch relevant, sondern verweist bereits auf seinen Gegenstand. Die folgenden Überlegungen erarbeiten die These, *dass soziologische Systemtheorie ihr ›eigentliches‹ kritisches Potenzial aus dem immer wieder neuen Suchen nach dem Anfang der eigenen Theorie gewinnt.* Dieser Anfang entscheidet beides, sowohl die kritischen Analysen ihrer Gegenstände als auch, sich selbst zum Gegenstand erklärend, ihre reflexiv gewendete Form der Theoriekritik, mithin die Kritik soziologischer Erkenntnis.

Wählt man diesen Anfang als eine Art Ausgangslage, so ist bereits das zentrale Paradigma systemtheoretischer Beobachtungstheorie als Methode der Soziologie (vgl. Karafillidis 2010: 89 ff.; Klenk 2015a) vorausgesetzt. Die hier vorliegenden Überlegungen machen damit ihre systemtheoretischen Wurzeln deutlich. Dass hieraus aber nicht zwangsläufig eine sich immer nur selbst bestätigende Figur entstehen muss, soll im Folgenden gezeigt werden. Dem Anfang kann man nun vertrauen oder es lassen; ihn zu thematisieren macht Erstes nicht unbedingt leichter. Für die Frage nach einem in diesem Kontext hilfreichen Verständnis von *kritischer Theorie* gibt es jedoch bereits erste Hinweise.

II. Was ist Kritik?

Wer, wie die Systemtheorie, einen Anfang als Unterscheidung versteht, ist damit bereits dem Verständnis eines Begriffs von Kritik auf der Spur. Vom griechischen krínein' ›unterscheiden‹, ›urteilen‹, ›trennen‹ abgeleitet, bezeichnen die beiden Begriffe Krise, wie auch

---

1 | »Ein ordentlicher Anfang«, wie man mit Dirk Baecker formulieren kann (vgl. Baecker 2016).

der verwandte Begriff der Kritik eine Situation der Entscheidung. Im Fall der Krise ist damit eine Situation angezeigt, die eine Entscheidung *verlangt*, eine Entscheidung muss getroffen werden, bevor sich die Situation selbst entscheidet, dann jedoch ohne jede Möglichkeit, Einfluss auszuüben. Der Begriff der Kritik verweist dagegen auf die *Möglichkeit*, eine Entscheidung erst noch zu treffen (vgl. Röttgers 1975, 2010; Regenbogen 2010; Koselleck 1973).

Was heute als *kritische Theorie* bezeichnet wird, ist weit weniger eindeutig, als es das einheitliche Label vermuten lässt. Über Fachgrenzen hinweg bildeten sich unterschiedliche Traditionen, seien es die frühen Formen der Klassiker, die frühe und dann die späte Frankfurter Schule, diskurstheoretische Ansätze im Anschluss an Foucault, macht- und feldtheoretische Ansätze im Anschluss an Bourdieu oder dekonstruktivistische Ansätze im Anschluss an Derrida. Alle diese Traditionen haben jedoch etwas gemeinsam, nämlich Figuren der Beobachtung, die sowohl als Theorie wie auch theorieanleitende Methoden der Reflexion verstanden werden müssen. Zunächst ist es zur Bestimmung dieser Figuren instruktiv, die gesellschaftsphilosophische Perspektive der frühen Frankfurter Schule ernst zu nehmen. So unterscheidet Max Horkheimer traditionelle und kritische Theorie vor allem im Hinblick auf die Reflexion von Theorie und Gesellschaft innerhalb der Theorie, insofern *traditionelle Theorie* Gesellschaft als positiv beschreibbar und Theorie als von der Gesellschaft relativ unabhängig begreift, wohingegen *kritische Theorie* immer mitbeobachtet, dass »[d]er Gelehrte und seine Wissenschaft [...] in den gesellschaftlichen Apparat eingespannt sind« (vgl. Horkheimer 1977: 529). Kritische Theorie in diesem Verständnis weist uns also darauf hin, dass Gesellschaft nicht nur immer schon begonnen hat, noch lange bevor Theorie auszog, sie zu beschreiben, sondern auch und vor allem, dass gerade jede Theorie des Sozialen immer Teil dieser Gesellschaft ist. Eine theoretische Reflexion der Gesellschaft kann sich damit nie sauberen und trockenen Fußes aus dem Morast der empirisch beobachtbaren Tatsachenverhältnisse erheben, um in luftiger Höhe über Gesellschaft nachzudenken. Die Bezeichnung von etwas als *kritischer Theorie* bezieht sich immer auf jenen gesellschaftstheoretischen Aspekt der unsauberen Verwicklung des reflektierenden Zugriffs in seinen Objektbereich. Dies führt zu unterschiedlichen Ausprägungen kritischer Theorien, je nachdem, wie Gesellschaft verstanden wird. So unerlässlich diese gesellschaftstheoretische Implikation aber für ein Verständnis von kritischer Theorie auch ist, so ist damit dennoch bereits ein Begriff von Kritik impliziert, der allgemeiner (und konkreter) auf die Operationalität des Denkens selbst zurückzuführen wäre.

Wird Gesellschaftstheorie oft als ein soziologisches oder zumindest sozialtheoretisches Unterfangen verstanden, so gilt das Denken des Denkens gemeinhin als Aufgabe der Philosophie. Im Kontext der kritischen Theorie sind beide Disziplinen jedoch unauflösbar aufeinander verwiesen. In der Weise, wie sich Philosophie als immer schon gesellschaftlich bestimmtes Unterfangen erkennt, sieht sich die Soziologie als kritische Theorie auf die propädeutischen Grundlagen des Faches zurückgeworfen. Es ist daher auch nicht verwunderlich, wenn in den jeweiligen kritischen Theorien Ansprüche des jeweils anderen Faches aufscheinen, und dies sowohl in den reflexiven Texten zur Konstitution einer kritischen Theorie, wie auch in den konkreten empirischen oder theoretischen Untersuchungen.

In diesen nur angedeuteten Überlegungen zu einer kritischen Theorie wird noch etwas Anderes deutlich, das ich ebenfalls nur nennen kann, das jedoch im weiteren Verlauf deutlicher werden sollte. *Kritische Theorie* in dem oben skizzierten Verständnis ist immer und nur als *dialektische Theorie* zu denken (vgl. Adorno/Horkheimer 2003; Adorno 2015), möchte man nicht Kritik als bloß besserwisserisches Kritisieren verstehen. In der Verflochtenheit der Theorie in ihren Gegenstandsbereich zeigt sich das dialektische Verhältnis, das in seiner frühen modernen Form als Verhältnis von Subjekt und Objekt formuliert wurde. Diese Begriffe mögen nun aus unterschiedlichen Gründen und besonders in der Soziologie gewissermaßen vorbelastete Begriffe sein, es sind jedoch nicht die einzigen Begriffe, in denen sich dialektische Theorie ausdrücken kann.

III. Die Anfänge der Systemtheorie

Dieser Beitrag konzentriert sich auf systemtheoretische Überlegungen im Anschluss an Luhmann und grenzt hiermit den Gegenstand auf jene Periode der Theorieentwicklung ein, in der dieser die Fäden durch die Gänge des Labyrinths zog, die von vielen nach ihm aufgenommen und weiterverfolgt und gesponnen wurden. Nimmt man die Tradition als solche ernst und betrachtet die darin (und nicht nur zeitlich) beobachtbaren Anfänge der Systemtheorie selbst, fällt zunächst auf, dass hier zahlreiche Anfänge markiert werden. Streng genommen lassen sich so viele Anfänge ausmachen, wie systemtheoretische Texte erschienen sind. Für diesen Beitrag wähle ich vier Anfänge aus.

Bereits in dem den Höhepunkt der sogenannten Luhmann-Habermas-Debatte fassenden Band *Theorie der Gesellschaft oder Sozialtechnologie* von 1971 (Habermas/Luhmann 1976) schließt Luhmann an die Tradition der Systemtheorie nach Parsons an, indem er die eigenen Überlegungen davon abzugrenzen sucht. In seinem ersten Aufsatz in jenem Band stellt Luhmann die Frage, »ob Gesellschaft angemessen begriffen wird, wenn man sie als System begreift« (vgl. Luhmann 1976a: 7). Einen der vielen Anfänge markiert hierbei sicherlich die Abgrenzung von Parsons, der zwar »die Technik funktionaler Analyse *innerhalb* gegebener Systemstrukturen anwenden [...][a]ber [...] nicht nach der Funktion von System überhaupt, von Struktur überhaupt fragen« kann (vgl. ebd.: 14, Herv. i. O.).

Dieser Anfang ist insofern bezeichnend, als er bereits zu Beginn des Neubeginns des Projekts einer ›Systemtheorie‹ der Gesellschaft impliziert, dass nicht alleine mit dem Begriff des Systems begonnen werden kann. Und auch andere, in der Soziologie bis heute beliebte Anfangsbegriffe, wie der Mensch oder die Unterscheidung von Subjekt/Objekt werden auf hintere Plätze verwiesen. Ein anderer Begriff ist Ausgang von Luhmanns Überlegungen, »Sinn« ist *Grundbegriff der Soziologie* (vgl. Luhmann 1976b). »Der Sinnbegriff lässt sich [...], allein genommen, leichter klären als der Subjektbegriff, und deshalb empfiehlt es sich, nicht Sinn durch Subjekt zu definieren, sondern umgekehrt Subjekt durch Sinn – nämlich als sinnverwendendes System.« (Luhmann 1976a: 12; Luhmann 1973)

Im Anschluss an Husserl fundiert Luhmann die Soziologie und ihren Gegenstand im Medium Sinn. Sinn als *einseitig verwendbare Zwei-Seiten-Form*, wie es später heißen wird (vgl. Luhmann 2008: 76), ist die Grundlage aller weiteren Überlegungen. Wie entscheidend diese *als Grundlage* für das gesamte Theorieprojekt selbst ist, wird in den folgenden Texten der Systemtheorie vor allem darin ersichtlich, dass der Sinnbegriff selbst nicht weiter abgeleitet wird. Sinn als Grund der Begriffe der systemtheoretischen Soziologie macht es mithin unmöglich, nach der Genese des Mediums Sinn *sinnvoll* zu fragen. Sinn als Grundbegriff stellte somit eine Paradoxie an den Anfang, die durch weitere Anfänge aufgefangen werden musste.

Der 1981 erschiene Aufsatz »Die Unwahrscheinlichkeit der Kommunikation« in *Soziologische Aufklärung, Band 3* (vgl. Luhmann 2009a) kann als ein weiterer Anfang verstanden werden, der die später proklamierte Umstellung der Systemtheorie von einer Handlungstheorie auf eine Theorie der Kommunikation bereits vorwegnimmt. Wo Habermas noch an Verstehen als Verständigung durch Kommunikation appellieren konnte, setzt Luhmann den Anfang der Kommunikation auf ein Problem zurück und behauptet, gegen alle Ad-hoc-Alltagsplausibilität, dass Kommunikation gleich mehrfach unwahrscheinlich ist. Der Anfang rückt die Operation der Kommunikation in den Fokus, stellt jedoch sogleich den Anfang infrage, insofern er schon mit einem Problem beginnt. Kommunikation ist unwahrscheinlich, *weil* sie »nicht als Phänomen, sondern als Problem« aufgefasst wird (ebd.: 30). Genauer handelt es sich um eine dreifache Unwahrscheinlichkeit: erstens die Unwahrscheinlichkeit, »daß einer überhaupt *versteht*, was der andere meint [Herv. i. O.], *gegeben* die Trennung und Individualisierung ihres Bewußseins [Herv. MK]« (ebd.), zweitens die Unwahrscheinlichkeit des Erreichens von Empfängern sowie drittens die Unwahrscheinlichkeit der Annahme der Sinnzumutung bzw. des Erfolgs (vgl. ebd.: 31). Dieser Neuanfang der Systemtheorie wird damit zum konstitutiven Problem systemtheoretischer Medientheorie, deren Funktion Luhmann im Anschluss als Transformation der Unwahrscheinlichkeit in Wahrscheinlichkeit versteht. Erneut wird ein Grundbegriff, nämlich die Kommunikation, eingeführt, nur um sofort zurückgenommen zu werden und in ein Netzwerk anderer Begriffe, allen voran dem Systembegriff hier in Form psychischer Systeme (»gegeben die Trennung und Individualisierung ihres Bewußtseins« [ebd.: 30]) von dem noch im vorher zitierten Text gesagt wurde, dass es (das Subjekt) als sinnverwendendes System, also vom *Sinn* her verstanden werden muss. Der neue Anfang bestellt Kommunikation auf die Bühne, *gegeben* psychische Systeme, *gegeben* sinnverwendende Systeme, *gegeben* Sinn als Grundbegriff der Soziologie. Hier wird also nicht nur deutlich, dass Systemtheorie sich nicht nur keines Grundes, wie das Sein des Seienden versichern kann, sondern nicht einmal dem Anfang als Anfang traut. Wo immer ein Anfang auftritt und als solcher in die Pflicht genommen wird, wird er zum Problem und sogleich in seiner Verantwortlichkeit entlastet.

Explizit wird dieses Problem des Anfangs im dritten Beispiel, dem Aufsatz »Unverständliche Wissenschaft: Probleme einer theorieeigenen Sprache« (vgl. Luhmann 2009c). Der Beitrag setzt sich mit dem Vorwurf der Unverständlichkeit der Systemtheorie auseinander. Als eines der »Sprachprobleme« der Theorieproduktion fasst Luhmann hier die *»Sequenzierung des Theorieaufbaus«* (vgl. Luhmann 2009c: 197). Sequenzierung verweist dabei sofort und augenscheinlich auf das Problem des Anfangs, nun aber gewendet auf das Problem des Anfangs eines Buches, das üblicherweise einem linearen Aufbau folgt. Man liest:

»Schön wäre es, wenn man diese leicht labyrinthische Theorieanlage in Büchern abbilden könnte, die sozusagen zweidimensional angelegt sind, also mehrere Lesewege eröffnen. Aber das würde gar nichts nützen, da man die

Texte unterschiedlich schreiben müßte je nach dem, auf welchem Weg der Leser zu ihnen gelangt. Ich habe den Plan für ein Buch über Theorie sozialer Systeme mitgebracht, aus dem zumindest optisch deutlich wird, weshalb dieses Buch bisher nicht geschrieben worden ist.« (Ebd.: 197)

Und in der Tat zeigt die auch dem Aufsatz angefügte Skizze die labyrinthische Anlage einer Theorie sozialer Systeme, die in ihrem zirkulären Aufbau einen anders als fast beliebigen Anfang unmöglich scheinen lässt.[2]

Abbildung 1: »Themenplan«

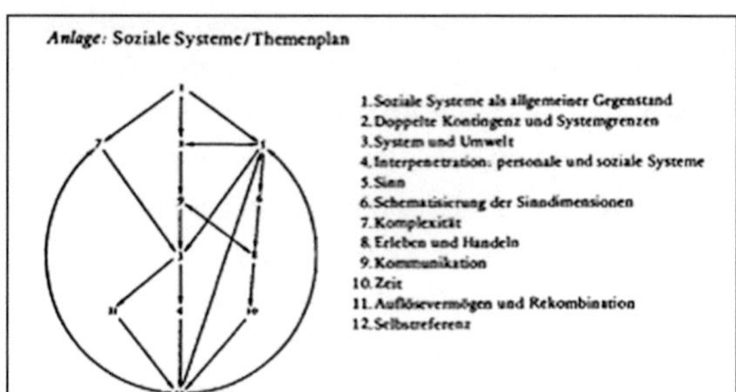

Quelle: Luhmann 2009c: 177.

Das vierte und letzte Beispiel der Anfänge der Systemtheorie Luhmanns stellt nun tatsächlich jenes Buch dar, dessen schwere Geburt in der vorangegangen Skizze veranschaulicht wurde. Gemeint ist die ›Einleitung‹ *Soziale Systeme: Grundriß einer allgemeinen Theorie* (vgl. Luhmann 1984). Nach einem Vorwort, auf das ich gleich zurückkommen werde, und einer Einleitung beginnt das erste Kapitel mit den berühmten Sätzen: »Die folgenden Überlegungen gehen davon aus, daß es Systeme gibt. Sie beginnen also nicht mit einem erkenntnistheoretischen Zweifel. Sie beziehen auch nicht die

---

2 | Diese stark verkürzte Überlegung zum ›Themenplan‹ möge mir bitte nachgesehen werden. Für anspruchsvollere weitergehende Auseinandersetzungen zum Themenplan vgl. Lehmann 2011b; Lehmann 2011c: Kapitel: Rekursionen.

Rückzugsposition einer ›lediglich analytischen Relevanz‹ der Systemtheorie.« (Ebd.: 30) Luhmann skizziert hier einen Anfang als *Ausgangspunkt,* eine sicher wohl gewählte Metapher, die einen zu gehenden Weg und dadurch verantwortete Ziele impliziert. Schon hier zeigt sich, welche Schwere der Bedeutung diesem Anfang auch aus erkenntnistheoretischer Sicht zukommen muss: »Dies soll zunächst nur als Markierung einer Position festgehalten werden. [...] Sie deuten nur den Weg an, auf dem wir zu erkenntnistheoretischen Problemstellungen zurückkehren müssen, nämlich den Weg über eine Analyse realer Systeme der wirklichen Welt.« (Ebd.: 30) Bis man zu diesen erkenntnistheoretischen Überlegungen zurückkehrt, dauert es 350 Seiten und auch dann findet sich dort zunächst nur Folgendes:

»Im Unterschied zu den skizzierten [...] Theorieansätzen geht die Theorie selbstreferentieller Systeme nicht auf eine erkenntnistheoretische [...] Ausgangsposition zurück. Sie beginnt mit der Beobachtung ihres Gegenstandes. Erkenntnistheoretische Fragen werden zunächst ausgeklammert. Die Differenz von Erkenntnis und Gegenstand bleibt zunächst unbenutzt. Dies darf nicht mit einer erkenntnistheoretisch unreflektierten, alltagsweltlich naiven Einstellung verwechselt werden. [...] Gerade das Ausklammern, gerade das vorläufige Absehen von erkenntnistheoretischen Fragestellungen ist eine Einstellung zur Erkenntnistheorie. Es muß sich erkenntnistheoretisch rechtfertigen lassen, und es rechtfertigt sich durch die Erwartung, daß Erkenntnis als einer ihrer Gegenstände auftauchen wird.« (Ebd.: 380 f.)

Dieser Anfang, und sein Wiedereintritt in der Mitte des Buches, ist wohl einer der fulminantesten der Soziologiegeschichte. Die Zweifel vergangener Aufsätze sind verschwunden, die Entscheidung ist getroffen, alles Weitere wird *sich zeigen,* rechtfertigt sich durch *Erwartungen* und verweist auf ein Ende. Genau genommen ist mit dem so getroffenen Anfang bereits das Ende bestimmt, da helfen auch zirkuläre Theorieanlagen nur bedingt. Ja, man kann noch schärfer formulieren: der Anfang wurde erreicht durch einen Abschluss. Genauer: durch den Abschluss der Offenheit des Problems des Anfangs, indem ›einfach‹ angefangen wurde. Aber wurde wirklich angefangen? Liest man die ersten Sätze genau, so erkennt man dort wenn überhaupt einen *Ausgangspunkt* und explizit eben *nicht* einen Beginn. Ausgangspunkte können auch entlang eines Weges oder irgendwo im Labyrinth gewählt werden, vorausgesetzt, man kann vergessen, wie man dorthin gelangt ist. Und das ist es, was das Ausklammern der erkenntnistheoretischen Fragestellung leisten muss. Der Anfang wirkt wie ein Paukenschlag – und darf es unter keinen Umständen sein. Mithin muss sogar verhindert werden können, dass es überhaupt als Anfang verstanden werden kann. Die vorgreifende Relativierung dieser monströsen Tat des ›einfach Anfangens‹ erfolgt dann auch bereits im knappen Vorwort des Buches. Luhmann setzt damit vor den Anfang einen Anfang, der den eigentlichen Anfang vorweg bereits relativiert hat. Das Problem des Anfangs, so verstehe ich hier die ersten Zeilen des Vorworts zum Zwecke dieses Beitrags, hätte jede facheinheitliche Theoriebildung der Soziologie bislang verhindert (vgl. ebd.: 7). Doch anstatt dem Fach nun einen Begriff oder Anfang anzubieten, soll »versucht werden, die Zahl der benutzten Begriffe zu erhöhen und sie *mit Bezug aufeinander* zu bestimmen« (Luhmann 1984: 12). Es folgt eine lange Liste von Begriffen, von denen einige auch im vorliegenden Beitrag genannt wurden. Wenn die Zahl der benutzten Begriffe erhöht wird und diese dann auch noch im Bezug aufeinander bestimmt werden sollen, dann bedeutet dies nichts Anderes, als dass jeder dieser Begriffe einen eigenen Anfang darstellen kann. Die Buchform der Theorie versteht Luhmann dann auch als eine auf dieses selbsterzeugte Problem reagierende Komplexitätsreduktion, als Angebot

»bevorzugte[r] Zusammenhangslinien, die zugleich bestimmte Begriffspositionen zentralisieren. [...] Die Theorie schreibt sich entlang solchen Vorzugslinien selbst, ohne damit andere kombinatorische Möglichkeiten definitiv auszuschließen. Die Darstellung der Theorie praktiziert mithin, was sie empfiehlt, an sich selbst: Reduktion von Komplexität. Aber reduzierte Komplexität ist für sie nicht ausgeschlossene Komplexität, sondern aufgehobene Komplexität.« (Ebd.: 12)

Die ausgeschlossenen und (dialektisch!) darin aufgehobenen alternativen Anfänge werden schließlich zum Schluss des Vorwortes explizit wieder eingeschlossen:

»Das Buch muß zwar in der Kapitelsequenz gelesen werden, aber nur, weil es so geschrieben ist. Die Theorie selbst könnte auch in anderen Sequenzen dargestellt werden, und sie erhofft sich Leser, die dafür hinreichend Geduld, Phantasie, Geschick und Neugier mitbringen, um auszuprobieren, was bei solchen Umschreibeversuchen in der Theorie passiert.« (Ebd.: 14)

Die Problematik des Anfangs wendet sich normativ-kritisch an die Leserinnen des Texte. »Die Theorie selbst [...] erhofft sich Leser« (ebd.) – wenn man Luhmann hier keine alberne Verheimlichung seiner Autorschaft unterstellen will, so bleibt bloß die Deutung, dass die Anlage der Theorie, ja die Theorie selbst, auf die Kontingenz des Anfanges angewiesen ist.

IV. Die erste und letzte Unterscheidung

Zu Beginn dieses Aufsatzes habe ich darauf hingewiesen, dass es kaum möglich ist, *einen* Aspekt als den geeignetsten Anfang für einen solchen Artikel auszuwählen. Die Vielzahl unterschiedlicher Themen und Gegenstände im Kontext von Systemtheorie als kritischer Theorie, versammelt in diesem Band, zeigt darüber hinaus, dass es gute Gründe für ganz verschiedene Texte gibt. Aber woher kommt überhaupt der Bedarf nach einer geeignet*sten* Entscheidung über den Anfang? Warum genügt nicht schlicht eine aus Gründen geeignete?

Hier zeigt sich m. E., dass das Ausklammern erkenntnistheoretischer Fragen eben tatsächlich eine Positionierung zur Erkenntnistheorie darstellt. In ihrem Problem des Anfangs gerät Systemtheorie ins Oszillieren; sie kann im Anfang die dafür notwendige Unruhe finden. Wohl gemerkt: *kann*! Selbstverständlich ist ein Anfangen denkbar, das sich nicht irritieren lässt durch paradoxe Strukturen komplexer Theoriearchitekturen. Über Jahrhunderte des Denkens und bis heute, oder sogar heute wieder neu, wurden solche Fragen ontologisch ›gelöst‹, mit einem Verweis auf die Unhintergehbarkeit des Seins, oder besser: der Denknotwendigkeit des Seins des Seienden. Die Frage nach dem Anfang bleibt so, zumindest meistens, eine Frage der Passung, der Entsprechung, der Weltangemessenheit, der Empirie usw.

Wird der Anfang dagegen als beunruhigendes Problem beobachtet, können wir mit Heinz von Foerster von einer prinzipiell unentscheidbaren Frage sprechen, die (und nur die) wir dann entscheiden *müssen* (vgl. von Foerster 1993: 69–78). Das Problem des Anfangs ist also nicht zwangsläufig eines der Entscheidung, sondern wird erst retrospektiv ein solches Problem gewesen sein. Für die systemtheoretische Tradition nach Luhmann stellt sich dieses Problem als ein konstruktivistisches, was heißen soll, dass die Entscheidung bereits zugunsten einer konstruktivistischen Beobachtungstheorie gefallen ist. Mit der Einführung des Disktinktionskalküls von Spencer-Brown in die Soziologie (vgl. Luhmann 1984, 1988) wird die konstruktivistische Anlage radikalisiert. War zuvor der leitende Begriff das System, so konnte dieses nun mit dem Beobachter identifiziert werden. Man kann vermutlich sagen, dass der Anfang einer Theorie sozialer Systeme, den Luhmann in *Soziale Systeme* vorgelegt hatte, möglich wurde, weil der Leitunterscheidung von System/Umwelt der abstraktere Kalkül der Form unterlegt werden konnte.

Wieder konnte der Anfang verschoben werden. Zu diesem Zeitpunkt kann es uns nicht mehr überraschen, dass schon wenige Jahre nach der ›Einleitung‹ die Unterscheidung von System/Umwelt selbst wieder als eine nur abgeleitete Unterscheidung erscheint. Doch auch das wäre zu einfach:

»Die bloße Tatsache, daß er [der Beobachter, Anmerkung MK] als Beobachter operiert, setzt ihn der Beobachtung mit dem Schema System/Umwelt aus. Auf der Ebene der Beobachtung zweiter Ordnung, auf der Ebene der Beobachtung von Beobachtern identifiziert man deshalb Systeme, die ihre Umwelt oder sich selber beobachten. Mit dem systemtheoretischen Unterscheidungsschema kann man mithin Beobachter über sich selber aufklären, was immer ihr primäres Beobachtungsschema gewesen war.« (Luhmann 2009b: 9)

Diese erneute Verschiebung des Anfangs auf eine noch allgemeinere Beobachtertheorie erlaubt es, die Anfangsunterscheidung von System/Umwelt zugleich zu entlasten, als auch zu belasten. Man kann sich einen solchen Anfang leisten, weil er aufgehoben ist, in einem weitern, dann vorgelagerten Anfang, der hier nur noch als Unterscheidungskalkül auftritt. Dass selbstverständlich für diesen Anfang gilt, was für jeden der Anfänge bislang auch galt, bedarf wohl keiner weiteren Erläuterung. Zwischen Beobachtung und System gerät die Beobachterin in volle Oszillation.

Zum Schluss dieser Ausführungen soll noch auf ein wesentliches Merkmal der eben besprochenen Anfänge hingewiesen werden. Nach dem bisher gesagten und den skizzierten Transformationen der Anfänge können Beobachter mit ihrer Anfangsunterscheidung identifiziert werden. Die unbestimmte Weltkomplexität wird damit in bestimmbare System- oder Beobachterkomplexität überführt.

»Die Frage, was beobachtet wird, wenn ein Anfang bzw. ein Ende beobachtet wird, läßt sich leicht beantworten. Es handelt sich immer um das Wirksamwerden bzw. Unwirksamwerden von Beschränkungen, und zwar in beiden Fällen: mit noch nicht feststehenden Konsequenzen, so daß der Beobachter auf weiteres Beobachten verwiesen wird.« (Luhmann 1990: 15)

Dieses *Wirksamwerden von Beschränkungen* kann mithin aber nur riskieren, wer sich bereits im Anfang des Endes gewiss ist. »Wer von Anfang spricht und bestreitet, daß das Angefangene ein Ende haben könne, ist in eine falsche Terminologie geraten« (ebd.: 15 f.). Es reicht daher nicht aus, nur festzustellen, dass erste und letzte Unterscheidung der Systemtheorie in eins fallen, wenn jeder neue Anfang der Systemtheorie ein Ende mit meint. Wir müssen uns vielmehr nach der *Funktion* der immer neuen Anfänge *für die* Systemtheorie fragen.

Bisher habe ich versucht zu zeigen, dass die Systemtheorie ein kompliziertes Verhältnis zum Problem des Anfangs aufweist. Jeder Anfang bedeutet ein Wirksamwerden von *Beschränkungen*, man riskiert mithin alles, was dann noch möglich oder eben unmöglich ist.

Dies lässt sich auf die These bringen: *Die Supertheorie der Systemtheorie und all ihre Analysen und Beschreibungen können überhaupt nur ertragen werden, wenn sie in ihrem Anfang ihr Ende erkennt, wenn sie also den Anfang der Theorie als ihr eigentliches Bezugsproblem versteht.* Die zahlreichen Neuanfänge haben daher für die Systemtheorie eine doppelte Funktion: der Anfang ermöglicht immer ein Wirksamwerden der Beschränkungen und dadurch erst Beschreibungen der Welt. Zugleich verweist jeder Anfang auf ein notwendiges Ende, welches die Beschränkungen erträglich macht und eben hierin liegt das kritische Potenzial der Systemtheorie. Der bekannte Vorwurf gegen Luhmanns Systemtheorie als einer *hermetischen Theorie* hält einer genauen Beobachtung nicht stand. Es kann der Systemtheorie überhaupt nie um eine Fertigstellung der Theorie, nie um eine bloße Ausdifferenzierung der Begriffe gehen. Im Gegenteil! »[I]hre Perspektiven [sind] Auswegprojekte und ihre Grundrisse Abrisskonzepte und deren Differenz – gemeint ist nichts anderes als die Theorieform des Grundbegriffs als einer disziplinär kontrollierten Abstraktion – ist doch immer eine Gelegenheit, ein Ereignis, ein Anfang.« (Vgl. Lehmann 2011a: 220; vgl. auch: Klenk 2015b) Wir lesen hier wie oben ›Grundbegriff‹ als Frage nach dem Anfang und können im *Problem* des Anfangs die Folie für alle weiteren Abrisskonzepte, kurz alle möglichen *Umschreibeversuche* erkennen.

V. Kritische Systemtheorie

Nach all dem bisher Gesagten stellt sich die Frage, was hieraus für eine Systemtheorie als kritische Theorie folgt oder folgen kann. Mir scheint, die stärkste Implikation ist die Forderung nach immer neuen Anfängen. Kritik schließt damit nicht, wie kürzlich Marcus Steinweg in einem Vortrag in Berlin gekonnt ausführte, Affirmation aus, sondern setzt zumindest gewisse Affirmation voraus.[3] Zum einen lässt jede Form der Kritik sich ein auf das Spiel sprachlicher Realität oder systemtheoretisch/phänomenologisch reformuliert: auf *Sinn* ein. Kritik kann mithin nur als Kritik identifiziert werden, wenn sie selbst das Sinnspiel affirmiert. Zum anderen ist Kritik eine Form der *Kontingenzaffirmation*. Sie muss, um überhaupt sinnvoll zu sein, davon ausgehen, dass alles auch anders möglich wäre. Diese Form der Affirmation ist wohl kaum einer Theorie so vertraut wie der Systemtheorie. Auf das Problem des Anfangs bezogen muss jedoch auch für die Systemtheorie damit immer wieder die Frage nach ihrer eigenen Kontingenz aufgeworfen werden. Der Anfang selbst ist eben auch kontingent. Dies kann nicht deutlich genug betont werden. Zu leicht laufen vor allem hochkomplexe Beobachtungsmaschinen wie die Systemtheorie Gefahr, es sich in ihrem elaborierten Theoriegebäude zu bequem einzurichten. Zu schnell kann das in jedem Anfang mitgedachte Ende vergessen werden. Selbst Luhmann formulierte die Hoffnung im Labyrinth »eine Position zu finden, die vergleichsweise bessere Beobachtungsmöglichkeiten bietet« (Luhmann 1992: 153). Besser als was? Besser für wen? Besser – aber wie? Eine so verstandene Kritik wäre »das unangreifbarste aller Legitimationsverfahren. Sie versieht ihr Objekt nämlich mit Notwendigkeit und konstituiert zugleich das Subjekt des kritischen Aussagens.« (Vgl. Avanessian 2013: 73) Vor dem Hintergrund der immerwährenden Anfangsprobleme der Systemtheorie tönen solche anscheinend haltbaren Rückzugspositionen hohl (vgl. Klenk 2015b).

Die Vielzahl systemtheoretischer Studien zu unterschiedlichen Phänomenen oder gar das verbreitete Verlangen nach einer anwendungsorientierten Systemtheorie deuten ebenfalls darauf hin, dass ein beeindruckender Anfang das notwendige Ende erfolgreich

---

3 | Vgl. Steinweg 2016, ein Vortrag zum Thema »Was ist Kritik?« im n. b. k. – Neuer Berliner Kunstverein, am 6. Januar 2016.

zu verbergen vermag. Wissenschaftspolitisch ist dies auch wenig überraschend; wer kann schon Forschungsanträge schreiben, die deutlich machen, dass sie auch nicht geschrieben hätten werden, und vor allem: nicht *so* geschrieben werden müssen. Das Eingangszitat Luhmanns läse sich so fast als eine Entschuldigung: »Alles könnte anders sein – und fast nichts kann ich ändern« (Luhmann 1994: 44). Damit würde man es sich aber zu einfach machen, ja den Satz sogar missverstehen. Vielmehr drückt sich hier aus, was für jede Form kritischer Theorie gilt: sie ist immer Kritik *und* Affirmation.

Was bedeutet es also, Systemtheorie als kritische Theorie zu schreiben? Ich denke, es bedeutet vor allem, sich die Unruhe eines ausgeschlossenen Anfangs zu bewahren. Jede theoretische Bemühung muss sich mit diesem Bezugsproblem auseinandersetzen, neue Anfänge finden, kurz: Umschreibeversuche wagen. Es ist diese Unruhe des Anfangs, in der die Systemtheorie als kritische Theorie, als *dialektische Theorie* verstanden werden muss, d. h. als einem Denken verwandt, das aus dem unruhigen Moment des Anfangsproblems sich zu entfalten bemüht. Anders jedoch als die Dialektik Hegels führt die Systemtheorie eher zu einem Ende der Vernunft als einem externen Maßstab (vgl. Luhmann 2006: 76; Baecker 2008). Sie stimmt auch darin mit Teilen der jüngeren kritischen Theorie überein, ohne die gemeinsamen Wurzeln im Problem des Anfangs immer zu erkennen.

Als eine allerletzte Bemerkung zum Anfang sei noch erlaubt zu betonen: das konstitutive Problem bereits im Problem des Anfangs zu erkennen bedeutet nicht, dass nun das Rad immer wieder neu erfunden werden muss, wäre das Ergebnis ja wieder nur: ein Rad. Kritik ist keine Aufforderung zu Vergessen, sondern im Gegenteil, die imperative Problematik des Erinnerns, das konstitutive Problem des Anfangens vor dem Hintergrund bisheriger Anfänge.

LITERATUR

Adorno, Theodor W. (2015): Einführung in die Dialektik, Berlin: Suhrkamp.

Adorno, Theodor W./Horkheimer, Max (2003): Gesammelte Schriften, Band 3: Dialektik der Aufklärung, Frankfurt a.M.: Suhrkamp.

Avanessian, Armen (2013): 2 »Krise – Kritik – Akzeleration«, in: Armen Avanessian (Hg.), #Akzeleration, Berlin: Merve, S. 71–77.

Baecker, Dirk (2008): Nie wieder Vernunft: kleinere Beiträge zur Sozialkunde. Sozialwissenschaften, Heidelberg: Carl-Auer-Verl.

Baecker, Dirk (2016): »Ein ordentlicher Anfang«, in: Wozu Theorie? Aufsätze, Berlin: Suhrkamp, S. 273–290.

Habermas, Jürgen/Luhmann, Niklas (Hg.) (1976), Theorie der Gesellschaft oder Sozialtechnologie. Was leistet die Systemforschung?, Frankfurt a.M.: Suhrkamp.

Horkheimer, Max (1977): »Traditionelle und kritische Theorie«, in: Alfred Schmidt (Hg.), Kritische Theorie: Eine Dokumentation, Studienausgabe, Frankfurt a.M./Fischer: S. 521–584.

Karafillidis, Athanasios (2010): Soziale Formen: Fortführung eines soziologischen Programms, Bielefeld: transcript.

Klenk, Moritz (2015a): »Kritik der Gelegenheit«, in: Maren Lehmann/Athanasios Karafillidis/Moritz Klenk (Hg.), Gelegenheiten, REVUE Magazine for the Next Society 17. Berlin: Stiftung Nächste Gesellschaft, S. 31–33.

Klenk, Moritz (2015b): »Theorie(-)und Ideologiekritik. Der Blick hinunter zum Fuße des Leuchtturms«, in: Maren Lehmann/Markus Heidingsfelder/Olaf Maaß (Hg.), Umschrift. Grenzgänge der Systemtheorie, Weilerswist: Velbrück, S. 73–90.

Koselleck, Reinhart (1973): Kritik und Krise. Eine Studie zur Pathogenese der bürgerlichen Welt, Frankfurt a.M.: Suhrkamp.

Lehmann, Maren (2011a). »Perspektiven soziologischer Theoriebildung«, in: Theorie in Skizzen, Berlin: Merve, S. 208–233.

Lehmann, Maren (2011b): »Soziologie als ›Unverständliche Wissenschaft‹: Die Skizzen der Systemtheorie«, in: Theorie in Skizzen, Berlin: Merve, S. 39–71.

Lehmann, Maren (2011c): Mit Individualität rechnen: Karriere als Organisationsproblem, Weilerswist: Velbrück.

Luhmann, Niklas (1973): Zweckbegriff und Systemrationalität: über die Funktion von Zwecken in sozialen Systemen, Frankfurt a. M.: Suhrkamp.

Luhmann, Niklas (1976a): »Moderne Systemtheorien als Form gesamtgesellschaftlicher Analyse«, in: Jürgen Habermas/Niklas Luhmann (Hg.), Theorie der Gesellschaft oder Sozialtechnologie was leistet die Systemforschung?, Frankfurt a. M.: Suhrkamp, S. 7–24.

Luhmann, Niklas (1976b): »Sinn als Grundbegriff der Soziologie«, in: Jürgen Habermas/Niklas Luhmann (Hg.), Theorie der Gesellschaft oder Sozialtechnologie. Was leistet die Systemforschung?, Frankfurt a. M.: Suhrkamp, S. 25–100.

Luhmann, Niklas (1976c): »Systemtheoretische Argumentationen. Eine Entgegnung auf Jürgen Habermas«, in: Jürgen Habermas/ Niklas Luhmann (Hg.), Theorie der Gesellschaft oder Sozialtechnologie. Was leistet die Systemforschung?, Frankfurt a. M.: Suhrkamp, S. 291–405.

Luhmann, Niklas (1984): Soziale Systeme: Grundriß einer allgemeinen Theorie, Frankfurt a. M.: Suhrkamp.

Luhmann, Niklas (1988): »Frauen, Männer und George Spencer Brown«, Zeitschrift für Soziologie 17 (1), S. 47–71.

Luhmann, Niklas (1990): »Anfang und Ende: Probleme einer Unterscheidung«, in: Niklas Luhmann/Karl Eberhard Schorr (Hg.), Zwischen Anfang und Ende: Fragen an die Pädagogik, Frankfurt a. M.: Suhrkamp, S. 12–24.

Luhmann, Niklas (1992): »1968 – und was nun?«, in: André Kieserling (Hg.), Universität als Milieu, Bielefeld: Haux, S. 147–156.

Luhmann, Niklas (1994): »Komplexität und Demokratie«, in: Politische Planung: Aufsätze zur Soziologie von Politik und Verwaltung, Wiesbaden: VS Verl. für Sozialwissenschaften, S. 35–45.

Luhmann, Niklas (2006): »Europäische Rationalität«, in: Beobachtungen der Moderne, Wiesbaden: VS Verl. für Sozialwissenschaften, S. 51–91.

Luhmann, Niklas (2008): Einführung in die Systemtheorie, Heidelberg: Carl-Auer-Systeme-Verl.

Luhmann, Niklas (2009a): »Die Unwahrscheinlichkeit der Kommunikation«, in: Soziologische Aufklärung 3: Soziales System, Gesellschaft, Organisation, Wiesbaden: VS Verl. für Sozialwissenschaften, S. 29–40.

Luhmann, Niklas (2009b): Soziologische Aufklärung 5: Konstruktivistische Perspektiven, Wiesbaden: VS Verl. für Sozialwissenschaften.

Luhmann, Niklas (2009c): »Unverständliche Wissenschaft: Probleme einer theorieeigenen Sprache«, in: Soziologische Aufklärung 3: Soziales System, Gesellschaft, Organisation, Opladen: Westdt. Verl., S. 193–201.

Regenbogen, Arnim (2010): »Krise«, in Hans Jörg Sandkühler/Dagmar Borchers (Hg.), Enzyklopädie Philosophie, Hamburg: Meiner, S. 1313–1317.

Röttgers, Kurt (1975): Kritik und Praxis: Zur Geschichte des Kritikbegriffs von Kant bis Marx, Berlin/New York: De Gruyter.

Röttgers, Kurt (2010): »Kritik«, in: Hans Jörg Sandkühler/Dagmar Borchers (Hg.), Enzyklopädie Philosophie, Hamburg: Meiner, S. 1317–1323.

Steinweg, Marcus. (2016): Was ist Kritik? Unveröffentlichter Vortrag, Berlin: n.b.k. – Neuer Berliner Kunstverein, gehalten am 6. Februar.

von Foerster, Heinz (1993): KybernEthik, Berlin: Merve.

Das Ganze der konstituierenden Macht

Zur politischen Soziologie verfassungsgebender Gewalt

Kolja Möller

»Alle Gewalt geht vom Volke aus!«, »We-the-people« oder »La Nation un et indivisible« sind einschlägige Passagen in den meisten demokratischen Verfassungen. Die verfassungsgebende Gewalt wird dem Staatsvolk zugeschrieben. Das ist folgenreich für die bestehenden Organgewalten in Recht und Politik, etwa für das Parlament oder die Gerichtsbarkeiten: Sie erhalten eine aus dieser konstituierenden Macht nur abgeleitete Rolle. Nicht umsonst steht die Formel »Im Namen des Volkes« am Beginn von Gerichtsurteilen; der Bezug auf den Willen des Volkes ist eine allgegenwärtige Argumentationsfigur im politischen Leben. Die moderne Demokratie beginnt nicht mit den Parlamentswahlen, sondern mit der grundlegenden Verfassungsgebung – und die meisten theoretischen Überlegungen zur modernen Demokratie handeln auch deshalb immer wieder vom Verhältnis der konstituierenden Macht *(pouvoir constituant)* und konstituierten Organgewalten *(pouvoir constitué)*. Niklas Luhmann hat in seinen verfassungstheoretischen Schriften das hier mitschwingende holistische Gebaren skeptisch beäugt. Er bringt die verfassungsgebende Gewalt vor allem mit »feierlichen Erklärungen« (Luhmann 1990: 184), mit »politischem Eifer« (ebd.: 183) und »Machbarkeitsillusionen« in Verbindung (ebd: 176). Aus systemtheoretischer Sicht verdunkelt die vollumfängliche Einsetzung einer rechtlich-politischen Ordnung durch ein verfassungsgebendes Kollektivsubjekt, das in der Regel erst im Nachhinein erfunden wird, den Blick auf die wahren Triebfedern des Konstitutionalismus. Die moderne Verfassung, so Luhmann, sei eben eine evolutionäre (und keine ausschließlich revolutionäre) Errungenschaft, die auf die funktionale Differenzierung von Recht und Politik reagiert.

Allerdings haben sich systemtheoretische Zugriffe in den letzten Jahren verstärkt der Lehre von der konstituierenden Macht – dem *pouvoir constituant* – zugewendet und einen Neuanlauf gewagt (vgl. Femia 2013, Teubner 2012: 97 ff., Thornhill 2013). Sie tragen damit zur Rückkehr der Frage nach der verfassungsgebenden Gewalt auf inter- und transnationaler Ebene bei.[1] In der Diskussion um einen rechtezentrierten *Global Constitutionalism* der Weltgesellschaft wird angemahnt, dass sich die Ordnungsmuster – wie etwa der Weltwirtschaft, der internationalen Staatengemeinschaft oder in funktional spezifizierten Politikregimen – zunehmend verselbstständigen und von ihren sozialen Umwelten lösen.[2] Entweder können sie keine Anbindung an eine klassische Vorstellung der konstituierenden Macht als Staatsvolk mehr ausweisen oder sie setzen sich selbst an seine Stelle. Es sind dann eher übergreifende Rationalitäten wie das Sicherheitsstreben der staatlichen Exekutiven oder die Freihandelslogik der Weltwirtschaft, die auf einmal zur verfassungsgebenden Gewalt avancieren: Der UN-Sicherheitsrat setzt mit einfacher politischer Entscheidung die Menschenrechte außer Kraft (Cohen 2012: 268); westliche Verfassungsjuristen reisen um die Welt und schreiben Verfassungstexte für andere Länder (vgl. die Beispiele externer Konstitutionalisierung bei Dann 2009); die Verfassung der Weltwirtschaft ist nicht von politischen Gründungsakten getragen und folgt einer einseitigen Ökonomisierung (vgl. Cutler 2013).

Bisher speist sich die Kritik an diesen Entwicklungen oft noch aus einem klassisch demokratietheoretischen Vokabular, das die

---

1 | Zwischenzeitlich liegt eine Bandbreite von volkssouveränitätsorientierten bis zu agonistischen Zugriffen auf die verfassungsgebende Gewalt im inter- und transnationalen Maßstab vor (vgl. Patberg 2013, Krisch 2015, Somek 2012, Wenman 2013).

2 | Zum Überblick über die Diskussion vgl. Schwöbel 2010; vgl. die kritischen Diagnosen bei Brunkhorst 2007, Chimni 2004, Maus 2007.

Wiederanbindung an Autorisierungs- und Legitimationsketten ins Auge fasst.[3] Es ist jedoch fraglich, ob eine solche Perspektive in der Lage ist, auf die tieferliegenden sozialen Dynamiken adäquat zu antworten und schließlich eine demokratisch inspirierte Wiederbelebung des *pouvoir constituant* in Gang zu setzen. Demgegenüber werde ich im Folgenden zeigen, wie die Kritische Systemtheorie das Problem der konstituierenden Macht reformuliert und auf diese Weise eigene Ressourcen für eine Kritik an den usurpatorischen Tendenzen gewinnt.

I. FUNKTIONALE ANALYSE DER KONSTITUIERENDEN MACHT

Die Systemtheorie löst sich vom Bild eines Kollektivsubjekts, das als Volk oder Nation in den Geschichtsverlauf eintritt und der funktionalen Differenzierung vorausgeht. Sie unterstreicht die Nachträglichkeit des *pouvoir constituant*: Das Volk wird rückblickend »erst durch den Staat zum Volk« (Luhmann 2002: 33). Nicht das Volk setzt als verfassungsgebende Gewalt die Verfassung in Kraft. Die Richtung verläuft umgekehrt. Die bestehenden Organgewalten nutzen die konstituierende Macht, um sich rückblickend als vom Volk eingesetzt zu inszenieren: »Das Wir, das in der Erklärung spricht, spricht ›im Namen des Volkes‹. Aber dieses Volk existiert nicht, nicht vor dieser Erklärung, nicht als solches [...]. Die Unterschrift erfindet den Unterzeichner.« (Derrida 2000: 13 ff.)

Nun wäre es jedoch falsch, die verfassungsgebende Gewalt auf bloße Anmaßung der Unterschreibenden zurückzuführen. Denn die konstituierende Macht übernimmt eine wichtige Funktion an der Grenze von Recht und Politik. Sie umspielt mit der Ausrich-

---

3 | Hier wird vorgeschlagen, das Prinzip der Volkssouveränität für die Ordnungsbildung auf supra- und transnationaler Ebene fruchtbar zu machen (vgl. Habermas 2011, Niesen/Ahlhaus/Patberg 2016); für eine ausführliche Theorie der Usurpation verfassungsgebender Gewalt vgl. Patberg 2016.

tung auf die Autorisierung einer rechtlich-politischen Ordnung die Gründungsparadoxie der beiden sozialen Systeme. Eine Bewegung »reziproker Externalisierung« verlagert den Ursprung von Recht und Politik in das jeweils andere System (Teubner 2015: 71f., vgl. Luhmann 1990: 202). Die Einsetzung des Rechtscodes wird auf einen politischen (und nicht-rechtlichen) Willensakt zurückgeführt. Doch die Externalisierung greift ebenso in der staatlich monopolisierten Politik. Auch das politische System kann auf eine externe Setzung verweisen. Es bezieht seinen Grund aus der Verfassungsgebung als Rechtsakt, der ausdrücklich außerhalb der Politik steht. Die Unbestimmtheit der konstituierenden Macht ist also nicht mehr als korrekturbedürftige Schwäche zu begreifen, die nach eindeutiger Klärung ruft. Das Schwanken zwischen Recht und Politik, zwischen politischem Dezisionismus und rechtlichem Formalismus ist ein schlichter Effekt der externalisierenden Funktion.[4]

In diesem Sinne schließt sich der Kreis wieder zur funktionalen Differenzierung. Die Lehre vom *pouvoir constituant* stellt eine entparadoxierende Semantik zur Verfügung (Thornhill 2011: 158 ff.). Der Staat kann sich mit der konstituierenden Macht im Rücken zunächst selbst legitimieren und als vom Volk gewollt darstellen. Indem die konstituierende Macht aber in ihrer demokratisch-liberalen Spielart den Bürger_innen gleichzeitig subjektive Rechte gewährt – und den Staatsbürger als Citoyen vom Privatbürger als Bourgeois scheidet – sind die Reichweite und die Zwecke politischer Machtausübung begrenzt. So entsteht eine hohe Flexibilität: Die verfassungsgebende Gewalt des Volkes dient als Bezugspunkt, um die Ordnung gleichermaßen zu etablieren, sie auszuweiten oder auch zu begrenzen. Trotz feierlicher Gesänge und Machbarkeitsillusionen bewirkt sie nicht die holistische Verschmelzung von Recht und Politik, sondern ihre Differenzierung.

Von dort aus ist zu fragen, ob und wie solche Externalisierungsbewegungen auf inter- und transnationaler Ebene zu beobachten sind. Hier betonen funktionale Analysen, dass keine einseitige Ab-

---

4 | Vgl. den Überblick über solche Unterscheidungen bei Loughlin 2014.

kehr von partizipativen Errungenschaften zu beobachten ist. Sie zeigen, wie eine bloße Rekonfiguration stattfindet, in der subjektive Rechte eine massive Aufwertung erfahren:

»Im transnationalen Konstitutionalismus [...] wird der ursprüngliche Nexus aus Rechten und konstituierender Macht als ein Prinzip rekonfiguriert, das weiterhin die soziale Differenzierung und die Transfusion politischer Macht abstützt.« (Thornhill 2012: 393)

Die grundlegende Funktion der konstituierenden Macht – Abstützung sozialer Differenzierung und Zentralisierung politischer Macht – bleiben folglich unberührt. Das *pouvoir constituant* wird vollständig in die schon konstituierten sozialen Systeme verlegt. Allerdings läuft die Internalisierung in die funktionale Differenzierung auf ein offenliegendes Problem zu: Eine Kritik an der Usurpation verfassungsgebender Gewalt »von oben« ist nicht mehr möglich. Als Machtsteigerungsinstrument ist das *pouvoir constituant* so allgemein geworden, dass von den Menschenrechten bis zu den Entscheidungen des UN-Sicherheitsrats stets eine Transnationalisierung der konstituierenden Macht hervortritt, ohne überhaupt eine Kritik an ihrer Usurpation formulieren und einen Unterschied machen zu können.

II. TRANSNATIONALE DEMOKRATIE

Damit drängt sich die Frage auf, ob die konstituierende Macht als »Grenzbegriff« (Böckenförde 1986) nicht noch an einer anderen Grenze zu verorten ist als der strukturellen Koppelung von Rechts- und Politiksystem. Schließlich sind es nicht einzig die Parlamente, Regierungsapparate oder die Verfassungsgerichte, die sich immer wieder auf die verfassungsgebende Gewalt beziehen. Man kann auch eine Gegenrichtung ›von unten‹ beobachten, die von der Grenze zur Gesellschaft und zu den sozialen Umwelt ausstrahlt. Der Appell an die verfassungsgebende Gewalt – an »We-the-people« – ist ein wirkungsmächtiger Faktor innerhalb der gesellschaftspolitischen Auseinandersetzung.[5] Dies ist der Fall, wenn das *pouvoir constituant* in Anspruch genommen und gegen die schon konstituierten Organgewalten gewendet wird. Auch im Hinblick auf den transnationalen Konstitutionalismus wird die Gegentendenz augenfällig. Der Usurpation »von oben« stehen schon seit längerer Zeit soziale Bewegungen und Öffentlichkeiten gegenüber, die ihre Kritik an der hegemonialen Verfestigung vom Standpunkt konstituierender Macht aus formulieren. In den Forderungen nach »*democracia real*« der Platzbesetzungen im europäischen Süden, in der Gegenüberstellung von »*Voi 8-Noi 6000000000*« bei den globalisierungskritischen Protesten gegen den G8-Gipfel oder im Slogan der *refugee*-Initiativen »Wir sind hier, weil ihr unsere Länder zerstört« verdichtet sich dieser Zusammenhang. Die Botschaft lautet immer wieder: Wir sind die eigentliche konstituierende Macht, auf denen »eure« Ordnung nur aufruht.

Man mag hier einen Kategorienfehler entdecken, der entdifferenzierend verfährt und normale Politik unzulässig mit verfassungspolitischen Weihen auflädt.[6] Was solche Trennungslehren zwischen einfacher Politik und höherrangiger Verfassungspolitik jedoch aus dem Auge verlieren, ist der direkte Zusammenhang zwischen Demokratie und konstituierender Macht. Der Umstand, dass das *pouvoir constituant* in Teilen außerhalb der schon konstituierten sozialen Systeme steht, soll schließlich auf das Problem der Verselbstständigung und Selbstermächtigung antworten: Ist die verfassungsgebende Gewalt einmal dem Volk zugeschrieben, stehen die konstituierten Organgewalten immerzu im Verdacht, ihre Macht so zu steigern, dass sie sich schließlich an die Stelle des Volkes setzen und die Gesellschaft enteignen. Dann kann der Name des Volkes aber

---

5 | Am Beispiel der US-amerikanischen Verfassungsgeschichte: vgl. Ackerman 1998; der französischen: vgl. Rosanvallon 1998; als verallgemeinerter Modus demokratischer Politik: vgl. Laclau 2005.

6 | Dies wird vor allem von Kritikern populistischer Politikformen in Anschlag gebracht vgl. Urbinati 2014: 128 ff.

auch »von unten« her in Anspruch genommen werden, um einen Gegenkreislauf in Gang zu setzen. Der französische Theoretiker Claude Lefort hat dies wie folgt fassbar gemacht:

»[E]s zeigt sich, dass der Begriff des ›Volkes‹ eine Opposition überdeckt. Oder, um es anders zu sagen, im Innern des Volkes, der vermeintlichen Gemeinschaft, auf die sich die Identität des Staates beruft, zeigt sich eine Masse der Ohnmächtigen – ›Volk‹ in genau demjenigen Sinne, der es der fiktiven Einheit entzieht, welche die politische Sprache ihm aufnötigt. [Herv. i. O.]« (Lefort 1986: 382)

Auf diese Weise avanciert das *pouvoir constituant* zu einem widersprüchlichen Mechanismus. Als Umschlagplatz, an dem eine »Verfassungspolitik von oben« auf eine »Verfassungspolitik von unten« trifft,[7] dient es sowohl den schon konstituierten Organgewalten zur Eigenlegitimation als auch als Einfallstor für ihre grundlegende Kritik.[8]

Hier setzt die Kritische Systemtheorie an. Sie überführt die Grenzbeziehung zur Gesellschaft in die System/Umwelt-Unterscheidung. Dabei kehrt sie das asymmetrische Verhältnis zwischen Systemen und sozialen Umwelten geradezu materialistisch um. Sie weist den sozialen Energien, Kräften und Affekten eine konstituierende Rolle zu – und verbannt sie nicht in das diffuse Außen des *unmarked space* (vgl. Fischer-Lescano 2013). Das *pouvoir constituant* steht in einem direkten Zusammenhang zum »kommunikativen Potential, als eine Art sozialer Energie, buchstäblich eine ›Gewalt‹, die sich mit Hilfe

---

7 | Dass die konstituierende Macht traditionell sowohl mit radikaldemokratischen als auch mit autoritären Aspirationen (vgl. Schmitt 1993) in Verbindung gebracht wird, ist vor diesem Hintergrund keine Überraschung.

8 | Insofern muss die Rede von der Kontingenz demokratischer Politik und der Flexibilität der parlamentarischen Gesetzgebung erweitert werden: Dieser Typ der Veränderungsfähigkeit (einfache Politik) greift erst, wenn die Usurpationstendenzen der verfassungsgebenden Gewalt ›von oben‹ durch ein Gegenszenario ›von unten‹ blockiert wird.

von Verfassungsrechtsnormen zur ›pouvoir constitué‹ aktualisiert, die aber als Dauerirritation der konstituierten Gewalt ständig präsent bleibt« (Teubner 2012: 102). Es erlaubt der unerschöpflichen *potentia* der Kommunikation einen Wiedereintritt in die schon konstituierten Organgewalten. Die Folge ist eine korrektive Funktion der verfassungsgebenden Gewalt. Dort, wo die Machtsteigerungstendenzen der *pouvoirs constitués* die Kommunikationsverhältnisse beschädigen, können Gegenkreisläufe und Beschränkungen einen *re-entry* erfahren.

Anschlüsse an neo-materialistische Theorien

Dieses Interesse an den sozialen Energien rückt die kritische Systemtheorie in die Nähe von neo-materialistischen Theorien, die sich ebenso von der staatsrechtlichen Traditionslinie distanzieren. Michael Hardt und Antonio Negri stützen ihre Konzeption der konstituierenden Macht auf die Annahme einer untergründigen *potentia*, die sie aus dem Machtbegriff Baruch de Spinozas sowie der Marx'schen Kritik der politischen Ökonomie gewinnen (vgl. Negri 1999; Hardt/Negri 2009: 345 ff.). Die konstituierende Macht wird gerade nicht im Volk oder der Bürgerschaft, sondern in den Kommunikationsprozessen der Menge, der *multitudo*, angesiedelt.

Alles baut hier auf dem ontologischen Vorrang der »lebendigen Arbeit« auf, den Karl Marx vor allem in seinen »Grundrissen der Kritik der politischen Ökonomie« ausgearbeitet hatte (vgl. Negri 1991).[9] Folgen wir der Lesart von Hardt und Negri, dann bezeichnet Marx mit der lebendigen Arbeit nicht ausschließlich die vertraglich geregelte Lohnarbeit; vielmehr zielt er allgemeiner auf die Gesamtheit der menschlichen Kräfte und Vermögen, die im Verwertungsprozess vernutzt, oder wie er später im Kapital schreiben wird, vom Kapital »vampyrmäßig eingesaugt« werden (Marx 1864/1972: 247). In einer einschlägigen Passage der Grundrisse geht Marx davon

---

9 | Vgl. das sog. »Maschinenfragment«: Marx 1962: 590 ff.; für die Bezüge zum spinozistischen Machtverständnis vgl. Saar 2013: 133 ff.

aus, dass die Kräfte der lebendigen Arbeit, insbesondere das Wissen, zu eigenständigen Produktivkräften werden (Marx 1962: 590 ff.). Der Arbeiter trete in der kapitalistischen Vergesellschaftung zunehmend »neben den Produktionsprozess« (ebd.: 601). Dies wird von Hardt und Negri verfassungstheoretisch gewendet. Die wahre konstituierende Macht, die als Schrittmacher die Geschichte antreibt, strahlt von der lebendigen Arbeit aus. Sie »fungiert als antagonistische Grundnorm, als ein feindlicher, aber unumgänglicher Stützpunkt, der außerhalb des Systems liegt, diesem jedoch zugleich als Artikulations- und Legitimationsgrundlage dient« (Hardt/Negri 1997: 78 f.).

So tritt zunächst eine Alternative zur klassischen Lehre vom *pouvoir constituant* hervor. Waren hier das Volk und seine Bürger der Grund der Verfassung, bringen Hardt und Negri die unförmige Macht der Vielen, der *multitudo,* in Stellung, die sich nicht zentralisiert in politischen oder rechtlichen Gründungsakten artikuliert. Sie beruht auf einer untergründigen *potentia,* auf dem die bestehenden rechtlichen und politischen Formen nur parasitär aufruhen. Auch hier wird die konstituierende Macht in das Außen der Systeme verlagert, auch hier wird sie mit kommunikativen Potentialen in Verbindung gebracht, die in der Rede vom Staatsvolk als konstituierender Macht untergehen.

Demokratie?

Nun führen diese beiden Verlagerungsbewegungen ins Außen der Systeme allerdings zu unterschiedlichen Verknüpfungen der verfassungsgebenden Gewalt mit der Demokratie. Die Weichenstellung bei Hardt und Negri besteht in einer radikalen Infragestellung bestehender rechtlicher und politischer Formen. Gerade der transnationale Konstitutionalismus unterwirft die *potentia* der Menge ein weiteres Mal. An diesen konstituierten Mächten steuert die Rückkehr zum (sowieso schon immer problematischen) Volk-als-Nation oder anderen Autorisierungsmodellen vorbei. Die konstituierende Macht enthält – richtig verstanden – schon den Fluchtpunkt einer »absoluten Demokratie«, in der die konstituierten Mächte überwunden werden (Negri 1999: 13). Das *pouvoir constituant* wird von den Organgewalten und bestehenden Verfahren gelöst und als konstituierender Prozess in die Gesellschaft verlagert. Hardt und Negri identifizieren zwei Anknüpfungspunkte: einerseits die schon faktisch stattfindende Kommunikation der Vielen an so unterschiedlichen Orten wie den Co-Working-Spaces der prekären Arbeitsnomaden im Mediensektor oder den Migrationsbewegungen (Hardt/ Negri 2009: 340 ff.). Sie können immer nur vorläufig und unvollständig von den konstituierten Mächten unter Kontrolle gebracht werden. Andererseits treten politische Kämpfe auf, in denen soziale Bewegungen das Potential der lebendigen Arbeit zur Geltung bringen. Die konstituierende Macht geht in eine Gegen-Macht, oder wie Hardt und Negri es nennen: in ein »Gegen-Empire« (Hardt/Negri 2000: XV), über. Bleibt es also nicht nur beim Hinweis auf eine immanente geschichtliche Tendenz (dem Vorrang der lebendigen Arbeit), stellt sich die Frage, wie die *potentia* sich in Gegenmacht übersetzen kann. Dabei unterläuft sich die Absage ans *pouvoir constitué* offensichtlich selbst. Wenigstens liegt ein Stabilisierungsbedarf auf Seiten der Multitude vor, wenn sie sich Dauer verleihen will. Die konstituierende Macht ist auch *potestas*, nicht nur *potentia*.

Ein solcher Holismus, der die etablierten Unterscheidungen – *pouvoir constituant/pouvoir constitué* – öffentlich/privat – Recht/Politik – Wirtschaft/Gesellschaft – vollständig überwindet, wirkt aus differenzierungstheoretischer Sicht beunruhigend. Wird hier nicht das Kind mit dem Bade ausgeschüttet, die funktionale Differenzierung allzu schnell mit den hegemonialen Zügen des transnationalen Konstitutionalismus kurzgeschlossen? Müsste man nicht das Ganze der konstituierenden Macht vollständig verabschieden und die differentielle Verfasstheit der sozialen Energien zum Ausgangspunkt wählen? Diesen Weg schlägt die Kritische Systemtheorie ein. Nicht die lebendige Arbeit markiert den geteilten Horizont. Die *potentia* geht aus den Reibungen zwischen der Körperlichkeit des Menschen sowie psychischer und sozialer Kommunikation hervor. Statt die funktionale Differenzierung in eine absolute Demokratie aufzulösen, wird eine andere Funktion für das *pouvoir constituant* in Auge gefasst. Die verfassungsgebende Gewalt setzt Reflexionsprozesse innerhalb der schon konstituierten Systeme auf diejenigen sozialen Energien in Gang, die ihnen zu Grunde liegen. Dabei sind zwei Arten von sozialen Energien im Spiel: Zunächst die konstitutiven Energien der jeweiligen Sozialsysteme, also je systemspezifische Kommunikationen und Medien (Teubner 2012: 120 ff.). Dem stehen jedoch Potentiale gegenüber, die außerhalb der Systemkommunikation angesiedelt sind, wie das »Bewusstsein und die Körperlichkeit des realen Menschen« (ebd.: 103). Der widersprüchliche Charakter der konstituierenden Macht wird erneut fassbar. Im *pouvoir constituant* treffen die konstituierenden Dynamiken der sozialen Systeme auf eine stets präsente Gegenmöglichkeit. Dann besetzen die sozialen Umwelten mit ihren (vom Standpunkt des Systems aus) unerreichbaren Kommunikationen die konstituierende Macht, skandalisieren ihre Blessuren und trotzen den schon konstituierten Organgewalten eigene Inklusionschancen ab. Der Fluchtpunkt besteht in einer hybriden Konstitutionalisierung, in der Macht- und Gegenmachtkreisläufe miteinander verkoppelt werden (ebd.: 133 ff., vgl. Horst 2013). Weder die vollständige Rücknahme der Organgewalten wird angepeilt noch die Anbindung an eine allgemeine Legitimations- und Autorisierungskette des politischen Systems. Was hybride Konstitutionalisierung bedeutet, unterscheidet sich dementsprechend auch je nach sozialem Teilbereich. Gegenkreisläufe müssen sich spezifisch auf die jeweiligen Medien beziehen, um kommunikativen Anschluss zu finden und die gewünschten Effekte zu erzielen.

Die Kritikfunktion des *pouvoir constituant* wird von seiner holistischen Allgemeinheit distanziert. Sie operiert nicht mehr auf der Ebene der allgemeinen Gründungsparadoxie (Brauchen wir überhaupt das Recht, den Staat, die Wissenschaft?), sondern auf der Ebene der Anwendungsparadoxie (Ist das Recht gerecht, die Wissenschaft wahrheitsorientiert, schützt der Staat das Allgemeinwohl?). Die verfassungsgebende Gewalt konfrontiert die Organgewalten nicht mit ihrer Rücknahme, sondern mit ihren negativen Externalitäten. Statt einer revolutionären Überwindung der funktionalen

Differenzierung, soll ihr autonomieermöglichendes Potential überhaupt erst zur Geltung gebracht werden.

III. Negativität

Was wären die Bedingungen für eine solche Korrektur? Hier führt alles wieder zum holistischen Moment in der konstituierenden Macht zurück. Die neo-materialistische Position argumentiert zwar, so die Annahme, zu sehr vom Vorrang der lebendigen Arbeit her, um kommunikativ anschlussfähige Gegenmachtprozesse in Gang zu setzen. Die Systemtheorie täuscht sich aber in ihrer normativen Lesart der funktionalen Differenzierung über einen entscheidenden Mechanismus hinweg. Denn die Rücknahme der Organgewalten in die konstituierende Macht muss nicht direkt als absolute Demokratie und Überwindung von Repräsentationsverhältnissen verstanden werden.

Die Geschichte des politischen Denkens ist immer wieder auf den disziplinierenden Effekt zurückgekommen, der von der Rücknahme als Drohung ausgeht. Die Fundstellen reichen von Niccolò Machiavellis Verfassungstheorie bis zu den radikaldemokratischen Schriften des jungen Karl Marx.[10] Demnach geht es gar nicht so sehr um die zukünftige Realisierung eines Idealtyps der Verfassung, der keine konstituierten Mächte und nur noch eingeschränkte Repräsentationsverhältnisse kennt. Entscheidend ist der Effekt, den die Drohung mit der Rücknahme in der Gegenwart erzielt. Erst wenn

---

10 | Ausführlicher zu dieser Linie: Möller 2015: 179 ff.; vgl. etwa die einschlägige Passage in Machiavellis *Discorsi*: »Mir scheint, wer die Kämpfe zwischen Adel und Volk verdammt, der verdammt auch die erste Ursache für die Erhaltung der römischen Freiheit. Wer mehr auf den Lärm und das Geschrei solcher Kämpfe sieht als auf ihre gute Wirkung, der bedenkt nicht, dass in jedem Gemeinwesen die Gesinnung des Volkes und der Großen verschieden ist und dass aus ihrem Widerstreit alle zugunsten der Freiheit erlassenen Gesetze entstehen.« (Machiavelli 2000: 27)

die Organgewalten mit der Möglichkeit ihrer Rücknahme konfrontiert werden, sind sie gezwungen, Selbstbeschränkungen aufzubauen und sich für die Anliegen der sozialen Umwelten zu öffnen.

Dabei wird die Gegenmachtfunktion des *pouvoir constituant* vor allem als »virtuelle Macht« wirksam, die hintergründig das Kräfteverhältnis von Macht- und Gegenmachtkreisläufen mitbestimmt:[11] Besteht die latente Möglichkeit, dass ein negatives Potential geltend gemacht werden *könnte*, verfügen die bestehenden Organgewalten schon dadurch über andere, beschränktere Handlungsmöglichkeiten; während das Fehlen dieser Szenarien »von unten« genau jene Usurpationstendenz hervorruft, die für den transnationalen Konstitutionalismus typisch ist. Erst die Rücknahmedrohung setzt eine umfassendere Reflexivität auf diejenigen konstituierenden sozialen Energien ins Werk, die für das System unerreichbar sind.

Dieser negative Mechanismus bewegt sich jenseits einer formalisierten Legitimationskette, die von einem umfangslogisch gedachten Volk als Gesamtheit der Bürger, als *populus,* ausgeht. Das Volk tritt hier als Chiffre für eine persistierende Gegenkommunikation auf, die von der Positionalität des Unterworfen-Seins ausstrahlt. Die historische Folie wäre nicht so sehr das umfangslogisch gedachte Volk als *populus,* sondern das Volk als *plebs:* Als unterworfener Teil der Ordnung, der die Möglichkeit ihrer Absetzung präsent halt – und so herrschaftsbegrenzende Effekte erzielt.[12] Ein *re-entry* des holistischen Moments in der konstituierenden Macht wäre nicht auf die positive Realisierung der funktionalen Differenzierung oder der lebendigen Arbeit, sondern zunächst auf Negativität verpflichtet. In

---

11 | Vgl. Offe 2006: 21. Hier versteht Offe unter virtueller Macht die Macht derjenigen, die Gründe haben »to defect from, obstruct or challenge institutional patterns and replace them with new ones«. In der republikanischen Traditionslinie ist dieser Mechanismus vor allem unter dem Gesichtspunkt einer stetigen Wachsamkeit der Bürgerschaft diskutiert worden (vgl. Hölzing 2014, Rosanvallon 2006: 39 ff., Pettit 2012: 225 ff., Schink 2013).

12 | Zu dieser Teilung in der Konzeption des Volkes vgl. Lefort 1986: 382; Lorey 2011: 25 ff.; Laclau 2005: 81 ff., McCormick 2011, Flügel-Martinsen 2010.

der konstituierenden Macht wird eine destituierende Macht sichtbar.[13] Dabei tritt die möglichst unmittelbare Anbindung an die *potentia* der lebendigen Arbeit oder die funktionale Differenzierung hinter den öffnenden Effekt zurück, der zu einer Neuverhandlung der Gehalte und Verfahrensweisen beiträgt, wenn sich die Verfassung – wie es auf transnationaler Ebene der Fall ist – hegemonial verfestigt.

Allerdings erschöpft sich der negative Zug des *pouvoir constituant* nicht in einem reinen Realismus der Macht. Ist der negative Vorrang erst einmal anerkannt, kommt eine eigene Reflexivität ins Spiel. Jede faktische Verfügung über konstituierende Macht wird nochmals befragbar. Gegenmachtprozesse, die als Ausdruck destituierender Macht gelten, sind deshalb normativ nicht vollkommen beliebig. Sie müssen selbst eine Reflexivität aufweisen, sich insbesondere nicht von einer inneren Befragung abschneiden *und* darauf zielen, überflüssige Machtverhältnisse zu überwinden.[14] Von dort aus eine Kritik an der Usurpation der verfassungsgebenden Gewalt im transnationalen Konstitutionalismus zu üben, hat einen offensichtlichen Vorteil. Man verzichtet auf ein vollumfängliches positives Ideal der Institutionalisierung; vielmehr gilt es, in den schon jetzt beobachtbaren Kollisionen transnationaler Rechts- und Politikregime, zwischen Gerichtsbarkeiten und Staaten, zwischen Europäischem Süden und Norden und sozialen Bewegungen und transnationalen Institutionen nach denjenigen Gegenmachtkreisläufen zu suchen, die eine Neuverhandlung des transnationalen Konstitutionalismus in Gang setzen und den usurpatorischen Tendenzen entgegenwirken.

---

13 | Im Gegensatz zu Agambens Überlegungen zu einer destituierenden Macht (vgl. Agamben 2014) geht es dabei freilich nicht um einen vollständigen Exit aus Recht und Politik, ausführlicher zur destituierenden Macht: Möller 2015: 193 ff.

14 | Obwohl sie sich auf diese Weise inszenieren können, sind Rechtspopulisten oder religiöse Fundamentalisten kein Ausdruck destituierender Macht.

Literatur

Ackerman, Bruce (1998): We the People 2. Transformations, Cambridge/London: The Belknap Press of Harvard University Press.

Agamben, Giorgio (2014): »What is a Destituent Power?«, in: Environment and Planning D: Society and Space 32, 1, S. 65–74.

Böckenförde, Ernst-Wolfgang (1986): Die verfassunggebende Gewalt des Volkes. Ein Grenzbegriff des Verfassungsrechts, Frankfurt a. M.: Metzner.

Brunkhorst, Hauke (2007): »Die Legitimationskrise der Weltgesellschaft. Global Rule of Law, Global Constitutionalism und Weltstaatlichkeit«, in: Mathias Albert/Rudolf Stichweh (Hg.), Weltstaat und Weltstaatlichkeit, Wiesbaden: Springer, S. 63–107.

Chimni, Bhupinder S. (2004): »International Institutions Today: An Imperial Global State in the Making«, in: European Journal of International Law 15, 1, S. 1–37.

Cohen, Jean L. (2012): Globalization and Sovereignty: Rethinking Legality, Legitimacy, and Constitutionalism, New York: Cambridge University Press.

Cutler, Claire (2013): »Legal Pluralism as the »Common Sense« of Transnational Capitalism«, in: Oñati Socio-Legal Series 3, 4, S. 719–740.

Dann, Philipp (2009): »The Internationalization of the Constituent Power of the Nation«, in: Hauke Brunkhorst (Hg.), Demokratie in der Weltgesellschaft, Baden-Baden: Nomos, S. 491–506.

Derrida, Jacques (2000): »Unabhängigkeitserklärungen«, in: Friedrich A. Kittler (Hg.), Nietzsche – Politik des Eigennamens: Wie man abschafft, wovon man spricht, Berlin: Merve, S. 9–19.

Femia, Pasquale (2013): »Infrasystemische Subversion«, in: Andreas Fischer-Lescano/Marc Amstutz(Hg.), Kritische Systemtheorie. Zur Evolution einer normativen Theorie, Bielefeld: transcript, S. 305–326.

Fischer-Lescano, Andreas (2013): Rechtskraft, Berlin: August-Verlag.

Flügel-Martinsen, Oliver (2010): »Die Normativität von Kritik. Ein Minimalmodell«, in: Zeitschrift für politische Theorie 1, 2, S. 139–154.

Habermas, Jürgen (2011): Zur Verfassung Europas, Berlin: Suhrkamp.

Hardt, Michael/Negri, Antonio (1997): Die Arbeit des Dionysos. Materialistische Staatskritik in der Postmoderne, Berlin: ID-Verlag.

Hardt, Michael/Negri, Antonio (2000): Empire, Cambridge: Harvard University Press.

Hardt, Michael/Negri, Antonio (2009): Commonwealth, Cambridge: Harvard University Press.Hölzing, Philipp (2014): Republikanismus. Geschichte und Theorie, Stuttgart: Franz Steiner Verlag.

Horst, Johan (2013): »Politiken der Entparadoxierung. Versuch einer Bestimmung des Politischen in der funktional ausdifferenzierten Weltgesellschaft«, in: Marc Amstutz/Andreas Fischer-Lescano (Hg.), Kritische Systemtheorie. Zur Evolution einer normativen Theorie, Bielefeld: transcript, S. 193–217.

Krisch, Nico (2015): »Pouvoir Constituant and Pouvoir Irritant in the Postnational Order«, in: ICON-S Working Paper – Conference Proceedings Series 1, 7, S. 3–29.

Laclau, Ernesto (2005): On Populist Reason, London/New York: Verso.

Lefort, Claude (1986): Le travail de l'oeuvre Machiavel (1972), Paris: Gallimard.

Lorey, Isabell (2011): Figuren des Immunen: Elemente einer politischen Theorie, Zürich: Diaphanes.

Loughlin, Martin/Walker, Neil (Hg.) (2007): The Paradox of Constitutionalism. Constituent Power and Constitutional Form, Oxford: Oxford University Press.

Loughlin, Martin (2014): »The Concept of Constituent Power«, in: European Journal of Political Theory 13, 2, S. 218–237.

Luhmann, Niklas (2002): Die Politik der Gesellschaft, Frankfurt a. M.: Suhrkamp.

Luhmann, Niklas (1990): »Die Verfassung als evolutionäre Errungenschaft«, in: Rechtshistorisches Journal 9, 1, S. 176–220.

Machiavelli, Niccolò (2000): Discorsi (1531), Frankfurt/Leipzig: Insel-Verlag.

Marx, Karl (1864/1972): »Das Kapital (1864)«, in: Marx-Engels-Werke Band 23, Berlin: Dietz-Verlag.

Marx, Karl (1962): »Grundrisse der Kritik der politischen Ökonomie«, in: Marx-Engels-Werke Band 42, Berlin: Dietz-Verlag.

Maus, Ingeborg (2007): »Verfassung oder Vertrag. Zur Verrechtlichung globaler Politik«, in: Benjamin Herborth/Peter Niesen (Hg.), Anarchie der kommunikativen Freiheit. Jürgen Habermas und die Theorie der internationalen Politik, Frankfurt a. M.: Suhrkamp, S. 383–405.

McCormick, John P. (2011): Machiavellian Democracy, Cambridge: Cambridge University Press.

Möller, Kolja (2015): Formwandel der Verfassung. Die postdemokratische Verfasstheit des Transnationalen, Bielefeld: transcript.

Negri, Antonio (1991): Marx beyond Marx. Lessons on the Grundrisse, London/New York: Autonomedia/Pluto.

Negri, Antonio (1999): Insurgencies: Constituent Power and the Modern State, Minneapolis: University of Minnesota Press.

Niesen, Peter/Ahlhaus, Svenja/Patberg, Markus (2016): »Konstituierende Autorität. Ein Grundbegriff für die Internationale Politische Theorie«, in: Zeitschrift für politische Theorie i. E.

Offe, Claus (2006): »Political Institutions and Social Power. Conceptual Explorations«, in: Ian Shapiro/Stephen Skowronek/Daniel Galvin (Hg.), Rethinking Political Institutions. The Art of the State, New York/London: New York University Press, S. 9–31.

Patberg, Markus (2013): »Constituent Power beyond the State: An Emerging Debate in International Political Theory«, in: Millennium-Journal of International Studies 42, 1, S. 224–238.

Patberg, Markus (2016): Usurpation und Autorisierung. Konstituierende Gewalt im globalen Zeitalter, Universität Hamburg: Dissertation.

Pettit, Philip (2012): On the People's Terms: A Republican Theory and Model of Democracy, New York: Cambridge University Press.

Rosanvallon, Pierre (2006): La contre-démocratie. La politique à l'âge de la défiance, Paris: Seuil.

Rosanvallon, Pierre (1998): Le Peuple Introuvable. Histoire de la Représentation Démocratique en France, Paris: Gallimard.

Saar, Martin (2013): Die Immanenz der Macht. Politische Theorie nach Spinoza, Berlin: Suhrkamp.

Schink, Philipp (2013): »Freedom, Control and the State«, in: Andreas Niederberger/Philipp Schink (Hg.), Republican Democracy: Liberty, Law and Politics, Edinburgh: Edinburgh University Press, S. 205–232.

Schmitt, Carl (1993): Verfassungslehre (1928), Berlin: Duncker & Humblot.

Schwöbel, Christine E. J. (2010): »Situating the Debate on Global Constitutionalism«, in: International Journal of Constitutional Law 8, 3, S. 611–635.

Sieyès, Emmanuel-Joseph (2002): Qu'est-ce que c'est le Tiers état?, Paris: Editions du Boucher.

Somek, Alexander (2012): »Constituent Power in National and Transnational Contexts«, in: Transnational Legal Theory 31, S. 31–60.

Teubner, Gunther (2012): Verfassungsfragmente. Gesellschaftlicher Konstitutionalismus in der Globalisierung, Berlin: Suhrkamp.

Teubner, Gunther (2015): »Exogene Selbstbindung: Wie gesellschaftliche Teilsysteme ihre Gründungsparadoxien externalisieren«, in: Zeitschrift für Rechtssoziologie 35, 01, S. 69–89.

Thornhill, Chris (2011): A Sociology of Constitutions: Constitutions and State Legitimacy in Historical-Sociological Perspective, Cambridge: Cambridge University Press.

Thornhill, Chris (2012): »Contemporary Constitutionalism and the Dialectic of Constituent Power«, in: Global Constitutionalism 1, 03, S. 369–404.

Thornhill, Chris (2013): »A Sociology of Constituent Power: The Political Code of Transnational Societal Constitutions«, in: Indiana Journal of Global Legal Studies 20, 2, S. 551–603.

Urbinati, Nadia (2014): Democracy Disfigured: Opinion, Truth, and the People, Cambridge: Harvard University Press.

Wenman, Mark (2013): Agonistic Democracy. Constituent Power in the Era of Globalization, New York: Cambridge University Press.

Funktionale Differenzierung als Ideologie

Von Niklas Luhmann zur postkolonialen Kritik

Guilherme Leite Gonçalves

EINLEITUNG

Gegenstand dieses Artikels ist der ideologische Charakter eines zentralen Ausgangspunkts der Systemtheorie: Die funktionale Differenzierung.[1] Besonders augenfällig wird dieser Zusammenhang durch den Übergang in die Weltgesellschaft. Schließlich liegen neue Herrschaftsverhältnisse vor und keine dynamisierte Heterarchie sozialer Systeme, wie Niklas Luhmann noch in seinem Text zur Weltgesellschaft prognostizierte (vgl. 1986; 1997). Die funktionale Differenzierung nimmt hier eher die Funktion einer Ideologie ein, wie ich im Folgenden unter Rückgriff auf die Ideologie- und Entfremdungskritik des jungen Karl Marx, auf die Ideologietheorie Louis Althussers und auf Einsichten der postkolonialen Studien argumentieren werde. Sie nimmt eine Allgemeingleichheit an, die aber gleichzeitig Ungleichheit generiert. Dies gilt insbesondere für den regional binnendifferenzierten Unterschied zwischen dem ›zivilisierten‹ Westen und dem ›unzivilisierten‹ Rest der Welt. Die Ideologie der Allgemeingleichheit verstellt den Blick darauf, dass die Weltgesellschaft eher durch verschiedene Grade von Asymmetrien und Ungleichheiten gekennzeichnet ist als durch Phänomene der Totalexklusion.

---

1 | Für anregende Kommentare und Unterstützung danke ich Kolja Möller.

Der Beitrag ist in zwei Teile gegliedert: Im ersten Teil wird die von Luhmann formulierte Diagnose der weltgesellschaftlichen Expansion der funktionalen Differenzierung rekonstruiert. Im zweiten Teil soll gezeigt werden, wie die funktionale Differenzierung eine Allgemeingleichheit schafft, in deren Schatten sich neokoloniale Praktiken problemlos entfalten können.

I. LUHMANNS DIAGNOSE

Luhmanns Diagnose geht davon aus, dass die moderne Gesellschaft zu einem Zerfall universell geltender moralischer Gehalte führt. An die Stelle dieser Gehalte treten soziale Systeme, die spezifische Funktionen erfüllen (Luhmann 2009b: 744 ff.). Die moderne Gesellschaft ist eine komplexe, polyzentrische und funktional differenzierte Gesellschaft. Andere soziale Differenzierungen, d. h. segmentäre, territoriale oder hierarchische Unterscheidungen, werden mit dem Aufkommen der Moderne nur als sekundär betrachtet, da sie von der funktionalen Differenzierung überwunden wurden.

Dies wird von Luhmann vor allem am Beispiel nationaler Staatlichkeit entwickelt. Doch Luhmann reagiert auf die Diskrepanz zwischen seiner am Beispiel des Nationalstaats entwickelten Gesellschaftstheorie und den Globalisierungsphänomenen: Er geht davon aus, dass die Strukturveränderungen des späten zwanzigsten Jahrhunderts die Sinnhorizonte der modernen Weltgesellschaft erweitern,[2] indem sie zunehmend auf ein weltpolitisches System und ein Weltrecht zulaufen. Dabei würden sich die Politik und das Recht als weltgesellschaftliche Teilsysteme auch primär ausdifferenzieren (ebd.: 60 ff; Luhmann 2001: 582).

Hinzu kommt eine weitere Vermutung Luhmanns: Die weltgesellschaftliche Verbreitung der Ausdifferenzierung führt zu regional unterschiedlichen Entwicklungen. Besonders auffällig ist

---

2 | Zur Luhmann'schen Weltgesellschaftsperspektive vgl. Luhmann 1986; 1997; 2001: 577 ff.; 2002: 220 ff.; 2009a: 145 ff.

die mangelnde Inklusion großer Bevölkerungsteile der Weltgesellschaft in die Kommunikation der Funktionssysteme (ebd.: 582). So kommt es dazu, dass in Regionen, die von Exklusion geprägt werden, die Selbstreferentialität der Teilsysteme blockiert wird.

Ausgehend davon stellt Luhmann (ebd.: 583; 2009a: 632) fest, dass ein Vorrang des Metacodes *Inklusion/Exklusion* bestehe, der alle anderen Codes mediatisiert. Im Exklusionsbereich wird eine Hochintegration geschaffen. Der Grad an Freiheit wird dabei beträchtlich eingeschränkt. Sobald die Exklusion aus einem sozialen System die Inklusion in andere soziale Systeme blockiert, sind die Kommunikationsmöglichkeiten auf Netzwerke personaler Beziehungen festgelegt (Luhmann 2001: 584; 2009a: 631). Der Exklusionsbereich untergräbt das normale Funktionieren der Differenzierung der Teilsysteme (Luhmann 2001: 584).

Dabei ist auffällig, dass der Metacode auch eine räumliche Dimension erhält: Es scheint so, als ob die Funktionssysteme in spezifischen Regionen der Welt ausdifferenziert funktionieren und in anderen wiederum nicht (ebd.: 582 ff.). In diesem Sinne klassifiziert Luhmann (ebd.: 573; 2009b: 632) die Weltgesellschaft in regionale Staaten, in denen politische oder rechtliche Kommunikation nicht kontrolliert wird, und in diejenigen, in denen personale Netzwerke den Rechtsstaat und den demokratischen Wechsel blockieren. Daraus folgt, dass die funktional differenzierte Weltgesellschaft zwei Seiten hat: ›Normale‹ Regionen mit funktional ausdifferenzierten Teilsystemen und andere Regionen, die vom Metacode *Inklusion/Exklusion* geprägt sind.

Dieses Bild wird von Luhmann nachdrücklich auf bestimmte Regionen, wie z. B. Brasilien, Indien oder Süditalien angewendet. Gerade Süditalien wird dabei im Aufsatz »Kausalität im Süden« als ein Raum gekennzeichnet, in dem die Operationen der Organisationen, d. h. der Mechanismus der Selektion, von personalen sozialen Netzwerken geleitet werden (Luhmann 1995a; 2001: 459). Die *Favelas* Brasiliens und die Straßen in Bombay sind weitere von Luhmann (ebd.: 573; 1995b: 147; 2002: 428; 2005: 80 ff.; 2009a: 632) verwendete Beispiele, um die Totalexklusion und die Unterminierung der

Rechtsordnung zu beschreiben. Im Gegensatz dazu werden die europäischen Industrieländer als Inklusionsbereiche dargestellt, die der Logik funktionaler Differenzierung entsprechen (Luhmann 2001: 585 f.).

Der Metacode *Inklusion/Exklusion* legt eine Regionalisierung funktionaler Differenzierung nahe: Sie wird in einigen Ländern realisiert und in anderen unterlaufen. Dies wiederum wirft grundlegende Fragen nach dem Primat der funktionalen Differenzierung auf.[3]

Handelt es sich hier eventuell eher um ein normatives Ideal oder sogar um eine Ideologie als um eine realistische Beobachtung? Meine These ist, dass die funktionale Differenzierung erst als ein Ensemble von Machtverhältnissen und ideologischen Diskursen lesbar wird; dies jedoch von der Systemtheorie nicht erfasst wird, weil sie die funktionale Differenzierung als eine Realität *an sich* voraussetzt. Da Luhmann auf die funktionale Differenzierung vertraut, so wie sie erscheint – als Kontingenz, Überwindung der Stratifikation, Ausdifferenzierung, Wahlfreiheit, Horizontalverhältnisse zwischen Funktionssysteme usw. –, fällt er ihrer Ideologie zum Opfer.

II. DIE FUNKTIONALE DIFFERENZIERUNG ALS IDEOLOGIE

II.1 Universelle Allgemeinheit vs. regionale Unterschiede

Zunächst erhebt die funktionale Differenzierung den Anspruch auf Allgemeinheit: Sie entsteht als Folge der Aufhebung moralischer oder religiöser Konzeptionen und durch die wechselseitige Anpassung an die sozialen Bedingungen der Hochkomplexität. Mit anderen Worten: Sobald die weltgesellschaftlich funktionale Differenzierung die transzendentalen, auf eine einheitliche Macht gestützten

---

3 | Siehe die Beiträge in Birle et al. 2012. Die Autoren fragen sich jedoch nicht, wieso Luhmann (2001: 572; 2009b: 743) trotz der Behauptung über die Priorität des Metacodes *Inklusion/Exklusion* die These des Primats funktionaler Differenzierung aufrechterhalten hat.

Geltungsgründe durch Funktionssysteme ersetzt, erlangt sie den Sinn der Objektivität, der Säkularität, der Komplexität und der Entsprechung mit den Ansprüchen der modernen Gesellschaft.

Um sich an die durch die Aufhebung der moralischen Grundlagen entstandene Komplexität anzupassen, soll sich die Kommunikation in allen Regionen differenzieren und an den Funktionen der Teilsysteme orientieren. Somit konstituiert sich die Sozialstruktur an allen Orten gemäß funktional differenzierter Systeme. Wie jedoch in der Diagnose Luhmanns schon anklingt, verhindert dieser Zwang zur Allgemeinheit zwischen den regionalen Ausgestaltungen nicht regional unterschiedliche Zustände.

II.2 Der junge Marx: Die Allgemeingleichheit (der funktionalen Differenzierung) als Allegorie

Der junge Karl Marx (2006: 354) bezeichnete mit dem Begriff der »unwirklichen Allgemeinheit« eine Trennung des Menschen von seinem Gemeinwesen als politischem Staat. Der politische Staat, so die Annahme, verdeckt das »materielle Leben« des Menschen und seine Existenz als Gattungswesen, indem er von den sozialen Lebensbedingungen abstrahiert und eine Allgemeingleichheit der Bürger unterstellt (ebd.: 354 f.).

Der junge Marx (ebd.: 362 f.) entfaltet seine Kritik des politischen Staats am Beispiel des Unterschieds zwischen den *droits du citoyen* und den *droits de l'homme*. Die *droits du citoyen* entsprechen den Rechten, deren Ausübung von einem (politischen) Gemeinwesen abhängt, und die *droits de l'homme* sind die Rechte des egoistischen Privatbürgers. Indem die *droits du citoyen* rechtlich die Gleichheit jedes Menschen einsetzen, sind die materiellen Ungleichheiten also nicht nur nicht aufgehoben, sondern sogar vorausgesetzt (ebd.: 354). Sie bleiben außerhalb der Legalitäts- oder Staatssphäre, d.h. in der bürgerlichen Gesellschaft. Die Legalität, oder die Gleichheit jedes Menschen vor dem Gesetz, erlaubt, dass die Ungleichheiten sich auf ihre Weise reproduzieren. Die *droits de l'homme* haben die Aufgabe, diese Ungleichheitsreproduktion zu schützen.

Im Rahmen der *droits du citoyen* wird der Mensch als »Gattungswesen« vorgestellt; im Rahmen der *droits de l'homme* als »wirkliches Individuum« (ebd.: 355). Während der Mensch in seiner »unwirklichen Allgemeinheit« als gleich dargestellt wird, erlebt er in seinem materiellen und wirklichen Leben verschiedenste Formen der Ungleichheit. Die Allgemeingleichheit[4] ist eine Abstraktion und eine Allegorie (ebd.: 360), die in der materiellen Instanz die Durchsetzung der privaten Interessen und der Ungleichheit ermöglicht, was seinerseits durch die *droits de l'homme* abgesichert wird.

Nun lässt sich im Anschluss an das Verständnis des jungen Karl Marx die Polarität zwischen der Allgemeingleichheit der funktionalen Differenzierung und den regionalen sozialen Unterschieden parallel zum Verständnis einer »unwirklichen Allgemeinheit« skizzieren, die im »materiellen Leben«, d. h. in der tatsächlichen, in jeder Region errichteten Existenz der Menschen, sich ungleich verhält. Die Fixierung eines funktional ausdifferenzierten Rechts und Politikmodells etabliert einen allgemeinen Standard, der in der ganzen Weltgesellschaft in Geltung gesetzt wird. Indem dieser gleiche Standard allerdings die Ungleichheiten nur allgemein aufhebt, erlaubt die Allgemeinfixierung der weltgesellschaftlichen Ausdifferenzierung der Politik und des Rechts, dass die wirklichen Ungleichheiten sich wieder herstellen.

Die Allgemeingleichheit der funktionalen Differenzierung wird zu einer Allegorie. Sie hebt die Ungleichheiten im Rahmen der weltgesellschaftlichen Differenzierung abstrakt auf – und lässt die Ungleichheiten außerhalb dieses Rahmens auf ihre Weise

---

4 | Ich verwende im Folgenden den Begriff der Allgemeingleichheit, um eine Gesamtheit der sozialen und politischen Darstellung zu charakterisieren, die sich aufgrund ihres gesellschaftlich notwendigen Scheins universalisiert. Dabei handelt es sich um *notwendig falsches Bewusstsein* (Karl Marx). In diesem Sinne ist das Prinzip der Gleichheit ein objektiver, aus der Umstrukturierung der Gesellschaft (Aufkommen der Moderne) entstammender Zwang, der sich räumlich verallgemeinert, um die soziale Wirklichkeit selbst (und ihre Widersprüche) zu verbergen.

weiter wirken. Damit bildet die weltgesellschaftliche funktionale Differenzierung einen formellen Bereich der Anerkennung von Gleichheit. Die Ungleichheiten werden auf das regionale Verhältnis verlegt. Zusammenfassend gesagt: Die weltgesellschaftliche funktionale Differenzierung konstituiert sich als eine soziale Abstraktion, deren materielle Existenz durch Ungleichheiten gekennzeichnet bleibt.

II.3 Das weltpolitische System und das Weltrecht als ideologischer Staatsapparat

Aus dieser Perspektive übernehmen das weltpolitische System und das Weltrecht die Rolle eines ideologischen Staatsapparats, wie er von Althusser (2010: 53 ff.) konzeptualisiert wurde. Denn beide Systeme sind darauf gerichtet, die Allgemeingleichheit der funktionalen Differenzierung zu verallgemeinern.

Es geht um spezialisierte Institutionen, die »durch den Rückgriff auf Ideologie funktionieren« (ebd.: 56). Doch die Allgemeingleichheit wirkt nicht nur als eine »imaginäre Verzerrung« oder als eine »ideale, ideelle oder geistige« Vorstellung (ebd.: 77/78). Sie besteht vielmehr darin, was Jaeggi (2009: 268) als »ideologisch wirkende Praktiken« bezeichnet. Wie Althusser (2010: 83) gezeigt hat, sind »die Ideen als solche [...] verschwunden [insofern sie mit einer idealen, geistigen Existenz behaftet sind]; und zwar insofern sich zeigte, dass ihre Existenz nicht zu trennen war von bestimmten Praktiken, die von Ritualen geregelt werden, welche ihrerseits in letzter Instanz durch einen ideologischen Apparat definiert sind«.

Da die Praktiken der verzerrten Idee innerhalb des ideologischen Staatsapparats eine materielle Existenz gewinnen, gehört die abstrakte Allgemeingleichheit zur weltrechtlich-politischen Institution selbst. Das weltpolitische System und das Weltrecht etablieren daher ein imaginäres Verhältnis (= die Abstraktion der sogenannte Allgemeingleichheit) zu den realen Verhältnissen (= den regional ungleichmäßigen Entwicklungen), das durch »materielle Rituale« geregelt wird.

Folgen wir Althusser (ebd.: 57/58), dann ist die Vielfalt der ideologischen Staatsapparate unter der herrschenden Ideologie vereinheitlicht. Solch eine Rolle wird in der Weltgesellschaft vom Primat der funktionalen Differenzierung gespielt. Sie ist als ideologische Form zu begreifen, die ein abstraktes Verhältnis (die Allgemeingleichheit) schafft, das nicht nur die Selbsterzeugung der materiellen Ungleichheiten erlaubt, sondern auch die falsche Darstellung einer binnendifferenzierten Welt zwischen dem zivilisierten Westen (die positive Seite) und der unzivilisierten nicht-westlichen Welt (die negative Seite) legitimiert.

II.4 Der Unterschied westliche/nicht-westliche Welt

Damit kommen die Unterscheidungen zwischen westlicher und nicht-westlicher Welt ins Spiel, wie sie postkoloniale Studien kritisiert haben. Der Ursprung postkolonialer Studien geht wesentlich auf das Werk von Edward Said (2003) über den Orientalismus zurück. Beeinflusst durch den Diskursbegriff Michel Foucaults stellte der Autor fest, dass das Wissen des Westens über den Orient einer selbstreferentiellen Logik gehorcht (ebd.: 2 ff.). In diesem Sinne zeigt Said, dass der Orient eine europäische Erfindung ist, die der Bestätigung der eigenen Vorstellung vom Okzident dient. Der Orient werde künstlich als *anders* und *abweichend* konstruiert.

Wie Hauck (2012: 53) ausführt, ist der Orientalismus ein Diskurs, der auf »der wechselseitigen Konstitution von Selbst- und Fremdbild« beruht. Im Hintergrund steht die Auffassung, dass die Errichtung einer kulturellen Identität vom Kontrast der eigenen Kultur zu anderen Kulturen abhängt (Hall 1992: 187/188). Diese Äußerlichkeit wird von Costa (2007: 94/95) als eine »Korrelation zwischen dem Wir und dem Anderen« erklärt, in der »das Andere entweder als Karikatur oder als Stereotyp« vorgestellt wird, weil es darstellen muss, was »das ›Wir‹ nicht ist oder nicht sein will« (ebd.). So entsteht ein minderwertiger *Anderer*. Da es nicht nur um ein ästhetisches Bild, sondern auch um ein symbolisches und diskursives System geht, das dazu imstande ist, den Gedanken und das

Handeln einzuschränken, geht Said (2003: 3) davon aus, dass der Orientalismus das Wirkungs- und Reflexionsfeld des Orients beeinflusst bzw. bestimmt. Daraus folgert er, dass der Orientalismus Ausdruck eines »Western style for dominating, restructuring, and having authority over the Orient« wird (ebd.).

Das als minderwertig oder rückständig projizierte »Andere« umfasst den *Rest* der Welt, wie Stuart Hall (1992: 185 ff.) festgestellt hat. Er weist darauf hin, dass die Unterscheidung Westen/Rest diskursiv in einem asymmetrischen Verhältnis vom Standpunkt der westlichen Länder konstruiert wird, damit sie ihre Identität entwickeln und ihre Überlegenheit stabilisieren können (ebd.: 205). Für Hall (ebd.: 201) waren die Entdeckungsreisen aus Europa der Beginn der *diskursiven Formation* ›des Westens und des Rests‹. Da jedoch dieser Diskurs als universeller, naturgegebener Sachverhalt diktiert wird, hat dieser Prozess zur Monopolisierung der Begriffe *Entwicklung* und *Moderne* in der westlichen Semantik geführt. Damit war es möglich, politisch-militärische Interventionen und den Export von Modellen in die übrigen Regionen zu legitimieren: Sie konnten als Mittel zur Modernisierung der Peripherien gerechtfertigt werden. So ist die Grundlage der okzidentalen Welterkenntnis eine diskursive Strategie der Beherrschung, die der lateinamerikanische Postkolonialismus als *Kolonialität des Wissens* bezeichnet hat (Lander 2011).

II.4.1 Verzerrung: Liberale Demokratie als funktionale Differenzierung

Insofern sollte von einer kombinierten Bewegung zwischen der weltgesellschaftlichen Expansion der funktionalen Differenzierung und der Ideologie der Allgemeingleichheit ausgegangen werden. In Bezug auf die westlichen Länder entsteht ›die imaginäre Verzerrung‹, dass sich die Operationen der selbstreferenziellen Funktionssysteme unabhängig von ungleichen Bedingungen entfalten. Somit wird das Bild der liberalen Demokratien idealisiert, indem es die Fehler dieser Länder ausblendet. Bei den Techniken der Ausblendung werden die USA und Europa als vollkommene Demokratien behandelt, die gegenüber den ständigen Bedrohungen der Systemkorruption durch die personalen Netzwerke rein bleiben. Jedoch belegt die empirische Forschung, dass auch und gerade in diesen Ländern informelle Mechanismen, wie der Personalismus oder die soziale Herkunft, für den sozialen Aufstieg grundlegend sind.

2015 wurden die Ergebnisse einer international vergleichenden Studie über die konstitutiven Mechanismen der Reproduktion sozialer Ungleichheit veröffentlicht. Es handelte sich dabei um ein Forschungsprojekt, das darauf abzielte, solche Mechanismen in Gesellschaften des globalen Nordens und des globalen Südens zu vergleichen (Rehbein et al. 2015: 251). Daher wurden drei *exemplary cases* ausgewählt: Brasilien, Laos und Deutschland. Auf der ersten Stufe hat die Studie Untersuchungen zu sozialen Ungleichheiten in Brasilien und in Laos durchgeführt. Danach wurden die These und Methode auf Deutschland übertragen, um die An- und Abwesenheit gleicher Mechanismen in einem Land zu untersuchen, das sich durch »Modernisierung« und »entwickelte Demokratie« auszeichnen lässt (ebd.: 251). Es konnte ermittelt werden, dass die soziale Umgebung, personale Netzwerke und das Elternhaus die bedeutendste Rolle für die soziale Position in Deutschland spielen (ebd.: 245 ff). Laut der Studie wird die Meritokratie in Deutschland zu einem Mythos. Entscheidend bleiben weiterhin personale Bindungen und die Klassenherkunft (ebd.: 248). Am Ende wird die Schlussfolgerung gezogen, »dass die Mechanismen der Produktion und Reproduktion sozialer Ungleichheit [...] in Gesellschaften des globalen Nordens und globalen Südens identisch sind« (ebd.: 10).

Im Gegensatz zu Luhmanns Vermutung zeigt diese Forschung die westlichen Länder als hochintegriert und folglich als einen Raum geringer Freiheit, d. h. mit ähnlichen Merkmalen wie diejenigen, die von der Ideologie der Allgemeingleichheit verwendet werden, um den Rest der Welt zu bezeichnen.

Darüber hinaus können andere Beispiele herangezogen werden. Das ist der Fall bei türkischen oder italienischen Einwanderern, die als *Gastarbeiter* in die Kommunikation der Funktionssysteme nicht inkludiert waren. Gleiches gilt auch für die historische Masseninhaftierung der schwarzen Bevölkerung in den USA. Wenn man vom zeitgenössischen Zustand westlicher Länder mit ihren diskriminierenden Regelungen gegenüber Einwanderern ausgeht, dann klafft ein Abgrund zwischen der konkreten Situation und der postulierten Allgemeingleichheit.

II.4.2 Verzerrung: Favelas

Ein weiteres Beispiel für die Ideologie der Allgemeingleichheit sind die *Favelas*. Sie werden als vom Rechtsstaat abgekoppelte Räume ohne Staatsschutz dargestellt, in denen nur Körper und keine Personen als Kommunikationsadresse vorhanden sind (Luhmann 2008: 245). Trotzdem ignorieren diese Beschreibungen die lange Tradition der empirischen Forschung aus diesen Ländern.

Das Bild der *Favelas* wird von Diskursen gebildet, die sich besonders durch rassistische Stigmatisierung gegen die Bewohner_innen richten, deren Mehrheit hauptsächlich von ethnischen Minderheiten zusammengesetzt wird (Berenguer 2014: 110 ff). Solche Diskurse werden sowohl von den weißen Eliten als auch von den Machthabern verbreitet (Soares 2014: 9). Hierbei handelt es sich um die Konstruktion eines Anderen (das *othering* der *Favela*-Bewohner), der zum Synonym für die Gesetzesübertretung wird (Rothfuß 2014: 206). Die Konsequenz ist ein repressives Regime der *Favela*-Regulierung, die von einer Kultur der Angst geleitet wird (vgl. Wacquant 2005). Ein *Favela*-Bild, das sich an Verkörperung der Kriminalität, Unterentwicklung, Gesundheitsgefährdung usw. anschließt, dient auch dazu, einen Schein von »degradierten Flächen« zu schaffen (vgl. Backhouse 2015), die ständig enteignet werden können. Diese Verzerrung spielt daher eine große Rolle für die soziale Kontrolle.

Im Gegensatz dazu hat die umfassendste Studie über die brasilianischen *Favelas* aufgezeigt, dass die *Favelas* mehr Bewohner in der Mittelschicht (65 %) als Brasilien als Ganzes (54 %) innehaben (Meirelles/Athayde 2014: 30). Die Einkommen und das Vermögen der Bewohner setzen jährlich 63 Milliarden Real (15,47 Milliarden US-Dollar) um (ebd.: 28). Obwohl dies ein riesiges Potential am Verbrauchermarkt bedeutet, wird es durch die Stigmatisierung der *Fa-*

vela-Bewohner, die in Brasilien von rassistischer Diskriminierung ausgeht, invisibilisiert.

Eine solche Invisibilisierung schließt sogar die Sprache der Subalternen ein, soweit ihr Verständnis über sich selbst und ihre Lebensbedingungen von dem herrschenden Bild der *Favelas* nicht berücksichtigt wird. Die erwähnte Studie hat entgegen der verbreiteten Vorurteile aufgezeigt, dass 81% der Befragten gern in einer *Favela* wohnen, 66% keine Absicht haben umzuziehen, und 62% stolz darauf sind, in einer *Favela* zu leben (ebd.: 30/31). Bei einer gleitenden Skala von 0 bis 10 haben sie die Note 5,4 für den öffentlichen Verkehr, 5,05 für das Gesundheitssystem, 4,28 für die öffentliche Sicherheit und 6,17 für die öffentliche Schule gegeben (ebd.: 161).

Dabei wird verschiedenartig dargelegt, dass eine Form der Totalexklusion nicht existiert, sondern komplexe Verhältnisse zwischen den Bewohnern der *Favelas* und dem Zugang zu den Funktionssystemen bestehen (Meyer 2012: 100 ff.). Es steht außer Frage, dass die *Favelas* mit einer schweren sozialen Frage zu kämpfen haben. Jedoch als eine ›degradierte Fläche‹ gekennzeichnet zu werden, dient nur dazu, den Raum eines stigmatisierten Anderen zu erzeugen, der unter allen Umständen subalternisiert werden kann. Damit verwandelt das Bild von *Favelas* als Totalexklusion sich in eine Legitimationsform der hegemonialen Diskurse.

Statt die *Favelas* adäquat zu begreifen, als Teil eines »Wir«, als ein Arbeiterviertel, wird auf eine homogene Kategorie zurückgegriffen, die ebenfalls vom Eurozentrismus geprägt wird, dessen Risiko Luhmann selbst eingegangen ist (1995b: 147).

II.5 Der ideologische Aufbau
der moralischen Hierarchie in der Weltgesellschaft

Die Ideologie der Allgemeingleichheit entwickelt sich durch Techniken der Ausblendung und Übertreibung der Fehler in den institutionellen Praktiken je nach Region. Da sie das mangelnde Funktionieren der Teilsysteme der nicht-westlichen Länder immer wieder überbetont, verbreitet sie den Diskurs der Unfähigkeit dieser Länder, die Systemautonomie gegenüber privaten Einmischungen zu erhalten. Hiermit erschafft die Ideologie der Allgemeingleichheit die Darstellung, dass die nicht-westlichen Länder an einer Inkompetenz leiden, sich selbst zu regieren und die Selbstreferentialität der Funktionssysteme sicherzustellen. Im Gegensatz dazu erzeugt die Ausblendung der Funktionsweise der Teilsysteme in den westlichen Länder die Idee, dass, anders als der Rest der Welt, diese Orte mit Kompetenzen, sozialen Bedingungen und angemesseneren Institutionen ausgestattet sind, die eine gute und wirksame *Governance* garantieren.

Die von der Allgemeingleichheit verfolgte Strategie der Ausblendung und Übertreibung errichtet ein Bild der moralischen Überlegenheit der westlichen Länder in Bezug auf das Funktionieren der Teilsysteme, das immer die Logik der Differenzierung wiederzugeben scheint; im Gegensatz zum Rest der Welt, der immer in Hochfrequenzen der Systemkorruption versunken bleibt. Das führt zum Aufbau einer moralischen Hierarchie, die die Weltgesellschaft in den zivilisierten Bereich der westlichen Länder und den unzivilisierten Bereich des Rests der Welt teilt.[5]

II.6 Moralische Hierarchie
und ideologischer Staatsapparat: Das Weltrecht

Obwohl Luhmann (2001: 574) das Fehlen einer zentralen Weltgesetzgebung oder -gerichtsbarkeit anerkennt, leitet er aus »der zunehmenden Aufmerksamkeit für Menschenrechtsverletzung« den Indikator eines weltgesellschaftlichen Rechtssystems ab. Laut Luhmann (ebd.: 575 ff.) ruft das Verhältnis zwischen der Idee der Menschenrechte und der Vorstellung des alteuropäischen Naturrechts eine Reihe von Paradoxien im Mechanismus des Weltrechts hervor. Das den zeitgenössischen und weltgesellschaftlichen Verhältnissen

---

5 | Zu einer Analyse der postkolonialen Perspektiven, die die Errichtungsdynamik der moralischen Hierarchien zwischen dem Westen und dem Rest untersuchen, siehe Costa (2007: 98 ff.).

entsprechende Paradox handelt davon, dass die Menschenrechte in der Weltgesellschaft durch die Empörung über ihre Verletzungen in Geltung gesetzt werden (ebd.: 581). Im Gegensatz zum Staatsrecht wird festgestellt, dass die Geltungsbegründungen des Weltrechts keine Verfahren seien, sondern durch Skandalisierung oder *colère publique* ausstrahlen (ebd.).

Obgleich also die weltgesellschaftliche Expansion der Ausdifferenzierung des Rechts aus der Entmoralisierung der rechtlichen Praktiken hervorgeht, kehrt doch eine moralische Grundlage wieder. Damit wird die Reflexion Luhmanns über die Entmoralisierung des Rechts beschränkt: Wenn man durch die Moral *(colère publique)* argumentiert, führt das Recht wieder auf die Moral zurück. Die Moralwiederbelebung ist entscheidend für das Funktionieren des Weltrechts als Staatsapparat: Da es durch Skandalisierung in Geltung gesetzt wird, wird es primär durch die Ideologie der Allgemeingleichheit kontrolliert. Damit liegt ein direktes Verhältnis zwischen der Geltungsbegründung des Weltrechts und der moralischen Hierarchie vor.

Was die westlichen Länder betrifft, schirmt die ideologische Rolle der moralischen Hierarchie ihre institutionellen Praktiken gegen äußere Kritik und jede Form von Intervention des Weltrechts ab. Seine Vorschriften richten sich nicht an die westlichen Länder, weil deren Institutionen vom Standpunkt funktionaler Differenzierung aus nicht skandalisierbar sind. Dies gilt selbst, wenn die westlichen Länder die Menschenrechte offensichtlich verletzen, doch keine Intervention oder Bestrafung zu erwarten ist (Fischer-Lescano 2005). Es wird vorausgesetzt, dass das Recht dieser Region vor allem ausdifferenziert operiert, was zur Folge hat, dass seine Institutionen nicht hinterfragt werden. Damit verhindern die westlichen Länder die Gestaltung der *colère publique,* indem sie die Interventionen des Weltrechts auf ihrem Territorium blockieren.

Das Gegenteil geschieht in den Ländern der anderen Regionen der Welt. Sie werden als Länder mit schwachen Institutionen und als anfällig für Menschenrechtsverletzungen betrachtet. Es entsteht dadurch eine Lage des latenten Skandals, die, auf das geringste Unrecht bezogen, immer die notwendige *colère publique* auslöst, um die Intervention des Weltrechts zu ermöglichen. Das kommt vor, wenn z. B. der Internationale Strafgerichtshof (Den Haag) vorrangig Ermittlungen gegen afrikanische Staaten eingeleitet hat (Jalloh 2010: 25).

Somit werden die Ideologie der Allgemeingleichheit und ihre moralische Hierarchie zu Milieus der Aufrechterhaltung von Machtpositionen in der globalen Geopolitik. Nach Chimni (2006: 15) verwirklicht sich die soziale Herrschaft, wenn der Beherrschte die Weltsicht des Herrschenden als die natürliche Ordnung der Dinge annimmt. Sofern die moralische Hierarchie zwischen den Bedingungen des westlichen Rechtssystems und des Rests der Welt als eine Gegebenheit der Weltgesellschaft vorgestellt wird, ist es die Aufgabe des Weltrechts als ideologischer Staatsapparat, die asymmetrischen Verhältnisse zwischen den globalen Regionen zu legitimieren (Anghie 1999: 20).

Zusammenfassend territorialisiert das Weltrecht den Raum und die Gültigkeit des Skandals im Rahmen der nicht-westlichen Länder. Die Territorialisierung des Skandals dient dazu, die moralische Überlegenheit der westlichen Länder und die Unfähigkeit der rechtlichen Selbstregierung anderer Regionen zu behaupten, was wiederum Interventionen legitimiert (Koskenniemi 2001). An diesem Punkt wird die Rolle des Weltrechts als ideologischer Staatsapparat deutlich. Seine Lösung für die Skandalumstände ist die humanitäre Intervention, deren Legitimität aus den moralischen, von jeder Region besetzten Positionen hervorgeht. Das Rechtssystem trägt also einen rekolonialisierenden Charakter, weil seine humanitären Interventionen die Logik der »zivilisatorischen Missionen« der Vergangenheit reproduzieren (Chimni 2006: 3).

SCHLUSS

Es wurde gezeigt, dass die weltgesellschaftliche Expansion der Ausdifferenzierung nicht nur erlaubt, dass die Unterschiede sich regional reproduzieren, sondern auch, dass sie die Machtasymmetrien zwischen westlichen und nicht-westlichen Ländern erzeugt. Grund dafür ist, dass die weltgesellschaftliche Expansion der funktionalen Differenzierung von einer Ideologie der Allgemeingleichheit begleitet wird, die den westlichen Ländern die Vorstellung der selbstreferentiellen Funktionssysteme und dem Rest der Welt die Vorstellung der ständigen Systemkorruption zuschreibt. Aus der scheinbaren Neutralität der Expansion der funktionalen Differenzierung ergibt sich also eine moralische Hierarchie in der Weltgesellschaft, die Rekolonialisierungen legitimiert.

Zum Schluss lässt sich mit einem Gedanken des jungen Marx sagen, dass die Expansion der funktionalen Differenzierung eine Gleichheit ist, die, von der Gesellschaft hervorgebracht, Ungleichheiten ermöglicht: Die Machtasymmetrien und die Kolonialverhältnisse zwischen westlichen und nicht-westlichen Regionen. Es ist daher erforderlich, eine Ideologiekritik der funktionalen Differenzierung zu entwickeln (Minhoto/Gonçalves 2015). Und gerade hierin zeigt sich die Bedeutung der postkolonialen Studien für die Diskussionen der kritischen Systemtheorie.

Literatur

Althusser, Louis (2010): Ideologie und ideologische Staatsapparate, Hamburg: VSA.

Anghie, Antony (1999): »Finding the peripheries: sovereignity and colonialism in nineteenth-century international law«, in: Harvard International Law Journal 40, S. 1–70.

Backhouse, Maria (2015): Grüne Landnahme – Palmölexpansion und Landkonflikte in Amazonien, Münster: Westfälisches Dampfboot.

Berenguer, Leticia Olavarria (2014): »The Favelas of Rio de Janeiro: A study of socio-spatial segregation and racial discrimination«, in: Iberoamerican Journal of Development Studies 3, 1, S. 104–134.

Birle, Peter et al. (Hg.) (2012): Durch Luhmanns Brille: Herausforderungen an Politik und Recht in Lateinamerika und in der Weltgesellschaft, Wiesbaden: VS Verlag.

Chimni, Bhupinder Singh (2006): »Third World Approaches to International Law: A Manifesto«, in: International Community Law Review 8, S. 3–27.

Costa, Sergio (2007): Vom Nordatlantik zum ›Black Atlantic‹: postkoloniale Konfigurationen und Paradoxien transnationaler Politik, Bielefeld: transcript.

Fischer-Lescano, Andreas (2005): »Weltrecht als Prinzip: Die Strafanzeige in Deutschland gegen Donald Rumsfeld wegen der Folterungen in Abu Ghraib«, in: Kritische Justiz 38, 1, S. 72–93.

Hall, Stuart (1992): »The West and the Rest: Discourse and Power«, in: Bram Gieben/Stuart Hall (Hg.), Formations of Modernity, Cambridge: Polity Press, S. 184–227.

Hauck, Gerhard (2012): Globale Vergesellschaftung und koloniale Differenz: Essays, Münster: Westfälisches Dampfboot.

Jaeggi, Rahel (2009): »Was ist Ideologiekritik?«, in: Dies./Tilo Wesche (Hg.), Was ist Kritik?, Frankfurt a. M.: Suhrkamp, S. 266–295.

Jalloh, Charles Chernor (2010): »Universal Jurisdiction, Universal Prescription? A Preliminary Assessment of the African Union Perspective on Universal Jurisdiction«, in: Criminal Law Forum 21, S. 1–65.

Koskenniemi, Martti (2001): »Between Impunity and Show Trials«, in: Max Planck Yearbook of United Nations Law 6, 1, S. 1–32.

Lander, Edgardo (Hg.) (2011): La colonialidad del saber: eurocentrismo y ciencias sociales. Perspectivas latinoamericanas, Buenos Aires: CICCUS.

Luhmann, Niklas (1986): »Die Weltgesellschaft«, in: Ders., Soziologische Aufklärung. Aufsätze zur Theorie der Gesellschaft, Bd. 2, Opladen: Westdeutscher, S. 51–71.

Luhmann, Niklas (1995a): »Kausalität im Süden«, in: Soziale Systeme 1, S. 7–28.

Luhmann, Niklas (1995b): »Jenseits von Barbarei«, in: Ders., Gesellschaftsstruktur und Semantik: Studien zur Wissenssoziologie der modernen Gesellschaft, Bd. 4, Frankfurt a. M.: Suhrkamp, S. 138–150.

Luhmann, Niklas (1997): »Globalization or World society: How to conceive of modern society?«, International Review of Sociology 7, 1, S. 67–79.

Luhmann, Niklas (2001): Das Recht der Gesellschaft, Frankfurt a. M.: Suhrkamp.

Luhmann, Niklas (2002): Die Politik der Gesellschaft, Frankfurt a. M.: Suhrkamp.

Luhmann, Niklas (2005): Einführung in die Theorie der Gesellschaft, Heidelberg: Carl-Auer-Systeme.

Luhmann, Niklas (2008): »Inklusion und Exklusion«. in: Ders., Soziologische Aufklärung 6. Die Soziologie und der Mensch, Wiesbaden: VS Verlag.

Luhmann, Niklas (2009a): Die Gesellschaft der Gesellschaft, Bd. 1, Frankfurt a. M.: Suhrkamp.

Luhmann, Niklas (2009b): Die Gesellschaft der Gesellschaft, Bd. 2, Frankfurt a. M.: Suhrkamp.

Marx, Karl (2006): »Zur Judenfrage«, in: MEW, Bd. 1, Berlin: Dietz, S. 347–377.

Meirelles, Renato/Athayde, Celso (2014): Um país chamado Favela: A maior pesquisa já feita sobre a favela brasileira, São Paulo: Editora Gente.

Meyer, André (2012): »Der Exklusionsbegriff in der Systemtheorie Niklas Luhmanns – Eine Überprüfung seiner Erklärungsleistung am Beispiel der Favelas Rio de Janeiros«, in: SocialWorld – Working Paper 18.

Minhoto, Laurindo Dias/Gonçalves, Guilherme Leite (2015): »Nova ideologia alemã? A teoria social envenenada de Niklas Luhmann«, in: Tempo Social 27, 2, S. 21–43.

Rehbein, Boike et al. (2015): Reproduktion sozialer Ungleichheit in Deutschland, Konstanz: UVK.

Rothfuß, Eberhard (2014): Exklusion im Zentrum: Die brasilianische Favela zwischen Stigmatisierung und Widerständigkeit, Bielefeld: transcript.

Said, Edward Wadie (2003): Orientalism, London: Penguin Books.

Soares, Luiz Eduardo (2014): »Prefácio«, in: Renato Meirelles/Celso Athayde: Um país chamado favela: A maior pesquisa já feita sobre a favela brasileira, São Paulo: Editora Gente, S. 7–16.

Wacquant, Loic (2005): »Zur Militarisierung städtischer Marginalität. Lehrstücke aus Brasilien«, in: Das Argument 263, S. 131–147.

Systemtheorie und Psychoanalyse

Für welches Problem ist die Neurose eine Lösung?

Jasmin Siri

I. EINLEITUNG

Die Kombination von Systemtheorie und Psychoanalyse in einem Titel vorzuschlagen klingt verwegen und spricht sicher nicht für eine jener Betrachtungen, die sich eine Synthese von Werken vornehmen[1]. In der Tat wäre das müßig bei zwei Theorien, die von unterschiedlichen epistemologischen und empirischen Fragestellungen auf das Soziale und das Psychische blicken. Da sich die Fragestellung aus aktuellen Forschungsfragen der politischen Soziologie ergibt, geht es mir nicht um eine theoretische Synthese, sondern darum, ob und wie psychoanalytische Psychologie und Soziologie gemeinsam für die Interpretation empirischer Daten nutzbar gemacht werden können. Der Text steht damit in der Tradition einer sozialpsychologisch interessierten politischen Soziologie, für die Autoren wie Mossej J. Ostrogorski (1902) und Karl Mannheim (1984) prägend wirkten.

Im Hintergrund dieser Bemühungen steht die Annahme, dass der psychoanalytische Blick auf die kollektiven Dimensionen des Psychischen systemtheoretische Analysen zu ergänzen vermag. Der folgende Text wird zunächst die Herausforderung einer Kombination von Systemtheorie und Psychoanalyse diskutieren (II.). Es wird zu fragen sein, welche Form psychoanalytischer Theoriebil-

---

1 | Für Diskussion und Anmerkungen danke ich Kolja Möller, Tanja Robnik und Cornelia Schadler.

dung sich eignet, um soziologische Fragestellungen voranzubringen. Anschließend werde ich an einem Beispiel aus der politischen Soziologie diskutieren, inwiefern sich psychoanalytische Theoriefiguren dazu eignen, systemtheoretisches Denken zu präzisieren oder im Sinne einer umfassenden Analyse des empirischen Materials zu ergänzen (III.). Abschließend werde ich zusammenfassend dafür plädieren, dass eine Beobachtung empirischer Fälle mittels beider Theorien möglich und der soziologischen Analyse zuträglich ist (IV.).

II. Einige Gedanken zum Verhältnis von Psychoanalyse und systemtheoretischer Soziologie

Das Denken in funktionalen Äquivalenten kann mehr sehen als nur Kausalitäten und Zweckbeziehungen, es eröffnet den Blick auf die enorme Komplexität und Widersprüchlichkeit moderner Gesellschaft. Die historische Lage des Luhmann'schen Werkes, z. B. sein Interesse für Organisation und Verwaltung sowie seine Beschreibung der Genese ›funktionierender‹ Nationalstaaten, führt jedoch oft dazu, dass man das Werk ordentlicher und systematisierender liest, als es sein müsste; als ein Werk mit dem man eher die Ordnungsleistungen und weniger die Abgründe der Moderne verstehen könne. Es gibt jedoch keinen theorie*immanenten* Grund, das Ungeheuerliche, das Chaos und die Auflösung sozialer Bande aus den Untersuchungsgegenständen systemtheoretischer Forschung auszusparen. Dies entspricht weder der Selbstbeschreibung einer Universaltheorie (vgl. Luhmann 1987: 9 f.) noch dem Anliegen einer Soziologie, die sich ihrer Empirie stellt. Und doch stellt sich die Frage, inwiefern die empirische Erforschung von Chaos, Unordnung und *Ent*differenzierung dazu aufruft, Neubewertungen und Ergänzungen der Theorieanlage auszuprobieren (vgl. Stäheli 2000, Elmer 1995). Hier rückt angesichts mancher empirischer Fälle, die ich im Folgenden beschreiben will, die Systemtheorie des psychischen Systems stärker in den Blick, als jene der Organisationen. Beschreibungen einzelner Funktionssysteme werden eventuell weniger relevant als die Beobachtung ihrer Grenzen und struktureller Kopplungen. Die hier eingenommene Perspektive sucht also nach Wegen, die Vermittlung von individuellen psychischen Strukturen und kollektiven Ergebnissen dieser Strukturbildungen besser zu verstehen.[2] Relevant wird das bspw. im Bereich aktueller Untersuchungsgegenstände der politischen Soziologie und Mediensoziologie, wie der Wirkung von Verschwörungstheorien, neuen Formen der Kriegsführung, den Semantiken des Rechtspopulismus oder der Vermittlung von Selbst- und Fremdbildern in der Flüchtlingsdebatte. Auch im Bereich der Formen und Folgen technischer Evolution ist die Bedeutung der Vermittlung von Psyche und (Massen-)Medien noch virulenter geworden als zur Zeit der Erfindung des Radios oder des Fernsehers: Das Netzmedium scheint sich hinsichtlich seiner Folgen für die menschliche Sozialisation eher mit der Erfindung der Schrift zu messen. Das McLuhan'sche Diktum der Nachricht des Mediums, die sich in das Bewusstsein und die Kommunikation einmassiert (vgl. McLuhan 1967), ist aus Luhmann'scher Perspektive als Diskussion einer strukturellen Kopplung von Medium und Bewusstsein durchaus plausibel, wohingegen eine materielle Kopplung, wie sie McLuhan annimmt, systemtheoretisch schwerlich zu argumentieren ist. Wenn man sich derart für die Vermittlung von psychischem System und (politischen) Kollektiven interessiert, liegt es dann doch sehr nahe, psychoanalytische Literatur zu konsultieren, denn diese hat sich in den letzten rund einhundert Jahren wohl am ausgiebigsten und intensivsten mit der Vermittlung von Individualpsychologie und Gruppenbildung im Politischen beschäftigt und damit großen Einfluss auf die kritische Soziologie genommen (vgl. für viele Adorno et al. 1950). Zugleich – und das werde ich

---

2 | Das Interesse dieses Beitrags ist ausschließlich soziologisch motiviert. Entsprechend geht es mir im Folgenden auch nicht um den Vergleich von Therapie- oder Beratungsformen, also bspw. um eine Einschätzung von Differenzen systemischer Therapie und der tiefenpsychologischen oder psychoanalytischen Theorie.

ebenfalls zu zeigen versuchen – haben die so unterschiedlichen Theorien bei aller Unterschiedlichkeit doch in ihrer Grundhaltung einiges gemeinsam, nämlich eine heftige Skepsis hinsichtlich der Gestaltungsmacht von Individuen und die Ehrfurcht vor Kontingenz (bzw. formgebender Irrationalität) als Ordnungsfaktor der modernen Gesellschaft. Und auch in der hermeneutisch angelegten Frageform, der analytischen Herangehensweise an das Soziale/ Psychische, finden sich Parallelen und damit auch Ansatzpunkte für eine soziologische Nutzung.

Womit aber beschäftigt sich die Psychoanalyse theoretisch und damit auch abseits des Heilberufes? Psychoanalyse interessiert sich für das, was *vor* der im Dreischritt von Information, Mitteilung und Verstehen reüssierten Kommunikation, die die Systemtheorie beobachtet, geschieht. Die psychoanalytische Beschreibung ist der soziologischen daher in der Regel vorgelagert. Weil Kommunikation im systemtheoretischen Sinne auf die Synthese von Mitteilung, Information und Verstehen angewiesen ist, ist das stille Bewusstsein außerhalb der Kommunikation lokalisiert.

»Ein zu Bewußtsein und Kommunikation externer Beobachter sähe kein Bewußtsein, sondern nur abgestimmte Verhaltenspromulgationen, die auf Kommunikation schließen lassen. [...] Wenn wir uns auf den Fall psychischer Beobachtung beschränken, dann heißt das, daß die psychische Beobachtung von Kommunikation entweder mit psychischen Unterscheidungen operiert – oder kommuniziert wird, also soziale Unterscheidungen und Bezeichnungen benutzt, und in der Regel wird das Bewußtsein seine Prozesse schon abgestimmt haben auf ebendieses Erfordernis.« (Fuchs 1998: 19)

Die Gedanken sind also frei? Das Bewusstsein kann sich etwas denken, kann sich und die Außenwelt beobachten, ohne dabei beobachtet zu werden (sehen wir von Versuchen der Aufzeichnung des Denkens in der Neurowissenschaft ab und auch da bleibt nur ein Graph, der die Denkbewegung anzeigt und nicht der Gedanke selbst beobachtbar). Die Psychoanalyse untersucht nun, wie sich der Denkapparat einer Person bildet und wie er sich sozial lokalisiert, z. B. ins Verhältnis zur Familie und der Gesellschaft setzt. Und kommt dabei darauf, dass es mit der Freiheit der Gedanken so eine Sache ist.

»Wäre das Ich nur der durch den Einfluß des Wahrnehmungssystems modifizierte Anteil des Es, der Vertreter der realen Außenwelt im Seelischen, so hätten wir es mit einem relativ einfachen Sachverhalt zu tun. Allein, es kommt etwas anderes hinzu. Die Motive, die uns bewogen haben, eine Stufe im Ich anzunehmen, eine Differenzierung innerhalb des Ichs, die *Ich-Ideal* oder *Über-Ich* zu nennen ist, sind an anderen Orten auseinandergesetzt worden. Sie bestehen zu Recht. Daß dieses Stück des Ichs eine weniger feste Beziehung zum Bewußtsein hat, ist die Neuheit, die nach Erklärung verlangt.« (Freud 2010a: 410)

Im Ich gibt es Instanzen, die näher oder weniger nahe an der Erlebniswelt der Person sind: Das Über-Ich repräsentiert das Gesetz und die Ideale der Sozialen Welt, während das Es mit Trieben und Irrationalität dagegenhält.

In der Konsequenz richtet die Psychoanalyse den Blick erstens stärker auf jene Anteile der Psyche, die dem beobachtenden Bewusstsein selbst intransparent sind, Lacan wird diesen Anteil später ironisch als *das Reale* bezeichnen (vgl. Lacan 2010: 197 ff.). Zweitens gerät neben dieser individuellen Struktur Gesellschaft (bzw. in Freuds Vokabular: Kultur) als prägende Variable individueller Entwicklung in den Blick. Die Theorie nimmt den Weg von der medizinischen Fragestellung (Behandlung von Leiden) über die Praxis dieser Behandlung (Praxis der Analyse) hin zu einer Theorie, die u. a. an der Beschäftigung mit der Sexualität herausfindet, dass die menschenfeindlichen Strukturen der Gesellschaft nicht im Einzelbewusstsein zu heilen sind. So geraten Kultur, Organisationen und andere soziologisch relevante Formierungen wie Massen und Kollektive in das Blickfeld der Psychoanalyse (vgl. Freud 2010b). Drittens entsteht eine interpretativ-hermeneutische Frageform, mit der sich Analytiker und Analysand an die verdunkelten Anteile der Psyche wenden. Ein prominentes Beispiel hierfür ist die Traumdeutung, in welcher der Traum als fremder Dritter in die Analyse eintritt und die Funktion des Stichwortgebers für die Behandlung erfüllt:

»Mit Hilfe des Verfahrens der freien Assoziation und der an sie anschließenden Deutungskunst gelang der Psychoanalyse eine Leistung, die anscheinend nicht praktisch bedeutsam war, aber in Wirklichkeit zu einer völlig neuen Stellung und Geltung im wissenschaftlichen Betrieb führen musste. Es wurde möglich nachzuweisen, daß Träume sinnvoll sind, und den Sinn derselben zu erraten.« (Freud 2010c: 1166)

Das Freud'sche Modell der Psyche reagiert zuerst auf medizinische Erfordernisse. Ihr erstes erklärtes Ziel ist die Behandlung von Leidenden. Zugleich entsteht aus dieser Praxis eine Theorie, die immer wieder Abstand nimmt von der Unterscheidung zwischen einer gesunden Normpsyche, der, regiert von der Ratio, Neurose und Pathogenes fremd ist und einer kranken, neurosegeplagten Patientenpsyche:

»Bisher [vor der Traumdeutung, JS] hatte die Psychoanalyse sich nur mit der Auflösung pathologischer Phänomene beschäftigt [...]. Der Traum aber, den sie dann in Angriff nahm, war kein krankhaftes Symptom, er war ein Phänomen des normalen Seelenlebens, konnte sich bei jedem gesunden Menschen ereignen. Wenn der Traum so gebaut ist wie ein Symptom, wenn seine Erklärung die nämlichen Annahmen erfordert, die der Verdrängung von Triebregungen, der Ersatz- und Kompromißbildung, der verschiedenen psychischen Systeme zur Unterbringung des Bewußten und Unbewußten, dann ist die Psychoanalyse nicht mehr eine Hilfswissenschaft der Psychopathologie, dann ist sie vielmehr der Ansatz zu einer neuen und gründlicheren Seelenkunde, die auch für das Verstehen des Normalen unentbehrlich wird.« (Ebd.: 1170)

Die hier vorgeschlagene Lesart ist freilich eine spezielle, die die Essentialisierungen der Freud'schen Werkstruktur zu umgehen sucht. Sicher finden sich in der Theorie Freuds und seiner Schüler – der medizinisch-naturwissenschaftlichen Fragestellung geschuldet – zahlreiche Essentialisierungen und Ontologisierungen, die einer dekonstruktivistischen und systemtheoretischen Re-Lektüre eher abträglich sind. Hier sind besonders bezüglich der Schriften über Sexualität und Sozialisation zahlreiche Modifikationen vorgeschlagen worden. Die Freud'sche Theorie oszilliert also zwischen medizinischer Behandlung und Dekonstruktion des Pathogenen, denn Mitspielen im Spiel der Sich-Analysierenden können nur jene, die auch nach eigenen blinden Flecken suchen und diese als grundlegend für die Ausbildung des Bewusstseins akzeptieren. Die Selbstanalyse Freuds (vgl. ebd.: 1146 ff.) und seine Untersuchungen zu ›Großen des Menschengeschlechts‹ wie Leonardo da Vinci, dessen Kindheitserinnerungen er analysierte (vgl. Freud 2010d: 973 ff.), zeugen von dieser Praxis. Freud legt damit den Ansatz für eine Praxis der Entpathologisierung psychischer Abweichung von der Norm, die bis heute bei weitem nicht abgeschlossen ist (vgl. Mentzos 2005: 293 ff.).

Der Verweis auf die Traumdeutung macht deutlich, dass Freud mittels seiner Methode auch dazu beitrug, die scheinbare Objektivität der medizinischen Wissenschaften zu dekonstruieren: »Wissenschaft wollte vom Traum nichts wissen, überließ ihn dem Aberglauben, erklärte ihn für einen bloß ›körperlichen‹ Akt, für eine Art Zuckung des sonst schlafenden Seelenlebens« (Freud 2010c: 1166). Zugleich nahmen die Kämpfe um Begriffe und ihre Deutung in der psychoanalytischen Gesellschaft sich so heftig aus, dass von einem geklärten Verhältnis der jungen Wissenschaft zu ihrer Erkenntnistheorie nicht auszugehen war.

Um dies zusammenzufassen: *Weil* es füreinander intransparente Bewusstseine gibt, entsteht laut Luhmann das Erfordernis für Kommunikation. Und weil diese Bewusstseine auch sich selbst nicht transparent sind, braucht es laut Freud die Psychoanalyse. Die Psychoanalyse lernt schließlich an sich selbst und ihren Begriffen, dass der Mensch weit weniger Herr im eigenen Hause ist, als es Semantiken des freien Willens suggerieren und, dass es auch mit der Unterscheidung von Normalität und Pathogenem nicht so weit her ist. Aufgrund ihrer medizinischen Anteile lebt die klassische Psychoanalyse dennoch und in Teilen bis heute mit einem oszillierenden, von der Ebene der Erörterung (praktisch/theoretisch) abhängigen Verhältnis zur Ontologie, da für die Ebene der medizinischen Behandlung die Konstruktion des Pathogenen nur schwer zu ersetzen ist.

Mit einigem zeitlichen Abstand leisteten jüngere Lesarten der Psychoanalyse, die Anschlüsse an (de-)konstruktivistischer Forschung vollziehen, einer De-Ontologisierung der psychoanalytischen Theorie Vorschub (und bezahlten dafür übrigens funktional logisch mit einer mangelnden Eignung zur Behandlung von Leidenden). Hier ist vor allem die lacanianische Psychoanalyse zu nennen, die in den letzten Jahrzehnten zahlreiche Anschlüsse in den Kultur- und Geisteswissenschaften produziert hat (vgl. für viele Butler 2001, Žižek 1991). Mit Lacan nahm die Psychoanalyse eine sprachliche Wende, die den theoretischen Vergleich mit der Systemtheorie nahe legt (vgl. hierzu Fuchs 1998, Elmer 1995).

III. Ein Anwendungsbeispiel aus der Soziologie des politischen Systems

Während die Systemtheorie die Analyse von Funktionssystemen vorantreibt und empirisch mittels der funktionalen Analyse (vgl. Siri/ Robnik in diesem Band) nach funktionalen Äquivalenten in sozialen Praxen sucht, untersucht die Psychoanalyse – systemtheoretisch formuliert – die Formen des Seelischen sowie Funktionen und Folgen des neurotischen und pathologischen Verhaltens. Dabei nutzt die Psychoanalyse sowohl funktionalistische Interpretationen (zur Erklärung der Struktur des Psychischen) wie auch hermeneutische (zur Erklärung empirischer Daten, bspw. Träume, Neurosen, Ängste). Ich will nun an einem Beispiel aus der Forschung zeigen, dass sich die beiden Theorien auf zwei entgegengesetzten Seiten kollektiver Phänomene positionieren und daher, nicht im Sinne einer Synthese sondern gerade aufgrund ihrer eigenen Grenzziehungen, die politisch-soziologische Analyse vorantreiben können. Die Diskussion wird – wie auch die theoretische Einleitung zuvor – nur kursorisch erfolgen können. Hoffentlich kann sie dennoch dazu anregen, soziale Sachverhalte durch die systemtheoretische *und* die psychoanalytische Brille gleichermaßen zu betrachten. Inwiefern eignen sich also psychoanalytische Theoriefiguren dazu, systemtheoretisches Denken zu präzisieren oder im Sinne einer besseren Analyse des empirischen Materials zu ergänzen?

Das rechtspopulistische Denken: Gelegenheitsstruktur, Organisation, Medien

Das Beispiel, das ich im Folgenden diskutieren will, ist die neue Relevanz der deutschen Rechten, also dem Spektrum an nationalistischen, rechtspopulistischen bis hin zu rechtsextremen Positionen in der bundesrepublikanischen Öffentlichkeit. Belegt wird diese durch zahlreiche Studien zum Parteiensystem, zu neuen sozialen Bewegungen bis hin zur aktuellen Kriminalstatistik, die einen erheblichen Anstieg rechtsextremer Straftaten verzeichnet (vgl. für viele Decker 2006, Decker et al. 2012).

Aktuelle Analysen des in Europa aktuell erstarkenden Rechtspopulismus formulieren, dass mit der Gründung der AfD eine ›Normalisierung‹ der Deutschen Parteienlandschaft, eine Angleichung an den europäischen Standard, eingesetzt habe (vgl. Berbuir et al. 2015). Es sei eher erstaunlich gewesen, dass sich in Deutschland so lange keine erfolgreiche rechtspopulistische oder rechtsextreme Partei durchgesetzt habe (vgl. Decker 2006). Die AfD wird u. a. als Nutznießerin einer Leerstelle im Parteienspektrum und als Antwort auf eine Mitte-Ausrichtung der CDU betrachtet. Wissenschaftliche Beobachter aus der Wahlforschung sind sich einig, dass die AfD von der sogenannten Flüchtlingskrise profitiert. Dabei fällt auf, dass die Partei sehr unterschiedliche Milieus und Programmatiken in sich vereint, während die Wählerinnen und Wähler der Partei aber weniger heterogen sind und vor allem auf Rhetoriken der Exklusion zu reagieren scheinen (ebd.). Daher bietet sich nach dem Beispiel von Karl Mannheims Studien zu Ideologie und politischer eine sozialpsychologisch-kultursoziologische Analyse des Elektorats und eine Diskussion von Veränderungen im Konservatismus an (vgl. Siri 2015).

Aus systemtheoretischer Perspektive erscheint der erstarkende Rechtspopulismus in der BRD als eine politische Form, die sich nicht nur in der Peripherie des politischen Systems als Protest abspielt (z. B. Pegida, vgl. Luhmann 1998), sondern auch mittels Organisation (z. B. AfD, rechtspopulistische Parteien in Europa) ins Zentrum der demokratischen Institutionen und Parlamente vordringt. Diese widersprüchliche Rolle ist aus systemtheoretischer Perspektive erklärungswürdig. Interessant an der AfD ist, dass sie unterschiedlichste rechte, konservative und christlich-fundamentalistische Milieus in sich aufnimmt, was die Stabilität der Organisation aus systemtheoretischer Perspektive verringert. Parteien sind darauf angewiesen, dass ihre Mitgliedschaft sich den Mitgliedschaftsregeln entsprechend verhält und ihr Programm einigermaßen kohärent wirkt und medial vermittelt werden kann (vgl. Siri 2012). Für die Instabilität spricht die erste Spaltung der Partei. Die AfD stellt Stabilität offenbar bisher nicht wie etablierte Parteien über programmatische Konsistenz her und legt Wert darauf, als Sammelbecken für unzufriedene Aktivisten und Wähler zu wirken. Wie aber wird dann ausreichende Stabilität der Organisation erzeugt?

Bedeutsam sind hier – abseits der bedeutsamen historischen Gelegenheitsstruktur im Elektorat – in erster Linie Wechselwirkungen zwischen Organisation und Massenmedien, die zur einer paradoxen Stabilisierung der AfD beitragen. Die AfD spielt durchaus virtuos mit der Selektionslogik der Massenmedien, indem sie ihnen die Anerkennung verweigert und die Semantik der ›Lügenpresse‹ zur Provokation und Aufmerksamkeitsgenerierung wie auch zur Abgrenzung und organisationalen Schließung für sich nutzt. Die Ablehnung der ›korrupten‹ ›Systemmedien‹ oder ›Staatsmedien‹ produziert nicht nur medienrelevante Skandale, die – angesichts der rollenbezogenen Betroffenheit der Journalistinnen und Journalisten – zur intensiven Berichterstattung über die AfD und ihrer Klientel führen. Die Partei ermöglicht sich zudem intern eine Immunisierung gegen Kritik – freilich auf Kosten guter Kontakte zur

Presse, die man in Bonner Zeiten für unerlässlich für den Erfolg einer politischen Gruppe gehalten hätte. Diese Verweigerungshaltung ist nur möglich, da sich durch Medienevolution alternative Formen der Berichterstattung und Selbstdarstellung ergeben haben.

Erstens ist eine Ausdifferenzierung der Massenmedien und die gleichzeitige Entstehung von individuell zurichtbaren Netzwerkmedien zu beobachten. Wenn es stimmt, dass wir unser gesamtes Wissen aus den Massenmedien beziehen (vgl. Luhmann 2009), dann kommt die Evolution der Sozialen Medien fast einer Revolution gleich. Konkurrierende Öffentlichkeiten sind nicht mehr nur für Kenner des Journalismus, sondern für alle Nutzer tagtäglich erfahrbar. Die von Luhmann beschriebenen Organisationsformen und Selektionsmechanismen der Massenmedien werden in Teilen außer Kraft gesetzt und es entsteht ein Sinnüberschuss des Computers, der bearbeitet werden muss (Baecker 2007: 140 ff., 152). Diese Herausforderung betrifft Organisationen und Psychen gleichermaßen.

Die Gestaltung konkurrierender Öffentlichkeiten: Verschwörungstheorien und Filter Bubbles außerhalb des Netzes

Eng verbunden mit dem medienevolutiven Wandel sind Veränderungen der politischen Öffentlichkeit – auch außerhalb von Netzgegenwarten. Innerhalb der Klientel der AfD ist die Nutzung von Verschwörungstheorien und alternativer Weltdeutungen, die den Rahmen dessen, was als legitimes Wissen bezeichnet wird, verlassen, besonders relevant. Wir wissen zudem aus der psychologischen Forschung, dass Personen, die an eine Verschwörungstheorie glauben, vermutlich auch eine weitere, diametral entgegengesetzte Theorie glauben werden. Wir haben es also mit einer neuen Form von Theorien zu tun, die nicht auf Konsistenz und Widerlegbarkeit angelegt sind, sondern ihr Publikum aus anderen Gründen finden (vgl. Hepfer 2015: 30 f.)

Dies alles verweist sowohl auf bestimmte psychische Dispositionen der Mediennutzenden, kann aber auch systemtheoretisch interpretiert werden. Zunächst zu Letzterem: Dirk Baecker formuliert, dass die Herausforderung des Computermediums in einem Kontrollüberschuss besteht, »der dadurch zustande kommt, dass sich die Computer mit einem eigenen Gedächtnis an der Kommunikation der Gesellschaft beteiligen« (Baecker 2007: 140). Was bedeutet das für politische Kommunikation? Es wird deutlich, dass die Herstellung politischer Kollektive eine Konstruktionsleistung ist, die Ideen einer natürlichen Ordnung oder natürlicher Allianzen harsch attackiert. Zudem wird Armin Nassehis Beobachtung, dass die Herausforderung moderner Politik nicht die Herstellung von Kollektiven, sondern von Publika, von adressierbaren Kollektiven für eine Entscheidung sei (vgl. Nassehi 2006: 345), potenziert.

Die überaus erfolgreichen alternativen Medien der Verschwörungspresse führen vor, dass die Multiplizierung von Publika Probleme für den Adressatenraum einer Entscheidung produziert. Zudem schaffen sie es, dass *Wissen* über Ufos, Chemtrails oder die jüdische resp. außerirdische Herkunft Angela Merkels sich stabilisiert und als alternative Weltdeutung abrufbar und konkurrenzfähig ist.

Aus psychoanalytischer Perspektive ist wiederum davon auszugehen, dass Menschen sich Lösungen suchen, um den Kontrollüberschuss und Kontingenzdruck, den diese neuen Öffentlichkeiten ausüben, zu bearbeiten. Die Auswahl politischer Inhalte wird angesichts der Fülle an gespeicherten Daten und des Fehlens einer zensorischen Instanz zu einer anspruchsvollen Aufgabe, die bspw. das Prüfen von Autorschaften und Quellen notwendig macht. Aus der Literatur über Verschwörungstheorien können wir lernen, dass diese in Zeiten des kulturellen Umbruchs besonders florieren (vgl. Hepfer 2015: 17 ff.) und als Versuch des Kontingenz- und Komplexitätsmanagements interpretiert werden können:

»In ihrem Bestreben, die komplexe Wirklichkeit aus einem einfachen Prinzip zu erklären, das die Ereignisse in einen klaren Bedeutungs- und Bewertungskontext einordnet, verringern Verschwörungstheorien [...] die Reibungsflächen mit der Erfahrung [...].« (Ebd. 103)

Karl Hepfer beschreibt den Glauben an Verschwörungstheorien als eine Entscheidung, die der Versuch sei, »Frieden mit der Einsicht zu schließen, dass das Leben keinen tieferen Sinn hat und der Lauf der Geschichte, nach allem was wir wissen, keinem Plan folgt. Verschwörungstheorien reagieren auf diesen Befund mit verbindlichen Angeboten der Sinnstiftung« (ebd.). Ähnlich wie religiös-fundamentalistische Haltungen, deren Einfluss auf die Tagespolitik der letzten Jahre ebenso gestiegen ist (siehe die Auseinandersetzungen Sexualkunde und Home Schooling), eignen sich also auch verschwörungstheoretische Haltungen, um Politik zu machen und Menschen zu mobilisieren. Und hier scheint auch eine Erklärung dafür bereitzustehen, weshalb auch evangelikale und katholisch-fundamentalistische Personen sich von der neuen Partei AfD besonders angezogen zu fühlen scheinen.

Dass diese Interpretationen vorläufigen Charakters sind und eher die Möglichkeiten einer Analyse in psychoanalytischer und systemtheoretischer Absicht vorführen möchten, habe ich bereits erwähnt. In eben dieser Vorläufigkeit kann der Erfolg der AfD am Ende dieses Teilkapitels sowohl hinsichtlich ihrer Organisationsform als auch hinsichtlich der Entstehung einer Wählerbasis für diese Partei als ein Ergebnis der Medienevolution betrachtet werden. Doch neben den ›neuen‹ Gründen für den Erfolg rechter Politiken bietet die Psychoanalyse weitere Hinweise zur Attraktivität des dichotomen Denkens in Eigen- und Fremdgruppen.

Die Funktionalität von Exklusion

Psychoanalytische Arbeiten über Exklusion, Gewalt und Rassismus können erklären, welcher Mehrwert der Psyche durch Exklusion und Ausgrenzung entsteht. Die Motive von Personen, sich in einer derartigen sozialen Umgebung engagieren, werden – über eine sozialstrukturelle Einordnung hinaus – erläutert. Während soziologische Erklärungen oft dazu neigen, mangelnde Bildung oder mangelnde Integration einer Person zur Erklärung von rassistischen

Einstellungen oder Gewalthandlungen heranzuziehen, findet die Psychoanalyse eine andere, funktionalistische Erklärung.

Rassismus oder exkludierendes Denken ist aus dieser Perspektive nicht schlicht pathologisch oder unethisch, sondern durchaus funktional im Sinne spezifischer psychischer Erfordernisse: der Abwehr von Gefühlen der Konkurrenz, der Unzulänglichkeit, der Abwehr der Angst vor Komplexität und der kollektiven Abwehr von Scham (vgl. Psyche Sonderheft 2008). Diese Bedürfnisse korrespondieren nicht einfach mit dem sozialen Status einer Person, nicht mit Bildung und nicht mit ›gelungener‹ Integration in ein soziales Umfeld. Für die Psychoanalyse sind gut gestellte, sozial integrierte Rassisten oder die Mehrheit der gebildeten und gut verdienenden AfD-Sympathisanten daher nichts besonderes, denn: »Scham ist eine narzisstische Kernerfahrung«, die alle Menschen betrifft und je nach empirischer Lage konstruktiv oder destruktiv gewendet werden kann, so Bohleber (2008: 835).

Da aus psychoanalytischer Perspektive nicht nur ökonomische ›Krisen‹ sondern vor allem kultureller Wandel – Medienwandel würde ich hier durchaus mitdenken – neurotische Störungen und psychische Irritation befördert (Mentzos 2005: 265 ff.), ist eine Zunahme von Schamgefühlen, von Nicht-Verstehen und Exklusionsgefühlen wahrscheinlich. Hier entsteht Neid auf scheinbar besser geschützte Gruppen, der Fremde wird als Rivale um die Zuneigung der versorgenden Eltern (Staat) empfunden (vgl. Bohleber 2007).

»Wir wissen aus psychoanalytischen Behandlungen, daß Todeswünsche gegen Geschwister auf der individuellen Ebene stets eine unbewußte mächtige Quelle bilden, aus der sich Fremdenhaß speist. Die Fremden erwecken als unbekannte und fremdartige Wesen tiefsitzende primitive, ungelöste Feindseligkeiten, die ursprünglich gegen jüngere Geschwisterfiguren oder gegen jeden gerichtet waren, dem unterstellt wurde, in die als rechtmäßiges Eigentum empfundene Sphäre eindringen zu wollen [...]. Fremde werden in Karikaturen oder in politischen Metaphern nicht selten als gefräßige Insekten dargestellt. Insekten und kleine Tierchen verkörpern als Symbole des Unbewußten in Träumen oft jüngere Geschwister. Auch rechtsextreme Pro-

paganda greift auf diese unbewußte Vorstellungswelt zurück, wenn sie z. B.
die Metapher von Deutschland als einer gebratenen Taube benutzt, die den
Fremden wie im Schlaraffenland in den Mund fliege.« (Ebd.: 232)

Das Kollektiv der Konkurrierenden ist dabei relativ kontingent
wählbar, als die ›privilegierten Geschwister‹ können Flüchtlinge,
Deutsche, Reiche und Hartz IV-Empfänger gleichermaßen konstruiert werden. Jedoch ist es in kollektiven psychologischen Bewegungen wahrscheinlicher, dass als Feindbild eine bereits margi-
nalisierte und einfach als ›fremd‹ zu definierende Gruppe gewählt
wird. Überwältigende Gefühle der Scham und Demütigung können also anhand grandioser Selbstbilder verleugnet und auf eine
beliebige Fremdgruppe projiziert werden (vgl. ebd.). Dies vermag
die Aggression zu erklären, mit der die Gruppen, die zur Desidenti-
fizierung dienen, angegriffen und diskreditiert werden, wie auch
die Forschung zum autoritären Charakter gezeigt hat (vgl. Adorno
et al. 1950). Liberale, demokratische Gesellschaften haben daher
laut Martha Nussbaum ein Interesse daran, ihre Bürger nicht zu be-
schämen und die Verletzlichkeit aller anzuerkennen (vgl. Bohleber
2007: 836). Soziologisch relevant werden diese psychoanalytischen
Beobachtungen vor allem dann, wenn sie sich auf kollektiver Ebene
manifestieren und die kollektive Symbolik der Massenmedien be-
einflussen (vgl. Jäger 1997: 136 ff.)

IV. PSYCHISCHE STRUKTUR UND FUNKTIONALE ÄQUIVALENTE: FÜR WELCHES PROBLEM IST DIE NEUROSE EINE LÖSUNG?

Die vorhergehenden Ausführungen hatten das Ziel, kombinatorische Interpretationen aus psychoanalytischer und systemtheoretischer Sicht stark zu machen. Beide Theorien verbindet eine Skepsis
hinsichtlich der Macht von Individuen und ihrer Ratio, Herr über
ihre soziale Umwelt und ihr Bewusstsein zu sein. Beide Theorien
gleichen sich auch darin, dass sie Kontingenz oder Irrationalität

nicht als Ausnahme, sondern als die Regel und damit als Ordnungsfaktor der modernen Gesellschaft und der psychischen Entwicklung
betrachten. Und auch in der Frageform, der analytischen Herangehensweise an das Soziale und Psychische, finden sich Parallelen,
so fragt auch die Psychoanalyse danach, für welches Problem (z. B.
Komplexitätsdruck) eine Neurose oder ein anderes erklärungs-
würdiges Verhalten eine Lösung sei. Da sich die Systemtheorie
aufgrund ihrer historischen Lage mit der Untersuchung von Phänomenen der entgrenzten Gewalt und der ›chaotischen‹ Kollektiv-
bildung immer wieder schwer tut (vgl. Ellerich 1999: 160), scheint
mir die ergänzende Einnahme einer psychoanalytischen Herangehensweise hilfreich, um die systemtheoretische Perspektive selbst
zu stärken. Von der Psychoanalyse wird die Systemtheorie daran
erinnert, dass auch Hass, Gewalt, auch das scheinbar Irrationale
und Chaotische Regeln der Ordnungsbildung folgt, die beobachtbar und interpretierbar sind. Neurosen – ob individuell oder kollektiv – sind nicht einfach ›Störungen‹, sondern lösen psychische und
soziale Probleme. An aktuellen Themen der politischen Soziologie
wird deutlich, dass die Auflösung von Grenzbewegungen zwischen
Organisation und sozialer Bewegung sowie neue Formen der Me-
diennutzung eher für eine Stabilisierung dieser instabilen Strukturen sprechen. Die Strukturbildung im scheinbar Chaotischen
zu erkennen und in dieser Situation das Verhältnis von Stabilität
und Instabilität zu ergründen, ist daher die Aufgabe systemtheoretischer Analysen in Zeiten medialen und gesellschaftlichen Umbruchs.

LITERATUR

Adorno, Theodor W. et al. (1950): The Authoritarian Personality, New
    York: Harper und Brothers.
Baecker, Dirk (2007): Studien zur nächsten Gesellschaft, Frankfurt
    a.M: Suhrkamp.

Berbuir, Nicole/Lewandowsky, Marcel/Siri, Jasmin (2015): »The AfD and its sympathisers: finally a right-wing populist movement in Germany?«, in: German Politics 24 (2) 2015, S. 154–178.

Butler, Judith (2001): Psyche der Macht. Das Subjekt der Unterwerfung, Frankfurt a. M.: Suhrkamp.

Bohleber, Werner (2007): »Ethnische Homogenität und Gewalt. Zur Psychoanalyse von Ethnozentrismus, Fremdenhaß und Antisemitismus«, in: Ahlheim, Klaus (Hg.): Die Gewalt des Vorurteils. Eine Textsammlung, Schwalbach/Ts.: Wochenschau Verlag.

Bohleber, Werner (2008): »Editorial«, in: Psyche. Zeitschrift für Psychanalyse und ihre Anwendungen. Sonderheft Beschämung, Ressentiment, Vergeltung 62, S. 831–839.

Decker, Frank (2006): »Die populistische Herausforderung. Theoretische und ländervergleichende Perspektive«, in: Ders. (Hg.), Populismus. Gefahr für die Demokratie, Wiesbaden: VS Verlag.

Decker, Oliver/Kiess, Johannes/Brähler, Elmar (2012): Die Mitte im Umbruch. Rechtsextreme Einstellungen in Deutschland 2012, Bonn: Dietz.

Ellerich, Lutz (1999): »›Tragic Choices‹ – Überlegungen zur selektiven Wahrnehmung der Systemtheorie am Beispiel des Nationalsozialismus«, in: Koschorke, Albrecht/Vißmann, Cornelia (Hg.): Widerstände der Systemtheorie. Kulturtheoretische Analysen zum Werk von Niklas Luhmann, Berlin: Akademie Verlag, S. 159–172.

Elmer, Jonathan (1995): »Blinded Me With Science. Motifs of Observation and Temporality in Lacan and Luhmann«, in: Cultural Critique No. 30, S. 101–136.

Freud, Sigmund (2010): Das Unbehagen der Kultur und andere Schriften, Frankfurt a. M.: zweitausendeins.

Freud, Sigmund (2010a): »Das Ich und das Es«, in: Das Unbehagen der Kultur und andere Schriften, Frankfurt a. M.: zweitausendeins, S. 404–433.

Freud, Sigmund (2010b): »Massenpsychologie und Ich-Analyse & Das Unbehagen in der Kultur«, in: Das Unbehagen der Kultur und andere Schriften, Frankfurt a. M.: zweitausendeins, S. 435–486, S. 535–596.

Freud, Sigmund (2010c): »Selbstdarstellung«, in: Das Unbehagen der Kultur und andere Schriften, Frankfurt a. M.: zweitausendeins, S. 1139–1190.

Freud, Sigmund (2010d): »Eine Kindheitserinnerung des Leonardo da Vinci«, in: Das Unbehagen der Kultur und andere Schriften, Frankfurt a. M.: zweitausendeins, S. 973–1030.

Fuchs, Peter (1998): Das Unbewusste in Psychoanalyse und Systemtheorie. Die Herrschaft der Verlautbarung und die Erreichbarkeit des Bewußtseins, Frankfurt a. M.: Suhrkamp.

Hepfer, Karl (2015): Verschwörungstheorien. Eine philosophische Kritik der Unvernunft, Bielefeld: transcript.

Jäger, Siegfried (1997): »Zur Konstituierung rassistisch verstrickter Subjekte«, in: Mecheril, Paul/Teo, Thomas (Hg.), Psychologie und Rassismus, Reinbek b. H.: Rowohlt, S. 132–152.

Lacan, Jacques (2010): Die Angst. Das Seminar Buch X. Wien: Turia und Kant.

Luhmann, Niklas (1987): Soziale Systeme – Grundriß einer allgemeinen Theorie, Frankfurt a. M.: Suhrkamp.

Luhmann, Niklas (1998): Protest. Systemtheorie und Soziale Bewegungen. Hg. Von Kai-Uwe Hellmann. Frankfurt a. M.: Suhrkamp.

Luhmann, Niklas (2009): Die Realität der Massenmedien, Wiesbaden: Springer VS.

Mannheim, Karl (1984): Konservatismus. Ein Beitrag zur Soziologie des Wissens, Frankfurt a. M.: Suhrkamp.

McLuhan, Marshall (1967) (2011): The Medium is the Massage. An Inventory of Effects (with Quentin Fiore), London: Penguin Classics.

Mentzos, Stavros (2005): Neurotische Konfliktverarbeitung, Frankfurt a. M.: Fischer.

Nassehi, Armin (2006): Der soziologische Diskurs der Moderne, Frankfurt a. M.: Suhrkamp.

Ostrogorski, Moissei Jakowlewitsch (1902): La démocratie et les partis politiques, Paris: Calmann-Lévy.

Psyche. Zeitschrift für Psychoanalyse und ihre Anwendungen (2008). Sonderheft Beschämung, Ressentiment, Vergeltung 62.

Siri, Jasmin (2012): Parteien. Zur Soziologie einer politischen Form, Wiesbaden: Springer VS.

Siri, Jasmin (2015); »Rechter Protest? Zur Paradoxie konservativer Protestbewegungen«, in: Sabine Hark/Paula-Irene Villa (Hg.), (Anti-)Genderismus. Sexualität und Geschlecht als Schauplätze aktueller politischer Auseinandersetzungen, Bielefeld: transcript, S. 239–255.

Stäheli, Urs (2000): Sinnzusammenbrüche. Eine dekonstruktive Lektüre von Niklas Luhmanns Systemtheorie, Weilerswist: Velbrück Wissenschaft.

Žižek, Slavoj (1991): Liebe Dein Symptom wie Dich selbst! Jacques Lacans Psychoanalyse und die Medien, Berlin: Merve.

Systemtheorie und Organisationskritik

Victoria von Groddeck

Es gibt kaum eine Gesellschaftsbeschreibung, die nicht auf die Relevanz von Organisationen für die Modernisierung der Welt hinweist. Gleichzeitig gibt es kaum eine kritische Gesellschaftsdiagnose, die nicht auch vor der Gefahr einer verwalteten, bürokratisierten, formalisierten Welt warnt. Max Webers Bürokratietheorie mit seiner Warnung vor dem stahlharten Gehäuse der Hörigkeit ist bis heute die prominenteste Vorlage dieser zweischneidigen Beschreibung. Umso überraschender ist es, dass gerade kritische Perspektiven, so unterschiedlich die theoretische Grundlegung, Zielsetzungen und Implikationen der einzelnen Ansätze auch sind, Organisationen zwar in den Blick nehmen, sie jedoch kaum als eigen- und widerständiges Phänomen der Moderne beschreiben. Vielmehr werden Organisationen als sicht- und beobachtbarer Ort des Arbeitens und des Einsatzes von Technik dazu genutzt, auf die Strukturen einer Gesamtgesellschaft schließen. Die Organisation als Organisation bleibt in diesen Beschreibungen zugunsten der Beschreibung eines prekären Individuums unterbestimmt.

Ich möchte über die Skizzierung einzelner kritischer Perspektiven und deren Zugriff auf Organisation zeigen, dass deren Gemeinsamkeit trotz ihrer Unterschiedlichkeit darin besteht, Gesellschafts- und Organisationsbeschreibung zusammenzuziehen, und Organisationen daher nur unzureichend als eine eigene gesellschaftliche Form analysiert werden. Diesem Bias vermag eine systemtheoretische Perspektive durch die Verbindung, aber auch die Unterscheidung, von Gesellschaft und Organisation etwas entgegen zu setzen. Daraus wird eine Form der kritischen Beobachtung des Zusammenspiels von Organisation und Gesellschaft möglich. Diese kritische Perspektive setzt an der Dekonstruktion der Paradoxie der Entscheidung an.

In einem ersten Schritt illustriere ich an den Autoren Karl Marx und Émile Durkheim die These, dass in kritischen Ansätzen Gesellschaft oft als eine organisierte Einheit beschrieben wird und Organisation so in ihrer Eigenheit aus dem Blick gerät (I.). Weiter zeige ich anhand einzelner Arbeiten von Theodor W. Adorno und James Coleman, dass sich einzelne kritische Perspektiven durchaus dezidiert mit Organisationen auseinandersetzen. Organisationen werden dabei jedoch lediglich als unmenschlicher Ort der Gesellschaft konzipiert und nicht als eine eigenständige Struktur in der Gesellschaft verstanden (II.). Diese Herangehensweise lässt sich auch in Beiträgen der kritischen Organisationsforschung systematisch beobachten. Selbst in diesem Forschungsbereich wird Organisation kein theoretischer Stellenwert zugeschrieben, sondern sie wird lediglich als beobachtbarer Ort von Arbeits- und Lebensbedingungen konzipiert. Gleichsam scheint in allen drei skizzierten Linien der Organisationskritik das Einnehmen einer kritischen Perspektive relativ unproblematisch (III.). In einem letzten Schritt möchte ich daher andeuten, wie es die Systemtheorie ermöglichen könnte, eine Organisationsanalyse an eine Gesellschaftsbeschreibung rückzubinden *und* eine kritische Perspektive zu formulieren, die weniger darin liegt, sich auf bestimmte Normen bzw. normative Gesellschafts- und Menschenbilder zu berufen, sondern die Kontingenz im Umgang mit Paradoxien sichtbar zu machen (IV.).

I. DURKHEIM UND MARX: ORGANISIERTE GESELLSCHAFT

Im ersten Schritt soll es nun nicht nur darum gehen, anhand der Autoren Marx und Durkheim zu skizzieren, welche bis heute wirkmächtigen unterschiedlichen kritischen Perspektiven bereits bei den soziologischen Klassikern angelegt wurden. Ziel ist es herauszustellen, welchen Stellenwert der Organisation in der jeweiligen Perspektive zugeschrieben wird. Die These, die durch die folgenden Ausführungen plausibel werden soll, ist, dass diese klassischen Konzeptionen der Möglichkeiten der Gesellschaftsveränderung bereits symptomatisch dafür sind, dass in soziologischen Arbeiten, die mit einem kritischen Anspruch auftreten, die Organisation als eigene Entität selten dezidiert in den Blick genommen wird.

Das gemeinsame Bezugsproblem der beiden Autoren ließe sich trotz der Unterschiede, die natürlich auszumachen sind, darin sehen, dass es ihnen um eine dynamische Beschreibung von Gesellschaft geht, die aber ›ordentlicher‹ ist, als mit einem ersten Blick zu vermuten ist. Durkheim konzipiert Gesellschaft als eine dynamische Ordnung, in der sich Individualismus, Arbeitsteilung und Integration verzahnen. »Tatsächlich hängt einerseits jeder um so enger von der Gesellschaft ab, je geteilter die Arbeit ist, und andererseits ist die Tätigkeit eines jeden um so persönlicher, je spezieller sie ist.« (Durkheim 1977: 183) Durkheim geht von einer Interdependenz von Individuum und Gesellschaft aus, sieht aber die soziologische Aufgabe vor allem darin, die so entstehende Differenzierung sozialer Funktionen zu beschreiben und Kriterien zu entwickeln, um Veränderungen der Gesellschaft als normal bzw. pathologisch bewerten zu können. Wenn es zu einer pathologischen Gesellschaftsdiagnose kommt, gilt es aufgrund des soziologischen Wissens bestimmte *Reformen* zu unternehmen. Bei diesen Reformen setzt Durkheim, gemäß seines funktionalistischen Gesellschaftsverständnisses, auf die Wirkmächtigkeit von Institutionen und in Folge insbesondere auf Organisationen. So schlägt Durkheim beispielsweise vor, die anomische Selbstmordrate zu senken, indem man Berufsverbände reformiert, da diese den Verlust eines »gleichen inneren Zusammenhalts« (Durkheim 1983: 449), der vormals durch Konfession, Familie oder Politik gestiftet werden konnte, kompensieren können. Durkheim steht damit für den Glauben an gesellschaftliche Reformen, der Gesellschaft als Ganzes für organisierbar hält:

»Wenn man also die Krankheit, deren Symptome sich in der anormalen Steigerung der Selbstmordrate zeigen, als eine der Moral bezeichnet, könnte man sie auf ein bloßes Unwohlsein reduzieren, das man mit schönen Worten leicht aus der Welt schaffen kann. Ganz im Gegenteil, die Veränderung in der moralischen Verfassung, die offenbar geworden ist, zeugt nur von einer tiefgehenden Veränderung unserer sozialen Struktur. Will man die heilen, muß man die andere reformieren.« (Ebd.: 461)

Auch Marx' Idee einer Gesellschaft geht von einer Vorstellung einer dynamischen Ordnung aus, die die Evolution der Gesellschaft aus einem beziehungsreichen Feld gemeinschaftlicher Praxis, sozialen Austauschs und sozialer Kämpfe erklärt (vgl. hierzu Brunkhorst 2007: 154). Dieses beziehungsreiche Feld der Praxis ergibt sich jedoch aus sozialökonomischen Strukturen – dem *Verhältnis von Produktivkräften und Produktionsverhältnissen*. Entwicklungen bei den Produktivkräften können nach und nach die Produktionsverhältnisse verändern und so zu geschichtlichen Umstürzen führen. Gesellschaft ist damit »kein fester Krystall, sondern ein umwandlungsfähiger und beständig im Proceß der Umwandlung begriffener Organismus.« (Marx 1969: 46) Diese evolutionäre Beschreibung wird angesichts des politisch-utopischen Gehalts seines Theorieentwurfs zu einer revolutionären. Die Vorstellung, wie sich Gesellschaft verändert, ist bei Marx anders als bei Durkheim keine reformistische, sondern eine evolutionäre, die auf historische Punkte des radikalen Umbruchs zuläuft. So geht Marx nicht wie Durkheim davon aus, dass sich Gesellschaft intentional organisieren lässt, jedoch begreift auch er Gesellschaft, dies zeigt sich an seinem Sprachgebrauch, als ein Strukturzusammenhang, der durch Revolutionen umgebaut und neugestaltet werden kann (Nassehi 2015: 73). So gleichen sich Durkheim und Marx darin, dass Gesellschaft selbst organisationsförmig beschrieben wird, indem darauf abgestellt wird, dass sie sich durch bestimmte Impulse – bei Durkheim im Sinne zu planender Reformen, bei Marx im Sinne unvermeidlicher evolutionärer Umbrüche – *(re-)organisieren* kann. Konsequenterweise wird der Begriff der Organisation bei beiden Autoren nicht für die

Bezeichnung eines Zweckverbandes bzw. eines Entscheidungszusammenhangs verwendet, sondern auf die Organisation der Gesellschaft bezogen.

Festzuhalten ist, dass beide Autoren ein Bild der Gesellschaft zeichnen, die kritisierbar und veränderbar ist – sei es durch gezielte Reformen oder durch Prozesse der Selbstkorrektur. Durkheim und Marx gehen damit von einer organisierten Gesellschaft aus. Bei Durkheim setzt die Organisation der Gesellschaft auch an der Organisation der Organisation an, bei Marx in der evolutionären bzw. revolutionären Neuorganisation gesellschaftlicher Strukturen. Diese beiden Vorstellungen sind bis heute prägend für kritische Positionen. Das kritische Interesse richtet sich dabei auf das Verhältnis des Einzelnen und der Gesellschaft. Der Organisation wird dabei aber keine gesellschaftliche Eigenlogik zu gesprochen und ist für die theoretische Beschreibung der Gesellschaftsdynamik nicht von Bedeutung.

II. Adorno und Coleman: Organisationen als gefährliche Orte

Vorstellungen der Organisation als mögliche Adresse, die sowohl zu kritisierende Zustände produziert und lösen kann, als auch selbst Kritik formuliert, werden bei Durkheim und Marx in gewisser Weise angedeutet, jedoch zugunsten der Beschreibung der Beziehung von gesellschaftlichen Strukturen und individuellen Verhältnissen nicht systematisch ausgearbeitet. Im Folgenden soll es nun darum gehen, anhand zweier Texte zu zeigen, dass auch in kritischen Beiträgen, die Organisation systematisch in den Blick nehmen und deren gesellschaftliche Relevanz analysieren wollen, die Tendenz besteht, Organisationen lediglich als Schauplatz des zu kritisierenden Verhältnisses von Individuum und Gesellschaft zu verstehen. Dabei handelt es sich um Adornos (1997) Text zu »Individuum und Organisation« und Colemans (1986) Beschreibung einer »asymmetrischen Gesellschaft«. Mir geht es bei dieser kursorischen Gegenüberstellung weder um eine Weiterführung des Durkheim'schen

Erbes auf der einen und des Marx'schen auf der anderen Seite, noch darum, Argumente eines Positivismusstreits zu rekapitulieren. Vielmehr ist Ziel der gemeinsamen Betrachtung dieser beiden Texte, Theorieperspektiven und Argumentationsweisen exemplarisch in den Blick zu nehmen, die zeigen, wie bei kritischen Perspektiven die Beziehung von Organisation, Gesellschaft und Individuum zu beschreiben versucht wird. Beide Texte untersuchen die Ausdehnung von Organisationen, sowohl in ihrer Quantität als auch in Bezug auf ihre Bedeutungszuschreibung, mit gesellschaftstheoretischem oder zumindest gesellschaftsdiagnostischem, kritischem Anspruch.

So unterschiedlich die beiden Autoren stilistisch und theoretisch und in ihren normativen Annahmen sind, erzählen sie doch beide eine ähnliche Geschichte der Organisation: Beide gehen, wie auch schon Marx und Durkheim, von der normativen Setzung aus, dass der Mensch frei zu sein hat und sein eigenes Leben frei gestalten können sollte, dass aber die Gesellschaft über den einzelnen hinausgeht und auf ihn zurückwirkt. Adorno und Coleman nehmen weiter an, dass gerade die gesellschaftlichen Strukturen vor allem durch die moderne Organisation geprägt sind. Beide diagnostizieren, in deutlich radikalerer Form als es Weber mit seiner Warnung vor dem »stahlharten Gehäuse« tat, eine daraus resultierende Gefahr für den Einzelnen in der Gesellschaft.

Coleman zeichnet ein Bild von einer Gesellschaft, die sich zwar durch den Menschen aktiv gestalten lässt, aber in der Moderne vor allem durch »korporative Akteure« (Coleman 1986: 16f.) geprägt wird. Der große Gewinn dieser Akteursform ist für Coleman darin zu sehen, dass nicht nur riskantere und komplexere Ziele realisiert werden können, sondern auch, dass die natürliche Person sich so überhaupt aus der »Eindimensionalität« (ebd.: 26) ihrer gesellschaftlichen Stellung und Funktion befreien konnte. Diese Entwicklung hat jedoch einen Preis: Korporative Akteure nehmen nicht nur zahlenmäßig in der modernen Gesellschaft massiv zu, sondern sie zeichnen sich vor allem durch ein asymmetrisches Machtverhältnis zugunsten der korporativen Akteure aus, weil diese »in nahezu allen Fällen die meisten der Rahmenbedingungen, in die die Beziehung eingebettet ist, zu kontrollieren [vermögen]« (ebd.: 34 f.). Er kommt somit zu folgender Kritik: »Die Person ist zwar frei, aber auch in einem ganz fundamentalen Sinne unerheblich.« (Ebd.: 40) Coleman bleibt bei dieser Kritik an der Organisation jedoch nicht stehen, sondern versteht seine soziologische Arbeit darin, Auswege aus einer asymmetrischen Gesellschaft aufzuzeigen, indem er auf unterschiedlichste Gesellschaftsreformen abstellt, die von Veränderung rechtlicher Rahmenbedingung, von Restrukturierungsvorschlägen für die korporativen Akteure selbst bis zu Bildungsinitiativen zum kompetenteren Umgang mit korporativen Akteuren reichen (vgl. zusammenfassend dazu Braun/Voss 2014: 103; Preisendörfer 2005: 173 f.).

Adorno erzählt die Geschichte ähnlich, jedoch mit weniger optimistischen Reformaussichten. Auch er kommt nicht umhin zu beschreiben, dass die moderne Gesellschaft auf Organisationen angewiesen ist: »Wahr ist, daß die Gesellschaft sich nicht gegen die Natur behaupten, sich nicht hätte am Leben erhalten können ohne Organisation, und daß sie es heute weniger als je vermöchte. Kein primitiver Steg wäre sonst je gebaut, kein Lagerfeuer am Verlöschen gehindert worden.« (Ebd. 1997: 444) Analog zu Coleman geht es ihm dann darum zu zeigen, dass die negativen Folgen einer Organisationsgesellschaft nicht ein »bloßes Verhängnis [ist], das abrollt, um schließlich die Menschen unter sich zu begraben« (ebd.: 444). Eine Organisation ist gesellschaftlich in erheblichem Maße wirkmächtig, die Effekte, die sie produziert, hängen jedoch nicht von ihr selbst ab. Adorno nimmt in diesem Text die Frage des Verhältnisses von Individuum und Organisation als Ausgangspunkt, überführt dieses dann in ein Verhältnis von Individuum und Gesellschaft, in der die Organisation ein aus diesem Verhältnis abgeleitetes, sekundäres Phänomen ist. Er radikalisiert somit die Position der soziologischen Klassiker, für die hier die obigen Ausführungen zu Marx und Durkheim stehen. Die Situierung des Individuums in der Organisation, in der verwalteten Welt, ist somit der Paradefall, um die gesellschaftliche Bedingtheit des Individuums in der modernen Gesellschaft zu erklären.

Organisationen werden sowohl bei Coleman als auch bei Adorno zu gefährlichen Orten der Gesellschaft, weil sie unabdingbar für die Konstitution der modernen Gesellschaft sind, aber gleichzeitig zu eigendynamischen Gebilden werden, gegen deren Einverleibung sich der Einzelne kaum behaupten kann. Gemeinsam ist beiden Autoren auch, dass sie einen Ausweg aus dieser Situation aufzeigen wollen und einen wertenden Standpunkt der wissenschaftlichen Beschreibung nicht nur für möglich, sondern auch nötig halten (vgl. Coleman 1986: 12f.; Adorno 2003: 792f.). Die Art und Weise, wie gesellschaftliche Bedingungen verändert werden können, unterscheidet sich jedoch. Während Adorno in der negativen Kritik Impuls für Verbesserung sieht, setzt Coleman an seinem anthropologischen Bild des zielorientierten und rational agierenden Menschen an, der in der Lage ist, Missstände zu analysieren und handelnd Veränderungsversuche zu unternehmen (Coleman 1986: 31). Coleman entwirft ein Gesellschaftsbild, das maßgeblich durch Organisationen geprägt ist, die sowohl positive und negative Folgen für den gestaltenden Menschen haben können. Negative Folgen können jedoch kontinuierlich korrigiert werden. Organisationen sind bei ihm somit, wie bei Durkheim, wichtige Orte der Gesellschaftsgestaltung, die einerseits Adresse der Kritik sind, aber neben der Veränderung rechtlicher Rahmenbedingungen auch selbst Ort der Gesellschaftsveränderung sein können. Adornos Perspektive nimmt vor allem das Organisationsversagen in den Blick und stellt heraus, dass es nicht die Organisation an sich ist, die eigene Wirkmächtigkeit besitzt, sondern dass dies mit der Passivität der Individuen in Zusammenhang steht, die sich der Produkte der Kulturindustrie hingeben und sich nicht ihres Verstandes bedienen. Die Diskussion der unvermeidlichen Effekte einer zwingenden Organisationgesellschaft verdeckt vielmehr die eigentlich verheerenden Verhältnisse:

»Nur in den gleichsam rückständigen Bereichen des Lebens, die von der Organisation noch freigelassen sind, reift die Einsicht ins Negative der verwalteten Welt und damit die Idee einer menschenwürdigeren. Die Kulturindustrie besorgt das Geschäft, es dazu nicht kommen zu lassen, das Bewußtsein zu fesseln und zu verfinstern.« (Adorno 1997: 455f.)

III. Kritische Organisationsforschung: Organisation als Schauplatz von Arbeits- und Lebensbedingungen

Die Positionen, die ich hier an den Autoren Durkheim und Marx auf der einen Seite und Adorno und Coleman auf der anderen Seite skizziert habe, können bis heute als zugespitzte Beispiele dafür stehen, welcher Stellenwert der Organisation in Beiträgen der kritischen Gesellschaftstheorie zugeschrieben wird: Entweder wird Gesellschaft als etwas verstanden, das selbst organisationsförmig ist, weil es für gestalt- und veränderbar gehalten wird. In diesen Analysen ist das Interesse an Organisation gering, weil die Frage, wie sich Gesellschaft verändern kann, mit anderen Bordmitteln beschrieben wird. Oder aber Organisationen sind dezidiert Ausgangspunkt der Analyse, indem sie die Gefährlichkeit der modernen Gesellschaft am radikalsten und konsequentesten sichtbar machen. Doch auch hier kommt der Organisation kein eigenes theoretisches Interesse zu, weil das Interesse der Analyse weiterhin dem Verhältnis der Einzelnen und der Gesellschaft gilt. Damit prägen sie eine Perspektive, die Organisation nicht als einen spezifischen Gegenstand oder Sachverhalt gesellschaftlicher Strukturen versteht.

Dieser Bias lässt sich selbst in Forschungsbereichen identifizieren, die sich primär um eine kritische Perspektive auf Organisationen unter Rückgriff auf organisationstheoretische Ansätze bemühen. So entstehen beispielsweise die »critical management studies« im Kontext interdisziplinärer, vor allem europäischer und australischer Organisationsforschung gegen eine »unkritische Ausbildung« von Managern. Thematisch geht es dabei jedoch vor allem um die Ausarbeitung von Perspektiven, die sich für Macht- und Kontrollstrukturen in kapitalistischen Arbeitszusammenhängen interessieren (vgl. Alvesson/Willmott 1992, 2003). Die theoretischen Anknüpfungspunkte sind dabei einerseits Ansätze der kritischen Theorie und des Neo-Marxismus und anderseits dekonstruktivistische und diskurstheoretische Einsichten. Insbesondere wird sich dabei auf

Arbeiten von Michel Foucault bezogen (vgl. McKinlay/Starkey 1998; Groddeck 2015). Auch seine Arbeiten interessieren sich nicht explizit für Organisationen als besondere gesellschaftliche Einheiten, vielmehr liefern seine Analysen (vgl. beispielhaft Foucault 1994) Einsichten darüber, wie sich historisch Disziplinartechniken aus Klöstern und dem Militär vergesellschaften und vor allem in Organisationen wie dem Gefängnis, dem Krankenhaus, in Schulen aber auch im modernen Unternehmen institutionalisiert werden. Kritische Perspektiven der Organisationsforschung setzen somit *auch* weniger an der Analyse der Organisation an, sondern nehmen vor allem Arbeits- und Lebensbedingungen in den Blick, die heute maßgeblich in Organisationen stattfinden. Ziel dieser Organisationsforschung ist es zu zeigen, wie die Praxen in Organisationen durch gesellschaftliche Diskursstrukturen konditioniert sind (eine beispielhafte Studie: Fraser 2003). Die Offenlegung dieser Strukturen ermöglicht es dann, »bedürfnisbezogene Probleme, d.h. diskursive Praktiken, die in irgendeiner Weise menschlichen Bedürfnissen entgegenstehen« (Fairclough 2011: 376 f.), so zu analysieren, dass auch reale Möglichkeiten zur Überwindung dieser Probleme in den sozialen Feldern selbst identifiziert werden können. Zentrales Merkmal der kritischen Organisationsforschung ist somit: »the position of the individual in relation to the social structure [...], with organizations featuring as a focal point« (Granter 2014: 549).

Das Interesse an Organisationen ist somit ein abgeleitetes, d.h. Organisationen sind Fokuspunkt der Beobachtung, jedoch nicht Bezugspunkt der theoretischen Beschreibung. Die kritischen Perspektiven ignorieren somit überspitzt formuliert die Einsichten der Organisationstheorie zu Gunsten einer gesellschaftstheoretischen Analyse kapitalistischer Arbeitsstrukturen. *Die Organisation bleibt unterbestimmt.*

IV. Von der unmöglichen Möglichkeit, Organisationskritik mit Hilfe der Systemtheorie zu betreiben

Ich möchte nun abschließend kurz skizzieren, inwiefern sich gerade das systemtheoretische Denken dafür eignet, eine kritische Perspektive auf Organisationsphänomene zu entwickeln. Ich werde erstens argumentieren, dass die Systemtheorie eine theoretische Ressource darstellt, der Unterbestimmtheit der Organisation durch die systematische Verbindung von Organisations- und Gesellschaftstheorie entgegenzuwirken (Nassehi 2002). Zweitens möchte ich zeigen, dass eine kritische Perspektive entstehen kann, indem man sich für die Kontingenz historischer »Gewordenheiten« interessiert.

Niklas Luhmanns Systemunterscheidung in Interaktion, Organisation und gesellschaftliche Funktionssysteme ermöglicht eine Gesellschaftsanalyse, die gesellschaftliche Praxis weder aus Interaktionssettings extrapoliert, noch als eine Ableitung funktionaler Logiken begreift (Luhmann 1975: 9 ff.). Luhmann erklärt Gesellschaft dadurch, dass er vom gleichzeitigen Vollzug und der Kopplung unterschiedlicher Systemstrukturen, die sich gerade nicht voneinander ableiten lassen, ausgeht. Organisationen sind bei ihm Systeme eigenen Typs, die sich von anderen Systemtypen unterscheiden, indem sie ihre Strukturen durch die Bezugnahme auf Entscheidungen herstellen. Entscheidungen sind dabei Kommunikationen, die gleichwertige Alternativen unterscheiden, um sich dann trotz Gleichwertigkeit zu entscheiden. Man muss sich zwischen A und B entscheiden, weil beide Alternativen gleich »gut« sind, sonst müsste man sich nicht entscheiden. Jede Entscheidung kommuniziert so immer auch eine Kritik an sich selbst, kommuniziert ihre Alternativität mit (Luhmann 2000: 142). In der Folge interessiert sich Luhmann besonders für die Frage, wie Organisationen es schaffen, trotz des Wissens um die Kontingenz der eigenen Entscheidungen weiter zu operieren. Analytisch geht es darum, herauszufinden, wie die laufende Dekonstruktion der eigenen Entscheidungskommunikation verhindert bzw. ›unschädlich‹ gemacht wird.

Interaktionen und der Vollzug von Funktionslogiken lassen sich daher von Organisation unterscheiden, nehmen sich aber auch immer gegenseitig in Anspruch und vollziehen sich gleichzeitig. Entscheidungen können interaktiv, z. B. in einer Vorstandssitzung, getroffen werden und nehmen dabei Bezug auf funktionale Logiken, indem beispielsweise die Rentabilität einer Marke eine Rolle spielt, rechtliche Rahmenbedingungen beachtet oder moralische Implikationen abgeschätzt werden. Die Unterscheidung von Interaktion, Organisation und Gesellschaft führt nicht zu einer Unterscheidung in verschiedene Ebenen (Mikro, Meso, Makro) sondern unterläuft diese – nimmt man den operativen Vollzugscharakter der Theorieanlage ernst.

Luhmann attackiert mit dem Systembegriff das Substanzdenken und fokussiert auf die Temporalisierung sozialer Systeme, womit er den Blick auf die selbsttragende Eigenkonstruktivität des Gegenstandes lenkt. Die Konzeption von Systemen als »temporalisierte Systeme« (Nassehi 2003: 66), deren Elemente dem »Zwang zum Verschwinden« (Luhmann 1980: 241) unterworfen sind, rückt radikal die Echtzeitlichkeit von Kommunikation in den Blick: »Autopoietische Systeme sind demnach Systeme, die je nur in einer Gegenwart sich entfalten und letztlich von sich selbst überrascht werden.« (Nassehi 2003: 74) Dies gilt in diesem Sinne auch für Organisationen. Organisationsforschung muss also zum Ziel haben, die praktische und prozesshafte Dynamik des Organisationsvollzugs zu rekonstruieren. Dies gelingt nur, indem man systematisch untersucht, durch welche Selbst- und Umweltbezüge dies praktisch gelingt. *In der systemtheoretischen Organisationsforschung ist somit Organisations- und Gesellschaftsforschung unentrinnbar miteinander verbunden, gleichzeitig werden Organisation und Gesellschaft aber analytisch nicht in eins gesetzt, sondern stellen Eigenlogiken dar.* Diese Konzeption ermöglicht damit eine Beschreibung, die dezidiert und zwangsläufig gesellschaftliche Effekte des Organisierens (hierzu vertiefend Nassehi 2002) und gesellschaftliche Effekte auf die Organisation mit im Blick hat (Luhmann 2000: 380 ff.). Gleichzeitig lässt sich auch rekonstruieren, welche personalen Adressen durch organisationale Praxen entstehen und wie diese mit gesellschaftlichen Logiken in Verbindung stehen (Groddeck 2014). Diese Formen der »Subjektivierung« oder von »Inklusionslagen« (Nassehi 2002: 451) gilt es dann natürlich wieder auf ihre Funktion und ihre Konfliktpotential in unterschiedlichen Praxen mit unterschiedlichen Systemreferenzen zu untersuchen.

Mir scheint, dass die empirische systemtheoretische Organisationsforschung durch die Verknüpfung unterschiedlicher Systemreferenzen, insbesondere der möglichen Verknüpfung von Personalem, Organisationalem und Gesellschaftlichen, ohne diese Strukturen auf gleiche Prinzipien rückführen zu müssen, eine gute Voraussetzungen bietet, um Beschreibungen der Organisation in Gesellschaftsdiagnosen einzubetten. So bildet sich die Grundlage für eine (gesellschafts-)kritische Perspektive auf Organisationen. Die Frage, die sich nun stellt, ist, inwiefern in diesem Fahrwasser Kritik verstanden werden kann.

Niklas Luhmann lehnt sowohl eine linear-kausale bzw. intentionale Idee gesellschaftlicher Steuerung ab, als auch die Möglichkeit, Gesellschaft als Einheit überhaupt beobachten und beschreiben zu können. Planungen, Reformen, Gesetzesveränderungen lassen sich zwar als Veränderungsbemühungen beobachten, deren Effekte und Resultate sind jedoch nicht antizipierbar und nur ex post anhand einer evolutionären Perspektive zu rekonstruieren (Luhmann 2000: 330 ff., Tacke/Kette 2015).

In einer funktional differenzierten Gesellschaft kann es keinen Beobachterpunkt geben, der als eine zentrale Steuerungsinstanz herhalten könnte. Eine Beobachterposition, aus der eine kritische Gesellschaftsdiagnose zu formulieren wäre, ist schlicht unmöglich. Eine kritische Beobachtung kann nur eine beobachterabhängige Beobachtung sein. Sie bleibt stets perspektivisch (Luhmann 1997: 115). Was jedoch möglich ist, ist soziologische Aufklärung (Luhmann 1970: 66 ff.).

So schlagen beispielsweise Marc Amstutz und Andreas Fischer-Lescano vor, an der Rekonstruktion der Paradoxie anzusetzen, auf der Systeme stets gründen (Amstutz/Fischer-Lescano 2013: 9). Kritisch ist eine Systemtheorie dann, weil sie durch »die Offenlegung von Paradoxien auf Demystifizierung und immanente Kritik« (Fischer-Lescano 2013: 23) zielt. Das heißt, anhand der empirischen Analyse, wie die Paradoxie der Systeme empirisch entfaltet wird, kann die Konstruktivität und die Kontingenz bestimmter Phänomene aufgezeigt werden. So kann einerseits auf die Funktion der herrschenden Strukturen verwiesen und deren Stabilität in den Blick genommen werden, gleichzeitig richtet sich der Blick aber anderseits auf deren Nicht-Notwendigkeit und auf funktionale Äquivalenz. In diesem Sinne trifft hier eine systemtheoretische Perspektive, insoweit sie sich für historische Emergenz von Strukturen interessiert und Formen der Invisibilisierung von Kontingenzen und Paradoxien verstehen will, mit einer diskurstheoretischen zusammen. Paradoxieentfaltungen müssen daher als empirisch zu beobachtende Prozesse verstanden werden, die auch immer anders hätten verlaufen können. Im Sinne Foucaults sind sie als historisch umkämpfte Prozesse »zu begreifen, in dessen Verlauf sich immer wieder spezifische Intelligibilitäten und Kräfteverhältnisse herausbilden« (Opitz 2013: 42). Doch im Gegensatz zur Foucault'schen Diskurstheorie ermöglicht es die Systemtheorie mit ihrer ausgearbeiteten Organisationstheorie, die Eigendynamik von Organisationen in den Blick zu nehmen. Mit Fischer-Lescano müsste dann eine kritische Systemtheorie der Organisation an der Dekonstruktion der Entscheidungsparadoxie ansetzen. Es ginge dann darum zu untersuchen, wie sich die »Wiedereinführung der Ungewissheit in die Mechanismen ihrer Absorption« niederschlägt (Baecker 1999: 136). Damit ist gemeint, dass wir nachvollziehen können müssen, wie sich in Organisationen Formen des Umgangs mit Entscheidungsparadoxien verändern; denn dass sich »die Reflexion auf und das Spiel mit dem Entscheidungsverfahren als Voraussetzung der Bearbeitung von Eigen- und Umweltkomplexität« (ebd.: 136) variieren und verändern können bzw. verändert haben, ist kaum zu übersehen. Durch eine

Dekonstruktion der historischen Genese und praktisch zu beobachtender Modi des Umgangs mit der Paradoxie des Entscheidens gerät in den Blick, welche kontingenten Formen der Personifizierung und Adressierung entstehen, welche organisationalen und gesellschaftlichen Folgen aus diesen Modi resultieren und darüber hinaus kann mitgezeigt werden, welche Konflikte in Organisationen so produziert und verschärft, aber auch wie sie gelöst werden und welche möglichen Alternativen mitlaufen. In diesem Sinne ist eine systemtheoretische Organisationforschung kritisch. Sie ermöglicht keinen besseren, aber einen anderen Blick (Luhmann 1997: 1119). Sie hält dabei Gesellschaft weder für organisierbar, wie man dies anhand der Autoren Durkheim und Coleman stilisieren kann, noch versteht sie Organisationen als lediglich gefährliche Orte, die die gesellschaftlichen Grundstrukturen potenzieren. Sie sensibilisiert für die Spezifizität des Organisierens in einer differenzierten Gesellschaft, verweist auf Kontingenz und Komplexität und stellt strukturelle Äquivalente in Aussicht. Das Steuerungspotential dieser irritierenden Beschreibung lässt sich jedoch wiederum nur als Ergebnis von Evolution beobachten.

LITERATUR

Adorno, Theodor W. (1997): »Individuum und Organisation. Einleitungsvortrag zum Darmstädter Gespräch 1953«, in: Ders., Soziologische Schriften I. Band 8 der Gesammelten Schriften, Frankfurt a. M.: Suhrkamp, S. 440–456.

Adorno, Theodor W. (2003): »Kritik«, in: Ders., Kritische Modelle 3, Band 10 der Gesammelten Schriften, 2. Hälfte, Frankfurt a. M.: Suhrkamp, S. 785–793.

Alvesson, Mats/Willmott, Hugh (Hg.) (1992): Critical Management Studies, London: Sage.

Alvesson, Mats/Willmott, Hugh (Hg.) (2003): Studying Management Critically, London: Sage.

Amstutz, Marc/Fischer-Lescano, Andreas (2013): »Einleitung«, in: Dies., Kritische Systemtheorie. Zur Evolution einer normativen Theorie, Bielefeld: transcript, S. 7–10.

Baecker, Dirk (1999): Organisation als System, Frankfurt a.M: Suhrkamp.

Braun, Norman/Voss, Thomas (2014): Zur Aktualität von James Coleman, Wiesbaden: Springer VS.

Brunkhorst, Hauke (2007): »Kommentar«, in: Karl Marx, Der achtzehnte Brumaire des Louis Bonaparte, Studienausgabe, Frankfurt a. M.: Suhrkamp, S. 133–329.

Coleman, James (1986): Die asymmetrische Gesellschaft. Vom Aufwachsen mit unpersönlichen Systemen, Weinheim/Basel: Beltz.

Durkheim, Émile (1977): Über soziale Arbeitsteilung: Studie zur Organisation höherer Gesellschaft, Frankfurt a. M.: Suhrkamp.

Durkheim, Émile (1983): Der Selbstmord, Frankfurt a. M.: Suhrkamp.

Fairclough, Norman (2011): »Globaler Kapitalismus und kritisches Diskursbewußtsein«, in: Reiner Keller et al. (Hg.), Handbuch Sozialwissenschaftliche Diskursanalyse, Band 1: Theorien und Methoden, Wiesbaden: Springer VS, S. 339–356.

Fischer-Lescano, Andreas (2013): »Systemtheorie als kritische Gesellschaftstheorie«, in: Marc Amstutz/Ders., Kritische Systemtheorie. Zur Evolution einer normativen Theorie, S. 13–37.

Foucault, Michel (1994): Überwachen und Strafen. Die Geburt des Gefängnisses, Frankfurt a. M.: Suhrkamp.

Fraser, Nancy (2003): »From Discipline to Flexibilization: Rereading Foucault in the Shadow of Globalization?«, in: Constellations 10, 2, S. 160–171.

Granter, Edward (2014): »Critical Theory and Organization Studies«, in: Paul Adler et al. (Hg.), The Oxford Handbook of Sociology, Social Theory, And Organization Studies. Contemporary Currents, Oxford: Oxford University Press, S. 534–560.

Groddeck, Victoria von (2014): »›Unternehmen sind nun mal Teil der Gesellschaft‹ – Wirtschaftsorganisationen zwischen Routine und Moral«, in: Armin Nassehi/Irmhild Saake/Jasmin Siri

(Hg.), Ethik, Normen, Werte. Studien zu einer Gesellschaft der Gegenwarten, Wiesbaden: Springer VS, S. 131–156.

Groddeck, Victoria von (2015): »Foucault (1975): Surveiller et punir«, in: Stefan Kühl (Hg.), Schlüsselwerke der Organisationsforschung, Wiesbaden: Springer VS, S. 278–281.

Luhmann, Niklas (1970): Soziologische Aufklärung, Bd. 1: Aufsätze zur Theorie sozialer Systeme, Opladen: Westdeutscher Verlag.

Luhmann, Niklas (1975): Soziologische Aufklärung 2, Bd. 2: Aufsätze zur Theorie der Gesellschaft, Opladen: Westdeutscher Verlag.

Luhmann, Niklas (1980): Gesellschaftsstruktur und Semantik. Studien zur Wissenssoziologie der modernen Gesellschaft, Band 1, Frankfurt a. M.: Suhrkamp.

Luhmann, Niklas (1997): Die Gesellschaft der Gesellschaft, Frankfurt a. M.: Suhrkamp.

Luhmann, Niklas (2000): Organisation und Entscheidung, Opladen: Westdeutscher Verlag.

Marx, Karl (1969): Das Kapital. Kritik der politischen Ökonomie, in: Marx-Engels Werke, Bd. 2, Berlin: Dietz Verlag.

McKinlay, Alan/Starkey, Ken (Hg.) (1998): Foucault, Management and Organization Theory. From Panopticon to Technologies of Self, London: Sage.

Nassehi, Armin (2002): »Die Organisationen der Gesellschaft. Skizze einer Organisationssoziologie in gesellschaftstheoretischer Absicht«, in: Jutta Allmendinger/Thomas Hinz (Hg.), Soziologie der Organisation, Sonderband der KzfSS, Opladen, S. 443–478.

Nassehi, Armin (2003): Geschlossenheit und Offenheit. Studien zur Theorie der modernen Gesellschaft, Frankfurt a. M: Suhrkamp.

Nassehi, Armin (2015): »Zirkulation als Selbstzweck? Kann man Marx und Luhmann in kritischer Absicht lesen – und umgekehrt?«, in: Albert Scherr (Hg.), Systemtheorie und Differenzierungstheorie als Kritik. Perspektiven in Anschluss an Niklas Luhmann, Weinheim: Juventa/Beltz, S. 56–79.

Opitz, Sven (2013): »Was ist Kritik? Was ist Aufklärung? Zum Spiel der Möglichkeiten bei Niklas Luhmann und Michel Foucault«,

in: Marc Amstutz/Andreas Fischer-Lescano (Hg.), Kritische Systemtheorie. Zur Evolution einer normativen Theorie, S. 39–62.
Preisendörfer, Peter (2005): Organisationssoziologie. Grundlagen, Theorien und Problemstellungen, Wiesbaden, VS Verlag.
Tacke, Veronika, & Kette, Sven (2015): »Systemtheorie, Organisation und Kritik«, in Scherr, Albert (Hg.), Systemtheorie und Differenzierungstheorie als Kritik. Perspektiven in Anschluss an Niklas Luhmann«. Weinheim und Basel: Beltz Juventa, S. 232–265.

Systemtheorie und Diskursanalyse

Jasmin Siri und Tanja Robnik

I. EINLEITUNG: ANALYSEN JENSEITS VON KAUSALITÄT UND KLASSISCHER FORMALISIERUNG

> »Theorien mit Universalitätsanspruch sind also selbstreferentielle Theorien. Sie lernen an ihren Gegenständen immer auch etwas über sich selbst. Sie nötigen sich daher wie von selbst, sich selbst einen eingeschränkten Sinn zu geben – etwa Theorie als eine Art von Praxis, als eine Art von Struktur, als eine Art von Problemlösung, als eine Art von System, als eine Art von Entscheidungsprogramm zu begreifen.« (Luhmann 1987: 9 f.)

Eine soziologische Theorie, so Luhmann, sei dann etwas wert, wenn sie für sich keinen ausschließlichen Wahrheitsanspruch im Verhältnis zu anderen Theorien beanspruche (ebd.), wohl aber »Universalität der Gegenstandserfassung in dem Sinne, daß sie als soziologische Theorie alles Soziale behandelt und nicht nur Ausschnitte [...]« (ebd.). Universaltheorien setzen sich über die Arbeit am empirischen Fall also zu sich selbst ins Verhältnis, kommen in sich selbst, wie Luhmann schreibt, als eigener Gegenstand vor (ebd.). Als Anforderung an eine moderne Theorie der Gesellschaft formuliert er daher, dass sie sich »nicht an Perfektion und Perfektionsmängeln« (Luhmann 1987: 162), sondern an einem »wissenschaftsspezifischen Interesse an Auflösung und Rekombination von Erfahrungsgehalten« (ebd.) orientieren solle:

»Es geht nicht um ein Anerkennungs- oder Heilungsinteresse, [...] sondern zunächst und vor allem um ein analytisches Interesse: um ein Durchbrechen des Scheins der Normalität, um ein Absehen von Erfahrungen und Gewohnheiten [...]. Das methodologische Rezept hierfür lautet: Theorien zu suchen, denen es gelingt, Normales für unwahrscheinlich zu erklären.« (Ebd.)

Das Normale für unwahrscheinlich zu erklären ist auch das Geschäft der Diskursanalyse. So schreibt Foucault über die historische Analyse:

»Es gilt, die verschiedenen, verschränkten, oft divergierenden, aber nicht autonomen Serien zu erstellen, die den ›Ort‹ des Ereignisses, den Spielraum seiner Zufälligkeit, die Bedingungen seines Auftretens umschreiben lassen. Die grundlegenden Begriffe, die sich jetzt aufdrängen, sind nicht mehr diejenigen des Bewußtseins und der Kontinuität (mit den dazugehörigen Problemen der Freiheit und der Kausalität), es sind auch nicht die des Zeichens und der Struktur. Es sind die Begriffe des Ereignisses und der Serie, mitsamt dem Netz der daran anknüpfenden Begriffe: Regelhaftigkeit, Zufall, Diskontinuität, Abhängigkeit, Transformation. [Herv. i. O.]« (Foucault 1991: 36)

Die Gemeinsamkeit der Luhmann'schen Systemtheorie und der Diskursanalyse im Sinne Foucaults liegt darin, dass sie die Voraussetzungen und die Kontingenz sozialer Praxis sicht- und beschreibbar machen. Soziale Systeme und Institutionen beobachten sie als Ergebnis historischer Prozesse und sie halten eine einfache Positionierung der Wissenschaft auf der Seite der Machtunterworfenen (als geborene Kritiker), der ›Wahrheit‹ (als Vertreter der Ratio) oder des ›Guten‹ (als Vertreter des harmlosen, pazifistischen Geistes) eher für eine psychosoziale Geste als für eine realistische Standortbestimmung.

»Ihnen ist auch gemein, dass sie das ›Subjekt‹ nicht als Autor, sondern als Produkt gesellschaftlicher Kommunikation verstehen und auch, dass sie die in der Soziologie übliche Theorie/Methoden-Unterscheidung in sich nicht abbilden, sondern gezielt dekonstruieren [...]. Sowohl die Systemtheorie als auch die Diskurstheorie nehmen eine ›Haltung der Kritik‹ (Foucault 1992: 8) ein, die dem allzu selbstsicheren ›Habitus der Nachgeborenen‹ der Aufklärung entkommen will (Koselleck 1992: 98). [Herv. i. O.]« (Siri 2012: 15)

Und sowohl Diskursanalyse als auch Systemtheorie sträuben sich aufgrund ihres behutsamen Wahrheitsbegriffes gegen ihre ›Vermethodologisierung‹ im Sinne einer einzigen richtigen Art und Weise der Erhebung und Interpretation empirischer Daten (vgl. Saake/ Nassehi 2007: 9 f.).

Es sagt daher vielleicht weniger über die beiden Werke und mehr über die Stabilität der geistesgeschichtlichen und habituellen Grenze zwischen deutscher und französischer Soziologie – oder sauberer: zwischen Paris und Oerlinghausen – aus, dass Luhmann und Foucault in ihren Schriften voneinander kaum Kenntnis nahmen. Auch in der Rezeption setzt eine gegenseitige Bezugnahme beider Theorien verhältnismäßig spät ein (vgl. Reinhardt-Becker 2008: 213 f.). So finden sich zwar verschiedene Forschungsarbeiten, die Elemente beider Autoren verbinden (z. B. Åkerstrøm Andersen 2003), eine theoretische Auseinandersetzung mit beiden Theorien wurde jedoch erst 2003/2004 mit einer Ausgabe der Zeitschrift Kulturrevolution eingeholt (Parr 2003: 55).

In diesem Text wollen wir weniger auf die allgemeinen Theorieanlagen zweier Universaltheorien eingehen als spezifischer ihr Verhältnis von Theorie und Methode sowie ihre Rekombinationsmöglichkeiten diskutieren. Dies liegt darin begründet, dass wir uns besonders dafür interessieren, welche Kritiken die beiden Theorien selbst formulieren und ob – und wenn ja, wie – sie einen kritischen Blick auf soziale Tatsachen und ihre Beschreibung ermöglichen. Wir werden hierzu zunächst die Funktionale Analyse nach Luhmann (2.) und die Foucault'sche Diskursanalyse (3.) vorstellen. In einer anschließenden Diskussion werden wir argumentieren, dass die Stärke einer Rekombination von Diskursanalyse und der differenzierungstheoretischen funktionalen Analyse im Scharfstellen des soziologischen Blicks auf unterschiedlich konzipierte Analyseeinheiten und Ausschnitte des Sozialen besteht, von der theoretisch angeleitete empirische Studien profitieren können. Wir wollen zeigen, dass aus der Rekombination beider Verfahren zur Analyse empirischer Zusammenhänge ein soziologischer Zugang entsteht, der um seine eigenen Idiosynkrasien und Herstellungsbedingungen weiß und dementsprechend weder der Essentialisierung noch der Selbstlokalisierung auf Seiten objektiver Wahrheit verfällt (4.). Beide Autoren nehmen die eigene wissenschaftliche Forschung und ihre Perspektiven kritisch in den Blick, entsprechend angeleitete Studien reflektieren den Status und die Rechtfertigung der jeweils vermittelten Wissensinhalte, vor allem aber ihre jeweilige Position als Produkt gesellschaftlicher Verhältnisse.

II. Systemtheorie als funktionale Methode: Empirische Forschung vor dem Hintergrund einer Theorie der Gesellschaft

»Ihren eigenen Charakter gewinnen funktionale Analysen durch die Art ihrer Forschungsperspektive und deren Denkvoraussetzungen. [...] Funktionale Analysen knüpfen nicht an sichere Gründe, bewährtes Wissen, vorliegende Gegebenheiten an, um daraus sekundäres Wissen zu gewinnen, sondern sie beziehen sich letztlich auf Probleme und suchen Lösungen für diese Probleme zu ermitteln. Sie gehen also weder deduktiv noch induktiv vor, sondern heuristisch in einem ganz speziellen Sinne.« (Luhmann 1973: 2)

Die Systemtheorie Niklas Luhmanns, geplant und durchgeführt als Universaltheorie der Gesellschaft, ›Laufzeit 30 Jahre, Kosten: keine‹, reagiert in ihrer Selbstbeschreibung auf eine Sinn- und Theoriekrise der Soziologie, die sich in philologisch angetönter Klassikerexegese und gefällig kritischem Gestus manifestierte (Luhmann 1987, 7 ff., Luhmann 1991). In seiner Theorie entstand eine Welt, die für die Zeitgenossen mindestens fremd, in ihrem strategischen ›Antihumanismus‹ eventuell sogar anstößig erscheinen musste. Luhmann baute anhand der System/Umwelt-Unterscheidung, anhand eines Begriffs der Kommunikation, der diese als kleinste Einheit der Gesellschaft definiert und mittels eines Beobachtungsbegriffs, der soziale Operationen von seiner Bindung an Menschen befreit und die Zeitlichkeit des Beobachtens herausstellt eine Theorie, die sich über die Synchronisation unendlich vieler Logiken, und Bewusstseine sowie deren Anliegen wundert, eine Theorie, die die Unwahrscheinlichkeit und Zufälligkeit sozialer Ordnung sichtbar macht. Dass Komplexität durch Kommunikation reduziert werden kann, dass sich dabei funktionierende Strukturen herausbilden können, ist für Luhmann nicht selbstverständlich, sondern erklärungsbedürftig. Die Funktion unterschiedlicher Logiken als Bedingung zur Komplexitätsreduktion und zur Reproduktion sozialer Systeme hat Luhmann unter anderem anhand der Beschreibung von Funktionssystemen mit je eigenen Medien, Codes und Semantiken in den Blick genommen.

Der Autor Niklas Luhmann steht nicht unter dem Verdacht, ein großer Empiriker gewesen zu sein. Manche meinen zu Unrecht. Denn die Anwendung der Systemtheorie auf gesellschaftliche Funktionssysteme wie Politik, Religion oder Erziehung ist angereichert mit einer großen Anzahl von Beispielen und historischen Daten und seine funktionale Analyse, die er als Methodologie der Systemtheorie beschreibt, wird zur Interpretation v. a. qualitativer empirischer Daten genutzt (vgl. z. B. Nassehi/Saake/Siri 2015).

Das Bezugsproblem jeder funktionalen Analyse ist die Frage, wie Systeme Komplexität erfassen, wie sie nach eigenen Routinen Komplexität reduzieren und dabei in Echtzeit Entscheidungsstrukturen ausbilden, die mehr oder weniger historisch stabil sein können. Dazu wird in funktionalen Analysen das Verhältnis von *Problem und Problemlösung* empirisch in den Blick genommen: »Die funktionale Analyse benutzt Relationierungen mit dem Ziel, Vorhandenes als kontingent und Verschiedenartiges als vergleichbar zu erfassen« (Luhmann 1987: 83). Funktionale Analyse erhofft sich durch die »unkonventionelle Art des Zusammenstellens und Vergleichens« von scheinbar kausalen, nicht weiter erwähnenswerten sozialen Zusammenhängen »unter abstrakten Problemgesichtspunkten« (Luhmann 1999: 288) eine Neuanordnung und Irritation (ebd.: 280) von als sicher betrachtetem Wissen, eine Erklärung dessen, was offensichtlich zu sein scheint. Bei der Sichtung und Analyse des empirischen Materials dient die Frage nach Problem und Problemlösung(en) als »Leitfaden« für die Suche nach funktionalen Äquivalenten (Luhmann 1987: 84), es kann und soll gezeigt werden, wie Unterschiedliches oder auch Widersprüchliches in sozialen Praxen als »funktional äquivalent« wirkt (Stichweh 2010: 25).

Funktionale Analyse berücksichtigt dabei immer auch den Horizont, vor dem Probleme und Lösungen entfaltet werden, um eine »adäquate Gesellschaftstheorie, die nicht in dem Sinne modern sein sollte, daß sie schon morgen von gestern sein wird« (Luhmann 1992: 19) zu konzipieren. Gängige zeitdiagnostisch-soziologische Beschreibungen von Gesellschaft (z. B. als Risikogesellschaft) sind selbst bereits »funktionierende Simplifikationen« oder eine »Form der Reduktion von Komplexität« (ebd.: 21), da sie, Luhmann führt dies auf methodologische Gründe zurück (ebd.: 19), die Gesellschaft in der sie stattfinden nur partiell reflektieren und auf einzelne Bezugsprobleme reduzieren. Eine Theorie der funktionalen Differenzierung greift dieses Problem auf und die funktionale Analyse rückt den Kontext solcher Beschreibungen, die eigentlich bereits Unterscheidungen sind (ebd.: 27), in den Blick. Statt auf Einheit referiert die Analyse auf Differenz (ebd.: 26), die Unterscheidung von Teil und Ganzem wird durch die von System und Umwelt ersetzt. Der Vorteil einer solchen Analyse liegt darin, dass es erst einmal egal ist, ob ›jemand‹, ›etwas‹ oder gar ›nur‹ eine zeitliche Verschiebung das soziale Problem zu lösen imstande sind, hier kann die Systemtheorie Ähnliches leisten wie jene neueren Ansätze, die die Grenze von Menschen, Dingen und Maschinen diskutieren (vgl. in diesem Band die Texte von Schadler sowie Dickel & Lipp). Zudem lässt sich mit dieser Perspektive erklären, dass was heute eine Lösung darstellt, morgen nicht mehr funktioniert, eine Irritation darstellt oder scheitert. Dies ist nicht zuletzt in der radikalen Eigenzeitlichkeit sozialer Systeme begründet, die Armin Nassehi in den Mittelpunkt einer modernen Lesart der Luhmann'schen Theorie gestellt hat (2006: 281ff., 455ff.). Durch diese spezifische Sicht auf Probleme und Lösungen als Relationen – also nicht als Kausalitäten oder Zweckbeziehungen – wird die Kontingenz und Historizität sozialer Tatbestände in einer neuen Art und Weise beobachtbar und beschreibbar.

III. Diskursanalyse nach Foucault: Historizität und Praktiken der Verschränkung

»Ich glaube, dass das, worauf man sich beziehen muss, nicht das große Modell der Sprache und der Zeichen, sondern das des Krieges und der Schlacht ist. Die Geschichtlichkeit, die uns mitreißt und uns bestimmt, ist kriegerisch; sie ist nicht sprachlicher Natur. Machtbeziehung, nicht Sinnbeziehung. Die Geschichte hat keinen Sinn, was nicht heißt, dass sie absurd oder ohne Zusammenhang wäre.« (Foucault 2003: 193)

In den Schriften Foucaults findet sich kein Hinweis darauf, dass er sich mit Luhmanns Theorie der Gesellschaft auseinandergesetzt habe.[1] Und doch zeigen sich erstaunliche Parallelen im wissenschaftlichen Vorgehen. Auch Michel Foucault setzt sich mit der Konstruktion von Wissen und der Geburt des bürgerlichen Subjekts auseinander und auch er bietet keine Anleitung zum konkreten methodischen Vorgehen an. Für Foucault finden sich in seinen Analysen »bestenfalls Werkzeuge – und Träume« (Foucault 1996: 25), aber »keine Rezepte« (ebd.), die Schritt für Schritt befolgt werden können, wie man dies in der Regel von den empirischen Methoden der Sozialforschung erwarten mag.

Forschungspraktisch mag diese Zurückhaltung zur Anleitung zunächst nachteilig erscheinen, eine Auseinandersetzung mit Michel Foucaults Werken macht jedoch schnell deutlich, dass die Dis-

---

1 | Anders bei Niklas Luhmann, zwar gibt es keinen Hinweis darauf, dass diese sein Werk beeinflussten, es finden sich aber einige wenige Quellenangaben (vgl. Luhmann 1994: 34, Luhmann 2005b: 242) und der Hinweis, dass ihm Vorgehensweisen wie die von Michel Foucault missfielen, da sie auf umfangreiches Quellenmaterial referieren, das jedoch in der zitierten Literatur nicht auftaucht (Luhmann 2009: 111 f., vgl. Prokić 2012: 284).

kursanalyse ohne entsprechende theoretische Fundierung wesentlich an Aussagekraft verliert. Diskursanalyse, so werden wir zeigen, funktioniert nicht als Tool, das Schritt für Schritt angewendet zu plausiblen Ergebnissen führt, baut sie doch immer auf die Reflexion des Forschungsgegenstandes und der eigenen Perspektive. Erkenntnistheoretisch ist die Zurückhaltung auch deshalb unausweichlich, weil Wissenserzeugung durch ›organisierte‹ Wissenschaft zentrales Thema der Foucaultschen Kritik ist. Betrachtet man, mit Urs Stäheli, Methoden entsprechend ihrem etymologischen Ursprung als »Hilfsmittel« oder »Technik der Wahrheitserzeugung und [damit, Anm. d. Autorinnen] implizit der Wahrheitspolitik« (Stäheli 2010: 225), als ein lineares Vorgehen also, dann läuft dies der Konzeption der Foucault'schen Diskursanalyse ebenso zuwider wie einer systemtheoretischen Analyse (ebd.). Der Begriff der »Wahrheitspolitik« verweist in diesem Sinne auf die Herstellungsmechanismen und die subjektiven Bedingungen zur Herstellung scheinbar ›objektiven‹ (wissenschaftlichen) Wissens.

Diskursanalyse oder -theorie sind die Termini, unter denen das Denken Foucaults zusammengefasst wird. Michel Foucaults Werk ist kein einheitlicher, auf ein bestimmtes Ziel hin entworfener Kanon, kein einheitliches Theoriegebäude. Anders als Luhmann beginnt Foucault nicht mit der Absicht, eine Universaltheorie zu verfassen, vielmehr entwickelt er seine Begriffe anhand seiner Untersuchungen und modelliert sie je nach Publikation und Zeitpunkt auf unterschiedliche Art und Weise (vgl. Foucault 1996: 24 f.).[2] Es lassen sich jedoch wesentliche Schlüsselbegriffe ausmachen, die den theoretischen und methodologischen Rahmen der Arbeiten Foucaults bestimmen.

---

2 | Der Diskursbegriff beispielsweise ist so mehr Ergebnis, als von vornherein ein Analyseraster Foucault'scher Studien. Die Ordnung der Dinge, die Archäologie des Wissens und die Ordnung des Diskurses gelten als wesentliche Eckpfeiler der Variationen in Foucaults Denken (vgl. Dreyfus/Rabinow 1994: 69 ff., Parr 2008: 233 f.). Ein chronologischer Überblick über den Diskursbegriff in Foucaults Werken findet sich beispielsweise bei Michael Ruoff (2007: 100 f.).

Foucault beschreibt Diskurse als »Praktiken, die systematisch die Gegenstände bilden, von denen sie sprechen« (Foucault 1981: 74) und verschiebt so den Fokus weg von diesen Gegenständen oder Objekten hin zu den Prozessen, in denen sie ihre Bedeutung entfalten. Diskurse sind damit immer das Ergebnis komplexer historischer Prozesse (vgl. Foucault 1974: 24). Nebst dem, was in bestimmten Situationen oder zu bestimmten Themen sagbar (mit Luhmann: anschlussfähig) ist, schließt der Diskurs auch immer das mit ein, was nicht gesagt wird oder sich via nicht-sprachlicher Mittel (z. B. Architektur) ausdrückt (Foucault 1978: 120). Die Diskursanalyse zeichnet das Entstehen solcher Praktiken nach:

»Man möchte nicht wissen, was wahr oder falsch, begründet oder nicht begründet, wirklich oder illusorisch, wissenschaftlich oder ideologisch, legitim oder mißbräuchlich ist. Man möchte wissen welche Verbindungen, welche Verschränkungen zwischen Zwangsmechanismen und Erkenntniselementen aufgefunden werden können, welche Verweisungen und Stützungen sich zwischen ihnen entwickeln, wieso ein bestimmtes Erkenntniselement – sei es wahr oder wahrscheinlich oder ungewiß oder falsch – Machtwirkungen hervorbringt und wieso ein bestimmtes Zwangsverfahren rationale, kalkulierte, technisch effiziente Formen und Rechtfertigungen annimmt.« (Foucault 1992: 31)

Die diskursive und immer auch prozesshafte Aushandlung von Wahrheiten wird mittels der Analyse von Diskursen durch die Begriffe Macht und Wissen sichtbar, jedoch niemals in dem Sinne, dass diese tatsächlich *existieren* oder »selbst agieren würden« (Foucault 1992: 33):

»Es geht also nicht darum, zu beschreiben, was Wissen ist und was Macht ist und wie das eine das andere unterdrückt oder mißbraucht, sondern es geht darum, einen Nexus von Macht-Wissen zu charakterisieren, mit dem sich die Akzeptabilität eines Systems – sei es das System der Geisteskrankheit, der Strafjustiz, der Delinquenz, der Sexualität usw. – erfassen läßt.« (Ebd.)

Foucault zufolge zeichnen sich moderne Gesellschaften durch eine besondere Affektion zu durch Diskurse produzierten Wahrheiten aus (vgl. Bublitz et al.1999: 10), diese »offensichtliche Verehrung des Diskurses« impliziert jedoch gleichzeitig die Furcht vor »jenem großen unaufhörlichen und ordnungslosen Rauschen des Diskurses« (Foucault 1981: 34), weshalb der Diskurs stets »kontrolliert, selektiert, organisiert und kanalisiert wird« (ebd.). Foucault verortet die Diskursanalyse jenseits von Ideen- oder Wissenschaftsgeschichte (Foucault 1974: 24). Im Vordergrund steht die Reflexion, auch des eigenen Arbeitens im Sinne von Fragen danach, »von wo aus Erkenntnisse und Theorien möglich gewesen sind, nach welchem Ordnungsraum das Wissen sich konstituiert hat, auf welchem historischen Apriori und im Element welcher Positivität Ideen erscheinen, Wissenschaften sich bilden, Erfahrungen sich in Philosophien reflektieren, Rationalitäten sich bilden können, um sich vielleicht bald wieder aufzulösen und zu vergehen« (ebd.). Im Fokus stehen die Praktiken oder Wissensformen, »episteme« (ebd.), in denen Wahrheiten und Erkenntnis jenseits anerkannter Kriterien von Objektivität oder Rationalität als Produkt einer Geschichte hervorgehen, die keinen linearen Fortschritt beschreibt, sondern selbst Bedingung für die Produktion von Wissensformen ist (vgl. ebd.).

Am Beispiel der Repressionshypothese macht Foucault in seinem ersten Band zu Sexualität und Wahrheit deutlich, dass gerade Verbote, Normen und Gesetze zu einer stetigen Zunahme von Diskursen und den darin verhandelten Wissensformen führen. Diese »diskursive Gärung« (Foucault 1983: 24) findet immer im »Wirkungsbereich der Macht« (ebd.) statt, Macht nicht im Sinne zentraler Steuerung von Befehlen oder Gesetzen, sondern Macht im Sinne eines »beweglichen Feldes von Kraftverhältnissen, in denen sich globale, aber niemals völlig stabile Herrschaftswirkungen durchsetzen« (Foucault 1983: 101). In eben jenen Verhältnissen wird verhandelt, welches Wissen entwickelt, legitimiert und verbreitet wird. Wenn Objektivität und Rationalität selbst das Ergebnis sozialer Praxis sind, werden sie als Konstruktionsbedingungen von Wissen ›enttarnt‹ und damit selbst kontingent.

Die Analyse des Zusammenspiels von Macht und Wissen in Diskursen dekonstruiert die Idee eines autonomen Subjekts als Produkt spezifischer sozio-historischer Bedingungen, die tief mit der Philosophie des 17. und 18. Jahrhunderts verbunden sind (vgl. Reckwitz 2008: 75, 81 f.) und verdeutlicht seine Historizität.

»Es reicht also nicht zu sagen, daß das Subjekt in einem symbolischen System gebildet wird. Das Subjekt bildet sich nicht einfach im Spiel der Symbole. Es bildet sich in realen und historisch analysierbaren Praktiken. Es gibt eine Technologie der Selbstkonstitution, die symbolische Systeme durchschneidet, während sie sie gebraucht.« (Foucault 1994: 289)

Diskursive Regelmäßigkeiten bilden erst jene Positionen, die eine Beschreibung als Subjekt ermöglichen. Subjektivität ist keine Frage unserer wahren, innerlichen Unendlichkeit, sondern Produkt einer historischen Entwicklung. Dabei stellt Foucault fest, dass die Produktion legitimer Subjektformen immer andere (un-)denkbare Subjektformen ausschließen müsse, um als legitime Subjektideologie zu bestehen (vgl. ebd.).

IV. Fazit: Abklärung der Aufklärung und selbstreflexive Wissenschaft

Dass Gilles Deleuze das Vorgehen seines Freundes und akademischen Weggenossen Foucault als »funktionale Analyse« (Deleuze 1987: 39) bezeichnet, ist ein weiterer Hinweis auf die Nähe der Vorgehensweise beider Theoretiker. Von einer Idee des Funktionalismus, die stabile Strukturen voraussetzt (so z. B. bei Parsons), ist Luhmann, der durchgängig ein Primat der Funktion gegenüber der Struktur betont (Luhmann 2005a: 114) und eine »Gesellschaft ohne Spitze und ohne Zentrum« (Luhmann 1981: 22) beschreibt, ebenso weit entfernt wie Foucault, bei dem die Beweglichkeit und Prozesshaftigkeit von Kräfteverhältnissen nur jenseits stabiler Machtpositionen beschreibbar bleibt. Es gibt keinen »privilegierten Ort als Quelle der

Macht« (Deleuze 1987: 41), keine durchgängig bestimmende Struktur, Vereinheitlichung, Kontinuität oder Zentralisierung (vgl. ebd.: 42). Eine dekonstruktivistische Lesart lenkt den Blick auf die hier deutlich gemachte Komplexität jener Machtverhältnisse, denen sich auch der politische Anspruch Foucaults bei genauerer Analyse nicht entziehen kann, verweisen sie doch explizit auf Widerständigkeit und Unkontrollierbarkeit von (auch kritischer) Praxis. Beide Theorien dekonstruieren also die Idee einer sich selbst transparenten Subjektivität, sie dekonstruieren die Idee einer Wissenschaft, die objektiv und ›von oben‹ auf die Dinge schaut und sie dekonstruieren den Mythos einer ›einfach richtigen‹ politischen Entscheidung, die Zugriff auf die gesamte Gesellschaft erlaube.

Aber (wie) lassen sich nun die beiden Theorien in der soziologischen Forschung kombinieren bzw. was können sie voneinander lernen? Und was bedeutet dies für eine Soziologie in kritischer Absicht? Welche Kritik ist es, die mit Foucault und Luhmann zum Sprechen gebracht werden kann, wenn die gute kritische Absicht und der kritische Habitus des (›natürlich männlichen‹) Intellektuellen im 19. Jahrhundert zurückgelassen werden müssen? Eine wichtige Ähnlichkeit der beiden Theorieanlagen ist für uns die Infragestellung der Grenze von theoretischer und empirischer Forschung. Für die funktionale Analyse formuliert beispielsweise Nassehi:

»Mit der funktionalen Methode implodiert nämlich die Unterscheidung von theoretischer und empirischer Perspektive zugunsten der Unterscheidung von Problem und Lösung. Diese Unterscheidung verbürgt zugleich die Möglichkeit, unterschiedliche Problem/Lösungs-Konstellationen am selben Gegenstand zu testen. Das ermöglicht es der funktionalen Methode, Alternativen abzuwägen und damit auch, Theorien miteinander zu vergleichen. Der Funktionalismus könnte damit Überzeugungen und idiosynkratische Theoriepräferenzen durch den Vergleich von Plausibilitäten ersetzen.« (Nassehi 2012a: 84)

Während Diskurstheoretiker ihr Vorgehen im Vergleich zur Systemtheorie häufig als detaillierter, unabhängiger und damit als besser zur Analyse komplexer Vorgänge geeignet sehen, interessieren sich systemtheoretische Perspektiven häufig ›nur‹ für sinnvolle Ergänzungen ihrer Arbeit durch die Diskursanalyse (vgl. Reinhardt-Becker 2008: 214). Wir wollen hier einen ›dritten Weg‹ gehen, der auf den empirischen Test von Theorien am sozialen Sachverhalt hinausläuft.

Beide Analyseverfahren ermöglichen einen Erkenntnisgewinn jenseits gängiger Kausalität. Sie betonen die Abwesenheit eines ›unabhängigen‹ Außen. Foucaults historische Perspektive lehrt die Unmöglichkeit eines ›außerhalb‹ von Diskursen (Butler 2006: 213). Diskurse formen und sind gleichsam Grundlage von Geschichte. Im Zentrum steht deshalb die Frage danach, welches spezifische Wissen sich in welchen Macht-Wissenskonstellationen herausbildet. Luhmann verdeutlicht die Selbstreferentialität jeder Beobachtung, denn jede Beobachtung erzeuge durch die ihr innewohnende Unterscheidungspraxis blinde Flecken (vgl. 1987: 88).

»Wie jede Beobachtung setzen auch Theorien Unterscheidungen ein, hinter die sie nicht zurücktreten können. Dies ist nicht zu verhindern. Jedoch können wissenschaftliche Arbeiten in sich Motive des Selbstzweifels und der Disziplinierung einbauen: Reflexionsschleifen, die die blinden Flecken sichtbar machen und auszuweisen versuchen [...]. Hierzu dient auch die Beschreibung der Art und Weise der Datenerhebung und ihrer Interpretation.« (Siri 2012: 22 f.)

In der empirischen Forschung wird aus unserer Sicht deutlich, dass die unterschiedliche Konzeptionalisierung der Analyseeinheiten und die unterschiedliche Problemformulierung zu spannenden, äquivalenten und doch sehr unterschiedlichen Interpretationen führen. Die Stärke einer Rekombination von Diskursanalyse und der differenzierungstheoretischen funktionalen Analyse besteht also im Scharfstellen des soziologischen Blicks auf unterschiedlich konzipierte Analyseeinheiten und Ausschnitte des Sozialen. Beispielsweise nehmen Diskursanalysen im Feld der Gender Studies einen prominenten Platz ein, vereinzelte systemtheoretische Untersuchungen erweitern die Forschung um die ›Kategorie‹ des Geschlechts auf

Erwartungsbedingungen und deren gesellschaftliche Rahmung (vgl. Weinbach 2004). Beide Theorien verdeutlichen nicht nur die entscheidende Rolle des jeweiligen Fokus wissenschaftlicher Rezeption und die Perspektive der Problemstellung, sie verweisen damit implizit auch immer auf die Selbstpositionierung von Wissenschaft und damit einhergehend der Frage nach Kritik. Armin Nassehi weist in einem Beitrag über das Theorie-Empirie-Verhältnis der Soziologie darauf hin, dass es doch erstaunlich sei, wie Sozialwissenschaftler/innen gerne die Konstruktion von Erkenntnis und Fachkulturen anderer Disziplinen darstellten, die Konstruiertheit der eigenen Praxis aber nur wenig beachten (Nassehi 2012b: 426).

»Was man eine Krise der empirischen Forschung nennen könnte, ist ihre Weigerung, noch sich selbst und ihre Praxis als Teil ihres Gegenstandes anzuerkennen. [...] Eine Soziologie, die eine Theorie der Gesellschaft stellen will, muss früher oder später auf exakt jene Implosion der Unterscheidung von Subjekt und Objekt stoßen, die sich daraus ergibt, dass die Soziologie Gesellschaft nicht extern beschreibt, sondern eine *Selbstbeschreibung der Gesellschaft* anbietet. Indem sie Gesellschaft beschreibt, vollzieht sie sie mit. Und indem sie etwa auf Strukturen und Funktionen anderer, also nicht soziologischer, nicht einmal wissenschaftlicher Beobachtungen und Beschreibungen ihres Gegenstandes stößt, kann sie an sich selbst erleben, dass sie sich nur jenen Unterscheidungen verdankt, die ihr als Soziologie der Wissenschaft der Gesellschaft zur Verfügung stehen.« (Nassehi 2012b: 426)

Dies ist ein wichtiger Hinweis, der ebenso aus der diskursanalytischen Tradition erfolgen könnte: Wissenschaft steht weder kontextlos über den Dingen, noch ist sie unbeteiligt an der Reproduktion von Gesellschaft und Machtverhältnissen. Mit Foucault könnten wir sogar formulieren: ganz im Gegenteil! Hieraus lässt sich etwas über die Position des Wissenschaftlers/der Wissenschaftlerin als Kritiker/in lernen. Die einfache kritische Geste im Sinne eines wissenschaftlichen ›Man-müsste-nur-mal‹ scheint nicht mehr plausibel, wenn die Analyse komplexer Diskurse und Differenzierungsvorgänge im Mittelpunkt der wissenschaftlichen Arbeit steht. Die Idee einer Steuerung der Gesellschaft im Sinne des ›Guten‹ und ›Wahren‹ lässt uns mit Luhmann und Foucault eher erschaudern als aufatmen. Denn einerseits lässt sich ein solcher Eingriff im demokratischen Rahmen nicht umsetzen, historisch lernen wir, dass Systeme, die im Sinne des ›Guten‹ und ›Wahren‹ operieren, im Innen- wie im Außenverhältnis nur selten friedlich sind. Andererseits – und dies ist vielleicht sogar wichtiger – vermag das ›Gute‹ oder die gutgemeinte Kritik Folgen zu zeitigen, die genau das Gegenteil dessen erreichen, was sie geplant hatten. Ein Beispiel aus der Forschung von Niels Åkerstrøm Andersen zeigt, dass eine herrschaftskritische Sozialarbeit, die sich als Freundin der Klienten beschreibt, noch perfidere Machtstrukturen ausformt als eine patriarchale. Denn in der Praxis wurde es für die Klienten fast unmöglich, sich der ›freundschaftlichen Ratschläge‹ zu entziehen. Die Repressivität der Praxis (z. B. durch Bestrafungen) wurde invisibilisiert und Widerstand wurde systematisch verunmöglicht (Åkerstrøm Andersen 2011).

Aber auch Forschung, die sich jenseits von Normativität und Kritik verortet, profitiert von der Reflexion ihrer theoretischen/methodischen Grenzen. Diskursanalyse wie auch funktionale Analyse nehmen die auch im Feld der wissenschaftlichen Forschung wirksamen gesellschaftlichen Diskurse oder Semantiken als erklärungswürdige soziale Formen in den Blick. Forschungsschwerpunkte und Fragestellungen verdeutlichen die Selbstreflexivität des wissenschaftlichen Feldes, die vielleicht nur allzu oft zu Untersuchungen dessen führt, was wir ohnehin schon wissen oder zu wissen glauben.

Ein soziologischer Zugang, der von Luhmann und Foucault über seine Idiosynkrasien und Herstellungsbedingungen informiert wurde, kann also weder einfache Lösungen für gesellschaftliche Probleme anbieten noch sich selbst außerhalb der Gesellschaft lokalisieren. Vielmehr bedeutet eine kritische Haltung hier, gesellschaftlichen Logiken nachzuspüren, sie genau zu beschreiben und sich über Kommunikations- und Publikationsstrategien Gedanken zu machen, mittels derer soziologische Ergebnisse in die Gesellschaft zurückgespielt werden können; wohlwissend, dass der Effekt dieses Rückspiels nicht mehr in unserer Hand liegt.

LITERATUR

Åkerstrøm Andersen, Niels (2003): Discursive analytical strategies. Understanding Foucault, Koselleck, Laclau, Luhmann, Bristol: The Policy Press.

Åkerstrøm Andersen, Niels (2011): »Who is Yum-Yum?: A Cartoon State in the Making«, in: Ephemera 11, 4, S. 405–432.

Bublitz, Hannelore et al. (Hg.) (1999): Das Wuchern der Diskurse. Perspektiven der Diskursanalyse Foucaults, Frankfurt a. M./New York: Campus.

Butler, Judith (2006): Hass spricht, Frankfurt a. M.: Suhrkamp.

Deleuze, Gilles (1987): Foucault, Frankfurt a. M.: Suhrkamp.

Dreyfus, Hubert L./Rabinow, Paul (1994): Michel Foucault. Jenseits von Strukturalismus und Hermeneutik, Weinheim: Beltz Athenäum.

Foucault, Michel (1974): Die Ordnung der Dinge. Eine Archäologie der Humanwissenschaften, Frankfurt a. M.: Suhrkamp.

Foucault, Michel (1978): Dispositive der Macht. Über Sexualität, Wissen und Wahrheit, Berlin: Merve Verlag.

Foucault, Michel (1981): Archäologie des Wissens, Frankfurt a. M.: Suhrkamp.

Foucault, Michel (1983): Der Wille zum Wissen: Sexualität und Wahrheit Band 1, Frankfurt a. M.: Suhrkamp.

Foucault, Michel (1991): Die Ordnung des Diskurses, Frankfurt a. M.: Fischer Taschenbuch Verlag.

Foucault, Michel (1992): Was ist Kritik?, Berlin: Merve Verlag.

Foucault, Michel (1994): »Interview mit Michel Foucault«, in: Hubert L. Dreyfus/Paul Rabinow (Hg.), Michel Foucault. Jenseits von Strukturalismus und Hermeneutik, Weinheim: Beltz Athenäum, S. 265–294.

Foucault, Michel (1996): »Gespräch mit Ducio Trombadori«, in: Ders., Der Mensch ist ein Erfahrungstier, Frankfurt a. M.: Suhrkamp, S. 23–122.

Foucault, Michel (2003): »Gespräch mit Michel Foucault«, in: Daniel Defert/François Ewald (Hg.), Schriften in vier Bänden. Dits et Ecrits Band III, Frankfurt a. M.: Suhrkamp, S. 186–213.

Koselleck, Reinhart (1992): Vergangene Zukunft – Zur Semantik geschichtlicher Zeiten, Frankfurt a. M.: Suhrkamp.

Luhmann, Niklas (1973): Vertrauen. Ein Mechanismus zur Reduktion sozialer Komplexität, Stuttgart: Ferdinand Enke.

Luhmann, Niklas (1981): Politische Theorie im Wohlfahrtsstaat, München: Olzog Verlag.

Luhmann, Niklas (1987): Soziale Systeme – Grundriß einer allgemeinen Theorie, Frankfurt a. M.: Suhrkamp.

Luhmann, Niklas (1991): »Am Ende der kritischen Soziologie«, in: Zeitschrift für Soziologie, 20, 2, S. 147–152.

Luhmann, Niklas (1992): Beobachtungen der Moderne, Opladen: Westdeutscher Verlag.

Luhmann, Niklas (1994): Liebe als Passion. Zur Codierung von Intimität, Frankfurt a. M.: Suhrkamp.

Luhmann, Niklas (1999): Ausdifferenzierung des Rechts, Frankfurt a. M.: Suhrkamp.

Luhmann, Niklas (2005a): Soziologische Aufklärung 1. Aufsätze zur Theorie sozialer Systeme, Wiesbaden: VS Verlag.

Luhmann, Niklas (2005b): Soziologische Aufklärung 6. Die Soziologie und der Mensch, Wiesbaden: VS Verlag.

Luhmann, Niklas (2009): »OFF. Niklas Luhmann im Interview mit Gerald Breyer und Niels Werber«, in: Wolfgang Hagen (Hg.), Was tun Herr Luhmann? Vorletzte Gespräche mit Niklas Luhmann, Berlin: Kadmos, S. 99–132.

Nassehi, Armin (2006): Der soziologische Diskurs der Moderne, Frankfurt a. M.: Suhrkamp.

Nassehi, Armin (2012a): »Funktionale Analyse«, in: Oliver Jahraus et al. (Hg.), Luhmann Handbuch, Stuttgart: Metzler, S. 83–84.

Nassehi, Armin (2012b): »Theorie ohne Empirie?«, in: Oliver Jahraus et al. (Hg.), Luhmann Handbuch, Stuttgart: Metzler, S. 424–428.

Nassehi, Armin/Saake, Irmhild/Siri, Jasmin (Hg.) (2015): Ethik – Normen – Werte, Wiesbaden: Springer VS.

Parr, Rolf (2003): »Punktuelle Affinitäten, ungeklärte Verhältnisse: (Inter-)Diskursanalyse und Systemtheorie. Zur Einführung in die überfällige Debatte ›Luhmann und/oder Foucault‹«, in: Kulturrevolution 45/46, S. 55–57.

Parr, Rolf (2008): »Diskurs«, in: Clemens Kammler/Rolf Parr/Ulrich Johannes Schneider (Hg.), Foucault Handbuch, Stuttgart: Metzler, S. 233–237.

Prokić, Tanja (2012): »Michel Foucault«, in: Oliver Jahraus et al. (Hg.), Luhmann Handbuch, Stuttgart: Metzler, S. 284–287.

Reckwitz, Andreas (2008): »Subjekt/Identität: Die Produktion und Subversion des Individuums«, in: Ders./Stephan Moebius (Hg.), Poststrukturalistische Sozialwissenschaften, Frankfurt a. M.: Suhrkamp, S. 75–92.

Reinhardt-Becker, Elke (2008): »Niklas Luhmann«, in: Clemens Kammler/Rolf Parr/Ulrich Johannes Schneider (Hg.), Foucault Handbuch, Stuttgart: Metzler: S. 213–218.

Ruoff, Michael (2007): »Diskurs«, in: Ders., Foucault-Lexikon, München: Fink, S. 91–101.

Saake, Irmhild/Nassehi, Armin (2007): »Einleitung: Warum Systeme? Methodische Überlegungen zu einer sachlich, sozial und zeitlich verfassten Wirklichkeit«, in: Soziale Welt 58, 3, S. 233–254.

Siri, Jasmin (2012): Parteien. Zur Soziologie einer politischen Form, Wiesbaden: Springer VS.

Stäheli, Urs (2010): »Dekonstruktive Systemtheorie – Analytische Perspektiven«, in: René John/Anna Henkel/Jana Rückert-John (Hg.), Die Methodologien des Systems, Wie kommt man zum Fall und wie dahinter?, Wiesbaden: VS Verlag, S. 225–240.

Stichweh, Rudolf (2010): »Theorie und Methode der Systemtheorie«, in: René John/Anna Henkel/Jana Rückert-John (Hg.), Die Methodologien des Systems. Wie kommt man zum Fall und wie dahinter?, Wiesbaden: VS Verlag Verlag, S. 15–28.

Weinbach, Christine (2004): Systemtheorie und Gender. Das Geschlecht im Netz der Systeme, Wiesbaden: Springer VS.

New Materialism
und Allgemeine Systemtheorie
Eine kritische Parallellektüre

Cornelia Schadler

EINLEITUNG

Seit ungefähr einem Jahrzehnt wird in den poststrukturalistischen Theorien ein neuer Materialismus eingefordert (vgl. Tuin/Dolphijn 2010; Dolphijn/Tuin 2012). Karen Barad monierte 2003 »Language has been granted too much power« (2003: 801) und Rosi Braidotti (2002) begann in ihrem Werk *Metamorphoses,* von Neomaterialismus oder New Materialism zu sprechen um ihre Interpretation eines deleuzianischen Feminismus von stärker sprachorientierten Theorien abzugrenzen. Die folgenden Jahre sollte sich der Terminus *Neuer Materialismus – New Materialism* (vgl. Dolphijn/Tuin 2012), oder auch im Plural *Neue Materialismen – New Materialisms* (vgl. Coole/Frost 2010), für ein poststrukturalistisches Theoriefeld etablieren, das Grenzziehungsprozesse nicht nur als diskursiv, sondern als materiell-diskursiv beschreibt. Auch Donna Haraway (1987, 1992, 1993, 2008) gilt als wesentliche Einflussgröße und Vertreterin dieser Theorien. Ihre Synthese aus Materialismus und Systemtheorie, die aufgrund ihrer anti-dualistischen Haltung in den 1990er Jahren noch als ›postmoderner‹ Feminismus beschrieben wurde, fokussierte immer schon auf ein Kernthema des New Materialism – auf Körper, Organismen und Stoffe und deren Transformation in Wissensprozessen.

Neue Materialismen sind *Prozessontologien*, das heißt, dass sie annehmen, dass es keine a priori-Entitäten gibt, die Prozesse anstoßen, sondern dass diese Entitäten, die Materiellen wie Immateriellen, in Ausdifferenzierungsprozessen entstehen. Denkhistorisch stehen sie somit dem *Atomismus* – also der Ansicht, dass es präexistierende Elemente gibt – entgegen. Neue Materialismen finden aus diesem Grund Wurzeln in und Parallelen zu anderen Prozessontologien der Denkgeschichte. Die *Allgemeine Systemtheorie* Ludwig von Bertalanffys, die als eine der ersten Systemtheorien gilt, ist eine dieser historischen Prozessontologien, die Ideen beinhaltet, die von poststrukturalistischen Theorien und in der Folge auch von Neuen Materialismen aufgegriffen wurden. Die Allgemeine Systemtheorie Ludwig von Bertalanffys (vgl. Bertalanffy 1968) gilt außerdem neben der vitalistischen Systemtheorie Maturanas und Varelas (vgl. Maturana/Varela 2009 [1984]) als ein wesentlicher Einflussfaktor für spätere Systemtheorien aller Disziplinen, inklusive den soziologischen von Parsons (vgl. Parsons/Bales 1956) und Luhmann (vgl. Luhmann 1987). Eine Parallellektüre wird in diesem Artikel Ähnlichkeiten der beiden Theorien analysieren.

Im Sinne des New Materialism diskutiere ich die Theorien nicht getrennt von den Biographien ihrer Autor*innen und den wissenschaftlichen und politischen Umwelten, in denen sie sich bewegten. Neue Materialismen nehmen an, dass ein theoretisches Konzept nicht alleine, abgetrennt von seinen Kontexten gedacht werden kann, sondern in seiner Verbundenheit verstanden werden muss bzw. in den Worten der Allgemeinen Systemtheorie: es muss mit der Offenheit der Theorie gerechnet werden. Die allgemeine Systemtheorie Bertalanffys ist eingebettet in die wissenschaftlichen und politischen Diskussionen der 1920er und 1930er Jahre. In dieser Zeit galten der Positivismus in Form des Darwinismus und der Mechanismus der Physik als in der Krise befindlich, und alternative Konzepte wie die Lebensphilosophie, die Einheitswissenschaft oder eben die Systemtheorie wurden diskutiert. Diese Diskussionen nahmen wesentlichen Einfluss auf Bertalanffys Systemtheorie. Politisch waren sie mit progressiven (linken) wie auch reaktionären

Ideen verbunden. Bertalanffy wandte sich hier, trotz Kontakten zu Paul Kammerer oder dem Wiener Kreis, politisch bereits früh der reaktionären Seite zu (vgl. Pouvreau 2009). Er verband seinen Antimechanismus mit anti-demokratischen Konzepten und befürwortete später nationalsozialistisches Gedankengut.

Postmoderne und poststrukturalistische Theorien sind ebenso in einer Periode erstarkt, in der Positivismus und Representationalismus als zentrale wissenschaftliche Paradigmen in Frage gestellt wurden (vgl. Deleuze/Guattari 1983; Lyotard 2015 [1982]). Politisch waren diese wissenschaftlichen Bewegungen oft eingebettet in die Diskussionen der (linken) Studentenrevolten und Befreiungsbewegungen der 1960er und 1970er Jahre. Neue Materialismen, deren Ansätze früher zu den postmodernen und poststrukturalistischen Theorien gezählt wurden und sich im letzten Jahrzehnt als eigener Theoriestrang etabliert haben, sehen sich oft als Teil dieses explizit kritischen und feministischen politischen Umfelds. Trotzdem sind diese Neuen Materialismen vor allem im deutschsprachigen Raum auch der Kritik ausgesetzt, unpolitisch oder nicht kritisch genug zu sein. Am Ende dieses Textes möchte ich aus diesem Grund auch die Zusammenhänge von Theorien und politischen Verhältnissen diskutieren.

NEW MATERIALISMS

Ich möchte mich in diesem Text auf drei Hauptvertreterinnen des New Materialism und deren Theorien beziehen: den deleuzianischen Materialismus von Rosi Braidotti (vgl. Braidotti 2002, 2007, 2013), den Agentiellen Realismus von Karen Barad (vgl. Barad 2003, 2007) und den Posthumanismus Donna Haraways (vgl. Haraway 1976, 1987, 1992). Neue Materialismen sind Prozessontologien, gestützt auf einem anti-dualistischen und anti-dialektischen Fundament. Charakterisiert sind diese Theorien durch Konzepte von radikaler Immanenz, Transversalität und Posthumanismus. Innerhalb der Sozialwissenschaften führt dies im Vergleich zu interpretativen, sozialkonstruktivistischen oder funktionalistischen Theorien zu einer Neudefinition der Verhältnisse Mensch/Umwelt und Individuum/Struktur, die auch Konsequenzen für die Definition von politischer Wirkmächtigkeit und menschlicher Handlungsfähigkeit haben. Diese sollen im Folgenden genauer beschrieben werden.

Sozialwissenschaftliche Theorien nehmen oft explizit oder implizit an, dass es Dualismen gibt, die zwei Kategorien bilden, die einander gegenüberstehen. Der Dualismus von Körper und Geist, von Individuum und Gesellschaft oder von Natur und Kultur wären solche Gegenüberstellungen. Angenommen wird auch, dass diese Dualismen den Prozessen vorgängig sind. Die Prozessontologien von Barad, Braidotti, Haraway nehmen an, dass Dualismen, wie etwa jene zwischen Natur und Kultur, Körper und Geist, Mensch und Umwelt, innerhalb des Prozesses erzeugt werden. Sie sind nicht vor der wissenschaftlichen Analyse vorhanden und werden von dieser bloß aufgenommen oder reproduziert, sondern von dieser erzeugt. Politisch sind sie somit auch ein Herrschaftsinstrument, mit dem spezifische, im Prozess begrenzte Entitäten der einen oder der anderen Seite des Dualismus zugeordnet werden (vgl. Haraway 1992, Braidotti 2007). So werden zum Beispiel Menschen definiert, die der Sphäre der Natur und Kultur zugeordnet werden. Dadurch, dass die Dualismen hierarchisiert werden – Kultur steht beispielsweise über Natur – entsteht auch eine Hierarchisierung der Menschen untereinander. Ein Blick auf Prozesse und Praktiken löst diese Dualismen nicht auf, zeigt aber, dass sie nicht a priori, quasi natürlich, vorhanden sind, sondern im Prozess erst vernatürlicht werden. Haraway zeigt etwa in ihrem Beitrag *The Promises of Monsters* (1992), dass ›Natur‹ innerhalb von wissenschaftlichen Prozessen – zum Beispiel im Labor oder in Theoriebildungsprozessen – erzeugt wird.

»If organisms are natural objects, it is crucial to remember that organisms are not born; they are made in world-changing technoscientific practices by particular collective actors in particular times and places.« (Ebd.: 297)

Ein Blick auf die »apparatuses of bodily production« (Körperpro-
duktionsprozesse) zeigt, dass Mensch, Wissen, Technik und Objekt im Wissenschaftsprozess zusammenarbeiten, um das Objekt
(Natur) zu definieren. Natur erhält so eine artifizielle Komponente,
während Kultur durch aktive Materialität gestaltet ist. Die Trennung
Natur/Kultur wird von Haraway für den Begriff der »naturecultu-
res« aufgegeben (ebd.).

Barad (2003, 2007) nennt diese naturkulturellen Prozesse materiell-diskursive Praktiken. Sie entwirft in ihrer Theorie ein Univer-
sum, welches aus einem unbestimmten Geflecht von »wissender«
Materialität besteht (ebd.). Die Materialität dieses Raums wird als
ontologisch aktiv definiert. Die andauernde Aktivität in diesem unbestimmten Raumkörper, ein Prozess den sie Intra-aktion nennt, erzeugt Differenzierungen, und somit substantielle und geistige Entitäten, durch Grenzziehungen. Diese materiell-diskursiven Grenzen
machen unterschiedliche Entitäten unterscheidbar und erkennbar.
Alle Einheiten – Strukturen, Menschen, Dinge, Werte, Narrative –
und ihre Grenzen entstehen innerhalb dieses Prozesses und sind
nicht vor dem Prozess vorhanden. Dadurch sind diese Einheiten als
nicht voneinander trennbar zu denken, da die Grenzen zu diesen
Einheiten alle gemeinsam innerhalb des Prozesses gezogen wurden.
Jeder Teil des Ganzen ist somit *transversal* mit allen anderen Teilen
des Prozesses verbunden und steht in einer spezifischen Relation zu
diesen. Menschen stehen aus diesem Grund auch nicht außerhalb
dieser Ausdifferenzierungspraktiken, sondern sind Teil dieses Prozesses und können deswegen auch Wissen darüber haben.

»We do not obtain knowledge by standing outside of the world; we know
because ›we‹ are of the world. We are part of the world in its differential
becoming. The separation of epistemology from ontology is a reverbera-
tion of a metaphysics that assumes an inherent difference between human
and nonhuman, subject and object, mind and body, matter and discourse.
Onto-epistem-ology – the study of practices of knowing in being – is proba-
bly a better way to think about the kind of understandings that are needed to
come to terms with how specific intra-actions matter.« (Barad 2003: 829)

Folgend diesem Konzept können Menschen, aber auch alle anderen Entitäten nur gemeinsam gedacht werden, was Konsequenzen für das Verständnis von menschlichem Handeln hat. Aus dieser Sicht ist soziales Handeln auch ein Produkt eines Ausdifferenzierungsprozesses und eine Vielzahl von Entitäten hat daran Teil.

Die Entitäten existieren aber nicht nur gemeinsam und nebeneinander, sie stehen auch in einer spezifischen Relation zueinander. Aufbauend auf Niels Bohr entwirft Barad dann ein Konzept der »Exteriority Within« (2007: 148), das insbesondere die Relationen der Entitäten zueinander klärt. Ein Apparat – das kann ein wissenschaftliches Gerät bis hin zu einer Theorie, ein Konzept oder eine Praktik sein – vollzieht im Ausdifferenzierungsprozess einen »Agential Cut« (ebd.), das heißt es werden Entitäten klar voneinander abgetrennt und miteinander in Beziehung gesetzt, etwa als Subjekt (Beobachter) und Objekt (Beobachtetes). Diese Beziehungen gelten, solange sie in fortwährenden Praktiken aufrecht erhalten werden. Diese fortwährenden Praktiken sind es auch, die feste und fixe Grenzen ziehen, die der Welt empirisch feststellbar sind. Diese bilden auch jene zähen Entitäten oder Kategorien, wie etwa Geschlecht, die nicht einfach so dekonstruiert werden können, aber trotzdem ständig transformiert werden. Diese Gebilde nennt Haraway (1992, 2008) »Figurationen«, Barad (2003, 2007) »Phänomene« und Braidotti (2002, 2006), in Anlehnung an Deleuze und Guattari, »Assemblages«. Je nach Blickpunkt kann so eine Figuration eine spezifische Entität betreffen oder bezeichnen oder auch ein größeres Gebilde von Entitäten.

Wenn also Entitäten nicht getrennt von den gemeinsam werdenden Entitäten und Relationen gedacht werden können, dann sind bei der Betrachtung einer Theorie auch die Entstehungskontexte dieser wichtig. Ich kann dies hier nur kurz anreißen. Wichtig ist aber, dass auch Theorien nicht aus sich selbst heraus entstanden sind, sondern in Verbindung mit anderen Theoriekonzepten stehen und Wurzeln in vorangegangenen Theorieströmungen haben.

Die Theorien des New Materialism entstanden in einem Kontext, in dem positivistische Vorstellungen der Wissenschaft kritisiert wurden. Vor allem Repräsentationen von Forschungsgegenständen durch die Wissenschaft wurden in ihrer Objektivität und Aussagekraft hinterfragt. Spätestens in den 1980er Jahren wurde in den Sozialwissenschaften eine »Krise des modernen Wissens« (Lyotard 2015 [1982]), eine »Krise der Repräsentation« (Clifford/Marcus 1986) ausgerufen, auf die postmoderne und poststrukturalistische Theorien als Antwort definiert wurden. Die Wurzeln der Theorie von Barad liegen bei Niels Bohrs Quantenphysik (vgl. Bohr 1985), Foucaults (vgl. Foucault 1987) Poststrukturalismus und Haraways Materialismus. Braidotti baut ihre Theorie auf eine materialistische Leseweise des Deleuze'schen Poststrukturalismus (vgl. Deleuze/ Guattari 1983), feministische Psychoanalyse (vgl. Irigaray 1991) und Donna Haraway auf. Haraways Konzepte sind u.a. verwurzelt in einem sozialistischen Feminismus und in einer biologischen und kybernetischen Systemtheorie. Bertalanffy ist daher einer jener Systemtheoretiker*innen, die über solche ›Umwege‹ Einfluss auf Neue Materialismen nahmen.

ALLGEMEINE SYSTEMTHEORIE

Meine Leseweise der Originaltexte von Bertalanffy ist stark beeinflusst von meiner Arbeit mit neomaterialistischen Theorien. Wichtig für die Aufarbeitung der Theorie und der Biographie Bertalanffys waren für mich die Werke der Autoren Manfred Drack und David Pouvreau (2007). Die Autoren liefern eine der wenigen systematischen Auseinandersetzungen mit Bertalanffys Werk, die auch die sozialen, politischen und biographischen Kontexte Bertalanffys mitdenkt. David Pouvreaus Monographie (2009), die Bertalanffys holistische Theorie in Verbindung mit seiner Biographie diskutiert, leistet ebenso eine grundlegende Analyse des Zusammenhangs von Werk und Biographie.

Die gerade beschriebenen Kontexte, in denen Neue Materialismen entstanden sind, also jene wissenschaftspolitischen Kämpfe, die sich gegen positivistische und reduktionistische Methoden und Theorien positionieren, sind kein historisch neues Phänomen. Auch die allgemeine Systemtheorie Bertalanffys entstand in einem Umfeld, das sich gegen mechanistische, positivistische und darwinistische Konzepte etablieren wollte.[1] Und dieser Theorie- und Methodenstreit war explizit auch in politische Kontexte eingebunden.

Bertalanffy war in seiner Jugend in Kontakt mit Paul Kammerer, der im Prater-Vivarium seiner biologisch-empirischen Forschung nachging (vgl. Drack et al. 2007, Kammerer 1925). Kammerer verfolgte einen explizit lamarckistischen und anti-darwinistischen biologischen Empirismus, indem er versuchte in Experimenten nachzuweisen, dass morphologische Veränderungen und Anpassungen an Umweltbedingungen auch innerhalb einer oder weniger Generationen von Lebewesen stattfinden (vgl. Koestler 2010). Von kommunistischer Seite wurde diese epigenetische Theorie favorisiert (vgl. ebd.). Auf Gesellschaften übertragen können aus dieser Sicht Menschen unter spezifischen (kommunistischen) Umweltbedingungen anders entwickeln. Darwinistische Konzepte hingegen waren verbunden mit kapitalistischen Konzepten des wirtschaftlich Stärkeren als auch genetisch Stärkeren. Für andere Wissenschaftler*innen dieser Zeit war aber auch der Lamarckismus zu sehr an positivistischen und mechanistischen Vorstellungen orientiert. Die Lebensphilosophie (vgl. Driesch 1901; Bergson 2014b [1907]), die Pavreau und Drack (2007) als wesentlichen Einfluss auf die Allgemeine Systemtheorie sehen, etablierte sich in diesem Umfeld. Die Lebensphilosophie präsentierte eine Prozessontologie, die sich weniger auf Entitäten und Kausalbeziehungen zwischen einzelnen Entitäten, sondern auf Transformationsprozesse konzentrierte (vgl. Bergson 2014a [1896], 2014b [1907]). In den Prozessen entstehen komplexe Verstrickungen zwischen Entitäten, die aber als ständig in Bewegung gedacht werden müssen.

---

1 | An dieser Stelle können nur einige wenige Einflüsse auf Bertalanffys Theorie diskutiert werden. Für eine umfassende Darstellung von Bertalanffys wissenschaftlichem Werdegang siehe Pouvreau 2009.

Auch war Bertalanffy in Kontakt mit dem Wiener Kreis (vgl. Pouvreau/Drack 2007). Hervorzuheben sind hier die Arbeiten von Bertalanffys Doktorvater Moritz Schlick (1984 [1931]) – der eine empirische Ethik vertrat, die nicht a priori moralische Bedingungen bestimmt, sondern die quasi soziologisch die Normen des Guten in situativen Zusammenhängen untersucht – und Otto Neurath (vgl. Neurath 1931), der in seinen Einheitswissenschaften versuchte, eine gemeinsame sozialistisch-materialistisch-empirische Grundlage für Natur- und Sozialwissenschaften zu finden, die sich von mechanistischen Materialismen verabschiedet, nicht aber von Positivismus und Rationalismus.

Bertalanffys Systemtheorie ist in Anlehnung daran eine ›allgemeine‹ Systemtheorie und Prozessontologie, das heißt sie nimmt an, dass es dem Physischen, Biologischen, Psychologischen oder Sozialen zugrundeliegende Organisationsprozesse gibt, die Systeme ausbilden. Atomistische und mechanistische Theoriemodelle können diese allgemeinen und alle Disziplinen betreffenden Organisationsprozesse nicht erfassen:

»The theory of unorganized complexity is ultimately rooted in the laws of chance and probability and in the second law of thermodynamics. In contrast, the fundamental problem is that of organized complexity. Concepts like those of organization, wholeness, directiveness, teleology, and differentiation are alien to conventional physics. However, they pop up everywhere in the biological, behavioral and social sciences, and are, in fact, indispensable for dealing with living organisms or social groups. Thus a basic problem posed to modern science is a general theory of organization.« (Bartalanffy 1968: 34)

»We may state as characteristic of modern science that this scheme of isolable units acting in one-way causality has proved to be insufficient. Hence the appearance, in all fields of science, of notions like wholeness, holistic, organismic, gestalt etc., which all signify that, in the last resort, we must think in terms of systems of elements in mutual interaction.« (Ebd.: 45)

Innerhalb dieser fortlaufenden Organisationsprozesse befinden sich die Komponenten des Systems mit dessen Eigenschaften. Systeme sind somit »sets of elements standing in interaction« (ebd.: 38). Vorstellungen von Ganzheit und fortschreitender komplexer Bewegung durch Interaktion münden in ein Konzept ständigen Wachstums und einer ständigen Organisation dieses Wachstums.

»Every living organism is essentially an open system. It maintains itself in a continuous inflow and outflow, a building up and breaking down of components, never being, so long as it is alive, in a state of chemical and thermodynamic equilibrium but maintained in a so-called steady state which is distinct from the latter.« (Ebd.: 39)

Eine wichtige Annahme Bertalanffys ist, dass es eine ständige Vermehrung von Komplexität gibt, die sich aus der Gesamtheit der zusammenhängenden Prozesse ergibt. Eine zweite wichtige Annahme ist, dass dieser Ausdifferenzierungsprozess mit einer Organisation in Systemen, also impliziten Grenzziehungsprozessen, verbunden ist. Die wachsenden Teile des Systems werden im Organisationsprozess in Beziehung zueinander gesetzt. Ein fortwirkender Organisationsprozess schafft also Systeme, die Teile der Systeme, sowie ihre Relationen zueinander.

»It is necessary to study not only parts and processes in isolation, but also to solve the decisive problems found in the organization and order unifying them, resulting from dynamic interaction of parts, and making the behavior of parts different when studied in isolation or within the whole.« (Ebd.: 31)

Der Mensch als Erkennendes bekommt als Teil dieses Wachstumsprozesses eine definitorische Position zugewiesen. Pouvreau und Drack (2007) sehen hier den Einfluss des Symbolismus und Perspektivismus von Ernst Cassirer (2010 [1929]). Wissen wird in diesen Konzepten symbolisch vermittelt, indem symbolische Konzepte in Relation zu empirischen Ergebnissen gebracht werden, die das Phänomen begrenzen. Symbolismus und Perspektivismus fließen in

Bertalanffys Konzept der Grenzen der Systeme ein. Diese können nur von innerhalb, aus einer ganz spezifischen (wissenschaftlichen) Beobachterposition definiert werden. Die Grenzziehungen erfolgen also in symbolisch-empirischen Prozessen. Symboliken in Kombination mit empirischen Daten erlauben eine partielle Objektivität, da die Relationen zwischen mentalen Konzepten und realen Konstellationen diese herstellen.

ALLGEMEINE SYSTEMTHEORIE UND NEW MATERIALISM

Die Ähnlichkeit der systemtheoretischen und neomaterialistischen Theorien wurde aus der obigen Darstellung der Grundzüge beider Theorien offensichtlich. Beide verfolgen Prozessontologien und sprechen von komplexer werdenden Ausdifferenzierungsprozessen oder auch »Becomings« (vgl. Braidotti 2002, Haraway 2008), die sich aus der Inter- bzw. Intra-aktion der beteiligten Elemente heraus ergeben. In beiden Fällen werden Entitäten und deren Relationen zueinander ebenfalls in diesem Prozess erzeugt. Weder die Elemente noch deren Beziehungen zueinander sind also präexistent. In beiden Theorien sind feste Grenzziehungen, bei gleichzeitiger Offenheit der Systeme bzw. bei gleichzeitiger Transversalität, gegeben. Diese ergeben auch Hierarchisierungen, die die Positionen der Teilelemente fixieren. Die Partialität von Perspektiven ist ebenfalls in beiden Theorien angelegt: sie ergibt sich aus dem Standpunkt der Beobachter (z. B. von wissenschaftlichen Prozessen), die in diese Prozesse integriert sind und sich nicht außerhalb dieser positionieren können. In beiden Theorien ergeben sich daraus Konzepte von Objektivität, die die Subjektposition als eingewoben in materiell-diskursive Grenzziehungen (Barad), naturkulturelle Praktiken (Haraway) oder symbolisch-empirische Organisationprozesse (Bertalanffy) verstehen.

Die Schlüsse, welche die Allgemeine Systemtheorie und der New Materialism aus diesen Vorgängen ziehen, sind aber unterschiedlich. Für Bertalanffy ergibt sich daraus auf lange Sicht eine Berechenbarkeit der Dynamiken der Gesellschaft. Mit mathematischen Formeln können Transformationsprozesse beschrieben und prognostiziert werden. Mit diesen Mitteln werden Hierarchisierungen naturalisiert und wiederum in einen Positivismus eingeordnet. Die Beschreibungen der Welt müssen nur der Komplexität der Systeme angepasst werden. Das Ergebnis eines Ausdifferenzierungsprozesses ist immer eine spezifische Ordnung:

»Characteristic of organization, whether of a living organism or a society, are notions like those of wholeness, growth, differentiation, hierarchical order, dominance, control, competition etc.« (Bertalanffy 1968: 47)

Der New Materialism schließt aus radikaler Immanenz und Transversalität, dass fixe Grenzen zwar real existieren, aber nicht natürlich und ahistorisch gegeben sind. Komplexe Prozesse erhalten Hierarchisierungen, zum Beispiel Ungleichheiten zwischen Menschen(gruppen), sie können aber auch Ziel von Rekonfigurationen sein. Ordnung ist den Phänomenen also nicht immanent, sondern sie kann durch wiederholte Praktiken etabliert werden. Ordnung ist am ehesten hergestellt, wenn Prozesse Grenzen sehr stark fixieren.

Die Rolle der Wissenschaftler*innen geht in beiden Theorieprojekten in unterschiedliche Richtungen. Der New Materialism sieht sich auch theoretisch einem Rekonfigurationsprojekt verpflichtet. Wissenschaftler*innen haben eine Position innerhalb des Wissenschaftsgeflechts, aber sie haben trotzdem eine ganz spezifische Wirkmächtigkeit: Theorien beschreiben Prozesse, die bestimmte Kategorien verfestigen können (um Kritik daran zu üben), aber auch subversive Prozesse. Diana Coole geht es zum Beispiel in ihrem neomaterialistischen *Capacious Historical Materialism* (Coole 2013) darum, gezielt nach Rekonfigurationspraktiken zu suchen, die zielgerichtet Hierarchien verändern können. Dies zeigt, dass ähnliche Grundannahmen in unterschiedliche politische Projekte eingeordnet werden können. Dieses Phänomen ist ebenso aus einer neomaterialistischen Perspektive heraus zu erklären.

Bertalanffy hat dagegen seine Theorie der Organisation von Ordnung auch als ein Projekt gesehen, um auf gesellschaftliche Unordnungsprozesse hinzuweisen. Wie oben beschrieben, ist Bertalanffy in einer Umgebung sozialisiert, in der Theorie und politisches Denken gemeinsam verhandelt werden. Pouvreau und Drack (2007: 288) und Pouvreau (2009) arbeiten heraus, wie Bertalanffy bereits in frühen Publikationen die Ablehnung des Mechanismus und Atomismus mit anti-materialistischem, anti-demokratischem und »reaktionärem« Gedankengut zusammenführte und dies auch sein gesamtes Schaffen über beibehielt. Bertalanffy war rund um die Zeit des Anschlusses Österreichs an Deutschland in den USA, schaffte es aber nicht, dort eine Position an einer Universität zu erlangen (vgl. Drack et al. 2007). Er kehrte nach Österreich zurück, wurde Mitglied der NSDAP und erhielt in der Folge eine Professur in Wien (vgl. Pouvreau 2009). Er betonte jene Teile seiner Theorie, die hierarchisches Levelling und Dominanz innerhalb von (sozialen) Systemen als Ordnungsprinzip würdigen und stellte so Verbindungen zu einer nationalsozialistischen Gesellschaft her. Erst als nach dem zweiten Weltkrieg sein Entnazifizierungsprozess nicht wie gewünscht verlief, verließ er Österreich und wanderte über Großbritannien nach Kanada aus. Eine anti-mechanistische Haltung war auch in seinen späteren Werken noch Ausgangspunkt für seine Analyse einer fehlgeleiteten Gesellschaft, welche »found its expression in a civilization which glorifies physical technology that has led eventually to the catastrophes of our time« (Bartalanffy 1968: 49). Die Medien- und Technikaffinität der kanadischen und amerikanischen Gesellschaft wird für ihn ebenfalls ein Ausdruck dieses Problems (vgl. Pouvreau/Drack 2007), auch wenn er später betont, dass sich seine Systemtheorie nicht als Blaupause für faschistische Gesellschaften anbietet:

»This, I believe, is the ultimate precept a theory of organization can give: not a manual for dictators of any denomination more efficiently to subjugate human beings by the scientific application of Iron Laws, but a warning that the Leviathan of organization must not swallow the individual without sealing its own inevitable doom.« (Bartalanffy 1968: 53)

Das Individuum als Teil des Ganzen wird letztendlich zu jenem Teil des Systems, der die höchste Komplexität aufweist und der durch seine symbolische Denkkraft weiteres Wachstum hervorbringt.

Neue Materialismen sind dagegen explizit in feministische und kritische Projekte eingeordnet. Rosi Braidotti sieht feministische Neomaterialismen als »kritischen Posthumanismus« (Braidotti 2013), der sich von anderen Formen des Posthumanismus oder Transhumanismus abhebt und dieses explizit in der Tradition linker kritischer Theorien. Auch Donna Haraway hat ihre Texte rund um den Cyborg zuerst in sozialistisch-feministischen Kreisen vorgestellt. Die Theorie, die aus neomaterialistischer Sicht niemals von der Autor*in, ihren politischen Ansichten und ihren sozio-politischen Kontexten getrennt werden kann, ist explizit so angelegt, dass es das Ziel ist, Leid zu vermindern.

»So, I think my problem and ›our‹ problem is how to have simultaneously an account of radical historical contingency for all knowledge claims and knowing subjects, a critical practice for recognizing our own ›semiotic technologies‹ for making meanings, and a no-nonsense commitment to faithful accounts of a ›real‹ world, one that can be partially shared and friendly to earth-wide projects of finite freedom, adequate material abundance, modest meaning in suffering, and limited happiness.« (Haraway 1991: 178)

Dennoch wird auch den poststrukturalistischen und neomaterialistischen Theorien vorgeworfen, dass sie die politischen Ansichten, die zum Beispiel in der Allgemeinen Systemtheorie leitend waren, immer noch in sich tragen, gerade weil die Theorien ähnliche Grundlagen haben (vgl. Harrington 1996; Goldstein 2009). Allerdings kann dieses Argument aus einer neomaterialistischen und auch aus einer systemtheoretischen Perspektive heraus entkräftet werden. Für die Allgemeine Systemtheorie und für den New Materialism gilt: Kritik oder ein kritischer Blick kann nicht nur aus der Theorie selbst heraus erklärt werden, sondern aus dem Zusammenhang zwischen Theorie, Empirie, Biographie und Weltanschauung der Autor*innen und sozialen Kontexten. Einfache Verbindungen zwischen philosophischen Konzepten wie Prozessontologie und politische Positionen implizieren, dass bestimmte theoretische Konzepte so etwas wie ein politisches Wesen an sich hätten. Dieses Wesen an sich müsste präexistent sein und sich von Kontexten unbeeinflusst geben. Weder aus der Sicht der Allgemeinen Systemtheorie noch aus der Sicht des New Materialism ist eine solche Annahme zulässig, weil sie einem Reduktionismus gleich kommen würde. Eine politische Stoßrichtung einer Theorie lässt sich aus einer holistisch prozessontologischen Perspektive, also nur aus Verbindung von Theorie-Autor*in-Kontexten erklären, sie kann aber nicht die prä-existente Eigenschaft eines Elements der Theorie, sein.

LITERATUR

Barad, Karen (2003): »Posthumanist Performativity: Toward an Understanding of How Matter Comes to Matter«, in: Signs 28, S. 801–831.

Barad, Karen (2007): Meeting the Universe Halfway: Quantum Physics and the Entanglement of Matter and Meaning, Durham, MA: Duke University Press.

Bartalanffy, Ludwig von (1968): General System Theory: Foundations, Development, Applications, New York, NJ: George Braziller.

Bergson, Henri (2014a): Materie und Gedächtnis: Eine Abhandlung über die Beziehung zwischen Körper und Geist, Berlin: Omnium.

Bergson, Henri (2014b): Schöpferische Evolution: L'évolution créatrice, Hg. Margarethe Drewsen, Hamburg: Meiner.

Bohr, Niels (1985): Atomphysik und menschliche Erkenntnis, Braunschweig: Vieweg+Teubner.

Braidotti, Rosi (2002): Metamorphoses: Towards a Materialist Theory of Becoming, Cambridge, UK: Polity Press.

Braidotti, Rosi (2007): Transpositions: On Nomadic Ethics, Cambridge, UK: Polity Press.

Braidotti, Rosi (2013): The Posthuman, Cambridge, UK: Polity Press.

Cassirer, Ernst (2010): Philosophie der symbolischen Formen: Dritter Teil: Phänomenologie der Erkenntnis, Hamburg: Meiner.

Clifford, James/Marcus, George (1986): Writing Culture: The Poetics and Politics of Ethnography, Berkeley, CA: University of California Press.

Coole, Diana (2013): »Agentic Capacities and Capacious Historical Materialism: Thinking with New Materialisms in the Political Sciences«, in Millennium – Journal of International Studies 41, S. 451–469.

Coole, Diana/Frost, Samantha (Hg.) (2010): New Materialisms: Ontology, Agency, and Politics, Durham, MA: Duke University Press.

Deleuze, Gilles/Guattari, Félix (1983): Anti-Oedipus: Capitalism and Schizophrenia, Minneapolis: University of Minnesota Press.

Dolphijn, Rick/Tuin, Iris van der (2012): New Materialism: Interviews & Cartographies, Ann Arbor: Open Humanities Press.

Drack, Manfred/Apfalter, Wilfried/Pouvreu, David (2007): »On the Making of a System Theory of Life: Paul A Weiss and Ludwig von Bertalanffy's Conceptual Connection«, in: The Quarterly Review of Biology 82, S. 349–373.

Driesch, Hans (1901): Die organischen Regulationen: Vorbereitungen zu einer Theorie des Lebens, Leipzig: Engelmann.

Foucault, Michel (1987): Sexualität und Wahrheit: Der Wille zum Wissen, Frankfurt a. M.: Suhrkamp.

Goldstein, Jeffrey (2009): »A Review of the Dialectical Tragedy of the Concept of Wholeness: Ludwig Von Bertalanffy's Biography Revisited«, in: Emergence: Complexity and Organization 11, S. 113–119.

Haraway, Donna (1976): Crystals, Fabrics, and Fields: Metaphors of Organicism in Twentieth-Century Developmental Biology, New Haven, Conn: Yale University Press.

Haraway, Donna (1987): »A manifesto for Cyborgs: Science, technology, and socialist feminism in the 1980s«, in: Australian Feminist Studies 2, S. 1–42.

Haraway, Donna (1991): Simians, Cyborgs, and Women: The Reinvention of Nature, New York: Routledge.

Haraway, Donna (1992): »The Promises of Monsters: A Regenerative Politics for Inappropriate/d Others«, in: Grossberg, Lawrence/Nelson, Cary/Treichler, Paula (Hg.), Cultural Studies, New York, NY: Routledge.

Haraway, Donna (1993): »The Biopolitics of Postmodern Bodies«, in: Price, Janet/Shildrick, Margit (Hg.), Feminist Theory and the Body: A Reader, New York, NY: Routledge.

Haraway, Donna (2008): When Species Meet, Minneapolis, Minn.: Univ. of Minnesota Press.

Harrington, Anne (1996): Reenchanted Science: Holism in German Culture from Wilhelm II to Hitler, Princeton, N.J: Princeton University Press.

Irigaray, Luce (1991): Ethik der sexuellen Differenz, Frankfurt a. M.: Suhrkamp.

Kammerer, Paul (1925): Das Rätsel der Vererbung. Grundlagen der allgemeinen Vererbungslehre, Berlin: Verlag Ullstein.

Koestler, Arthur (2010): Der Krötenküsser: Der Fall des Biologen Paul Kammerer, Wien: Czernin.

Lyotard, Jean-François (2015) [1982]: Das postmoderne Wissen: Ein Bericht, Wien: Passagen.

Luhmann, Niklas (1987): Soziale Systeme: Grundriß einer allgemeinen Theorie, Frankfurt a. M.: Suhrkamp.

Maturana, Humberto/Varela Francisco (2009): Der Baum der Erkenntnis: Die biologischen Wurzeln menschlichen Erkennens, Frankfurt a. M.: Fischer.

Neurath, Otto (1931): Empirische Soziologie: Der wissenschaftliche Gehalt der Geschichte und Nationalökonomie, Berlin: Springer.

Parsons, Talcott/Bales, Robert (1956): Family Socialization and Interaction Process, London: Routledge and Kegan Paul.

Pouvreau, David/Drack, Manfred (2007): »On the History of Ludwig von Bertalanffy's »General Systemology«, and on its Relationship to Cybernetics«, in: International Journal of General Systems 36, S. 281–337.

Pouvreau, David (2009): The Dialectical Tragedy of the Concept of Wholeness: Ludwig Von Bertalanffy's Biography Revisited, New Litchfield Park, AZ: ISCE Publishing.
Schlick, Moritz (1984): Fragen der Ethik, Frankfurt a. M.: Suhrkamp.
Tuin, Iris van der/Dolphijn, Rick (2010): »The Transversality of New Materialism«, in: Women: A Cultural Review 21, S. 153–171.

Systemtheorie und Technikkritik

Sascha Dickel und Benjamin Lipp

Seit sich die Gesellschaft als modern beschreibt, beschreibt sie
sich auch und gerade als technisierte Gesellschaft. Die Moderne:
das war und ist jene Gesellschaftsformation, die sich durch industrielle Technik organisiert, sich auf die Hervorbringung technischer
Innovationen programmiert, ihre natürlichen und menschlichen
Umwelten diszipliniert – und all dies als Fortschritt zu deuten
vermag. Die Moderne ist aber auch jene Gesellschaft, die diesem
technischen Fortschritt mit Skepsis begegnet und Technik als Moment der Entbettung, Entfremdung oder gar der Entmenschlichung
beschreibt. Nicht nur die Narrative des technischen Fortschritts,
sondern auch die Zweifel an der fortschreitenden Technisierung
gehören zu den klassischen Topoi der kritischen Selbstreflexion
der Moderne. Gerade in den avancierten Formen gesellschaftlicher
Selbstbeschreibung erscheint Technik weniger als neutrales Instrument zur Lösung gesellschaftlicher Probleme, sondern selbst als
verborgenes Problem moderner Existenz. Eine Kritik des Technischen verbindet konservative Lesarten der Moderne (vgl. Schelsky
1961) mit ihren emanzipatorischen Alternativinterpretationen (vgl.
Marcuse 1985). Die theoretische Reflexion der Gesellschaft kann somit auf eine reichhaltige Tradition zurückblicken, in der Technik
zentral gestellt wird.[1]

Gleichwohl lässt sich festhalten, dass diese Zentralstellung des
Technischen nicht zuletzt aus theorieimmanenten Gründen suk-

---

[1] | Einen instruktiven Überblick über den Technikdiskurs der Moderne bie-
tet Passoth (2008).

zessive in den Hintergrund getreten ist. Mit ihrer Konzentration auf die sinnhafte, diskursive und kommunikative Konstitution sozialer Ordnung haben sowohl Habermas (als Erbe einer kritischen Gesellschaftstheorie, die sich emanzipativ versteht) als auch Luhmann (als Vertreter eines mitunter als konservativ geltenden systemtheoretischen Ansatzes) die spezifisch *technische* Verfasstheit der Moderne aus dem Fokus geraten lassen (vgl. Habermas 1981; Luhmann 1997). Aber auch in sozialwissenschaftlichen Feldern, in denen Technik als empirisches Phänomen im Vordergrund steht (vor allem: den Science and Technology Studies), hat Technikkritik keinen systematischen Ort – sei es, weil Technik im Kontext sozialkonstruktivistischer Deutungen als kontingentes Produkt sozialer Prozesse und Entscheidungen gilt (vgl. Pinch/Bijker 1984), sei es, weil im Kontext der Akteur-Netzwerk-Theorie die Unterscheidung von Technik und Sozialem tendenziell aufgelöst wird (vgl. Latour 2005).

Angesichts der gegenwärtigen Technisierungsschübe, die mit der Digitalisierung und der Konvergenz von Schlüsseltechnologien verbunden werden, erscheint es jedoch angezeigt, eine gesellschaftstheoretisch fundierte Technikkritik wiederzubeleben. Dabei gilt es, das erarbeitete Reflexionsniveau nicht zu unterschreiten: Angesichts der »technologischen Bedingung« (Hörl 2011) der Gegenwartsgesellschaft lässt sich eine Technikkritik, die Technik gegen Natur, gegen Moral oder gegen die Gesellschaft in Opposition setzt, kaum mehr verteidigen.[2]

Vor diesem Hintergrund fragt unser Beitrag nach den technikkritischen Potentialen der Gesellschaftstheorie Luhmann'scher Prägung. Der Ausgangspunkt ist dabei die Vermutung, dass in dieser Theorie kritische Beobachtungsmöglichkeiten von Technik angelegt sind, die bislang kaum ausgeschöpft wurden.

Wir beginnen unseren Beitrag mit einer Diskussion von Luhmanns Technikbegriff und zeigen dessen technikkritische Ansatzpunkte (1). Diese lassen sich mithilfe der Unterscheidung von trivialen

---

2 | Diese Überzeugung verbindet so unterschiedliche Theoretiker wie Latour (2004) und Luhmann (1997).

und nicht-trivialen Maschinen weiter entfalten (2). Wir verwenden diese Unterscheidung anschließend zur Rekonstruktion technikkritischer Positionen (3) und zeigen, wie die Ambivalenzen gerade der neuesten Technologien als Zusammenspiel von Trivialisierungs- und De-Trivialisierungsprojekten gedeutet werden können (4).

I. LUHMANNS TECHNIKSOZIOLOGIE

Luhmann zielt darauf ab, einen Technikbegriff zu entwickeln, der sich nicht mehr an der Unterscheidung von Technik und Natur abarbeiten muss. Diese Differenz ist seiner Auffassung nach durch die Technisierung der Natur selbst und der Erfahrung von Technik als zweiter Natur anachronistisch geworden (vgl. Luhmann 1997: 519 ff.). An die Stelle der Unterscheidung von Technik und Natur tritt zunächst die Differenz von strikter und loser Kopplung. Der Begriff der losen Kopplung ersetzt dabei den Naturbegriff. Technisierung findet statt in loser, gekoppelter Materialität (physisch, biologisch, psychisch usw.) und richtet *darin* strikte Kopplungen ein.

»Technik ermöglicht also (immer unter dem Vorbehalt, daß sie funktioniert), eine Kopplung *völlig heterogener* Elemente. Ein physikalisch ausgelöstes Signal mag Kommunikation auslösen. Eine Kommunikation mag ein Gehirn dazu bringen, die Betätigung von Schalthebeln zu veranlassen« (ebd.: 526, Herv. SD & BL).

Luhmanns konkreter Begriffsvorschlag besteht zunächst darin, »Technik als *funktionierende Simplifikation*« zu begreifen (ebd.: 524, Herv. i. O.). Die Voraussetzung für dieses Funktionieren ist, dass Ursache-Wirkungszusammenhänge stabilisiert und von äußeren Störungsquellen weitgehend abgeschirmt werden (vgl. Halfmann 2003).

»Das Funktionieren kann man feststellen, wenn es gelingt, die ausgeklammerte Welt von Einwirkungen auf das bezweckte Resultat abzuhalten. Die maßgebende Unterscheidung, die die Form ›Technik‹ bestimmt, ist nun die zwischen *kontrollierbaren und unkontrollierbaren* Sachverhalten« (Luhmann 1997: 524 f., Herv. SD & BL).

An eben dieser Frage der Kontrolle setzen *moderne* Formen der Technikkritik an, die auch an Luhmanns Überlegungen anschlussfähig sind. Zunächst setzt sich Luhmann aber deutlich von vormodernen Semantiken ab, die hinter die durchgängige Technisierung der Gesellschaft selbst zurückfallen. Nur im Kontext der klassischen Unterscheidung von Technik und Natur ist Technisierung *stets* problematisch. Technisierung erweitert und ersetzt Natur (vgl. ebd.: 519 f.), sie verdrängt und verletzt natürliche Ordnungen. Erst mit der Idee des Fortschritts und der modernen Naturwissenschaft kann Artifizielles als etwas begriffen werden, das Natur nicht verletzt, sondern auf deren Erkenntnis beruht und zu deren Verfeinerung (als säkulare Variante der Schöpfung) beiträgt (vgl. ebd.: 519.f). Technikkritik kann hingegen leicht in eine Deutung von Technik zurückfallen, die immer noch in der Technik/Natur-Differenz gefangen ist, Humanität dabei auf der Seite der Natürlichkeit verortet und den Menschen als Subjekt begreift, das außerhalb von Technik steht und nicht in eine »Technostruktur« (ebd.: 520) eingewoben ist.

Gleichwohl begreift auch Luhmann die fortschreitende Technisierung als Problem moderner Gesellschaft. Dieses Problem ist in Luhmanns Perspektive freilich nicht ihre Unnatürlichkeit.

»Das Problem ist vielmehr, wie man in einen automatisierten Prozeß Alternativen und damit Entscheidungsnotwendigkeiten wiedereinführt [...]. Eine möglichst störungsfrei geplante und eingerichtete Technik hat genau darin ihr Problem, wie sie wieder zu Störungen kommt, die auf Probleme aufmerksam machen, die für den Kontext des Funktionierens wichtig sind« (ebd.: 526, Herv. SD & BL).

Hier greift Luhmann explizit einen Gedanken auf, den er selbst als Grundintention moderner Technikkritik betrachtet, nämlich das Problem von Technik »in der Isolierung entsprechender Operationen gegen interferierende Sinnbezüge, in der *Unirritierbarkeit*«

(ebd.: 984 f., Herv. SD & BL) zu verorten. Eben diese Isolierung mache aber freilich auch den Erfolg von Technik aus und erlaube das Identifizieren von Fehlern und deren Behebung (vgl. ebd.: 984 f.).

Während *ein* maßgebliches Problem von Technik also in einem *Zuviel an Kontrolle* zu bestehen scheint, sieht Luhmann aber noch ein *weiteres*, komplementäres Problem von Technik: den *Kontrollverlust* durch die Technik: Die Gesellschaft habe sich auf ein Technisierungsniveau eingelassen, auf das sie »weder strukturell noch semantisch vorbereitet ist« (ebd.: 533). Es sei angesichts riskanter Hochtechnologien nicht mehr »auszuschließen, daß bei einer weiteren Evolution der Technik das Chaos die Technik einholen wird« (ebd.: 535). Luhmann vermutet daher sogar, dass bei zunehmendem Technikbedarf die Technisierung immer schwerer fällt (ebd.: 523 f.) und damit »Technik selbst als Form evolutionärer Errungenschaft an unüberwindbare Grenzen« stößt (ebd.: 524). Wir knüpfen nun an diese beiden Problemlagen des Technischen an, um Ansatzpunkte systemtheoretisch fundierter Technikkritik weiter auszubuchstabieren.

II. Triviale und Nicht-Triviale Maschinen

Das Problem des Kontrollverlustes und einer möglichen Krise der Form Technik durch die Entwicklung moderner Hochtechnologie deutet bereits auf die Grenzen eines lediglich auf stabilisierte Ursache-Wirkungszusammenhänge abstellenden Technikbegriffs hin. Luhmann selbst versucht, dieses Problem durch die Unterscheidung zwischen Kausaltechnik und Informationsverarbeitungstechnik aufzufangen:

»Bei Kausaltechniken geht es nicht nur darum, daß man die Wirkungen von irgendwie eintretenden Ursachen erkennen und eventuell voraussehen kann; sondern die Ursachen selbst müssen ›de-randomisiert‹, also dem Zufall entzogen und bei nahezu jedem Weltzustand produzierbar sein. Bei Informationsverarbeitungstechnik ist im Grenzfalle an Kalküle, jedenfalls an Konditionalprogramme zu denken, die soweit redundant sind, daß man bei vorgesehenen Informationen wissen kann, was daraufhin zu geschehen hat. In jedem Falle geht es um einen Vorgang effektiver Isolierung; um Ausschaltung der Welt-im-übrigen; um Nichtberücksichtigung unbestrittener Realitäten.« (Ebd.: 524)

Die Differenz von Kausal- und Informationsverarbeitungstechnik reagiert offenbar auf das Problem von neueren Technologien, die sich in ihrer Eigenkomplexität strukturell von früheren Techniken zu unterscheiden scheinen. Gleichwohl stellt Luhmann auch im Fall der Informationsverarbeitungstechnik letztlich doch auf die Beobachtbarkeit von Ursache-Wirkungszusammenhängen ab – im Sinne einer Erwartbarkeit von Informationsflüssen, die impliziert, dass man »wissen kann, was daraufhin zu geschehen hat« (ebd.: 524). Der Einwand von Hörl (2012), dass Luhmanns Technikbegriff in eigentümlicher Weise hinter die neo-kybernetische Fundierung seines eigenen Theoriegebäudes zurückfällt, ist damit nicht ganz von der Hand zu weisen.

Um das zwiespältige Problem von Kontrolle und Kontrollverlust in Bezug auf moderne Technik tiefenschärfer ausloten zu können als es die bloße Differenz von Kausal- und Informationsverarbeitungstechnik erlaubt, greifen wir auf ein theoretisches Konzept zurück, das Luhmann selbst für seinen Technikbegriff nicht hinreichend fruchtbar gemacht hat (vgl. Hörl 2012) – die Differenzierung trivialer und nicht-trivialer Maschinen.

Die auf Heinz von Förster (1999) zurückgehende Unterscheidung zwischen trivialen und nicht-trivialen Maschinen gehört zu den Grundfiguren der an den Radikalen Konstruktivismus (vgl. Schmidt 1987) anschließenden Systemtheorien (vgl. Esposito 2005: 298 f.; Hörl 2012). Triviale Maschinen sind determinierte Systeme, in denen Input und Output fest gekoppelt sind. Externe Ursachen bestimmen das Verhalten trivialer Systeme, was sie für einen Beobachter vorhersehbar macht. In nicht-trivialen Maschinen wird der Output hingegen durch den aktuellen Systemzustand der Maschine selbst beeinflusst – und dieser Systemzustand kann sich mit jeder

Operation verändern. Man könnte daher auch sagen: Nicht-triviale Maschinen verarbeiten ihre Umwelt nicht in der Art und Weise unvermittelt wirksamer Kausalität, sondern als Quelle von Irritationen, die je nach Systemzustand zu Informationen werden. Das macht nicht-triviale Maschinen in den Augen anderer Beobachter (und auch für den Beobachter selbst) zu Black Boxes, deren Verhalten kaum sicher prognostiziert werden kann.

Als Kandidaten für Nicht-Trivialität gelten biologische, psychische und soziale Systeme. Insbesondere für letztere ist die Unterscheidung trivial/nicht-trivial selbst konstitutiv. Denn diese Systeme entstehen ausschließlich unter der Bedingung reflektierter Nicht-Trivialität, nämlich dann, wenn mindestens zwei Systeme es miteinander zu tun bekommen, die sich wechselseitig als nicht-triviale Black Boxes beobachten und daher mit Kontingenz rechnen müssen (vgl. Luhmann 1997: 332 f.). Kommunikation – als genuin sozialer Operationsmodus – ist die Lösung für Situationen, in denen Systeme aufeinandertreffen, die sich wechselseitig Autonomie unterstellen. Solche Systeme sehen sich außerstande, das jeweils andere System als determinierte Maschine zu behandeln und damit Verhalten kausal berechnen und prognostizieren zu können. In der Differenz von trivialen und nicht-trivialen Maschinen spiegelt sich damit nicht zuletzt die Differenz von Kausaltechnik und Informationsverarbeitungstechnik (vgl. ebd.: 524).

Der Witz der Unterscheidung von Trivialität und Nicht-Trivialität besteht darin, dass es sich bei ihr nicht um eine ontologische Unterscheidung handelt, sondern um ein Beobachtungsschema. Es ist damit möglich, dass verschiedene Beobachter bezüglich der Trivialität oder Nicht-Trivialität anderer Systeme zu differierenden Schlussfolgerungen kommen, so dass Systeme, die ein Beobachter – etwa: die Soziologie – als nicht-trivial betrachtet, von anderen Beobachtern als triviale Maschinen behandelt werden. *Vice versa* können Maschinen, welche die Soziologie eher als trivial begreift, in der gesellschaftlichen Kommunikation als nicht-triviale Systeme behandelt werden. Als Fall für Letzteres können etwa Beziehungen von Menschen zu vermeintlich determinierten Objekten wie Computern gelten. Als Fall für Ersteres kommen etwa Versuche einer behavioristisch-sozialtechnologischen Programmierung von Menschen durch Organisationen in den Blick.

Dieses Beispiel führt uns zugleich zu einer weiteren, nämlich temporalisierten, Deutung der Differenz. Statt Trivialität und Nicht-Trivialität als stabile Existenzweisen von Systemen zu beobachten, kann man alternativ Prozesse und Projekte der Trivialisierung und De-Trivialisierung beobachten, seien es Projekte der De-Trivialisierung vormals trivialer Zusammenhänge (etwa: des Designs künstlicher Intelligenz) oder der Trivialisierung des Nicht-Trivialen (etwa: einer Disziplinierung menschlichen Verhaltens, das dieses berechenbar machen soll).

III. Kritik der technisierten Gesellschaft

Mit dieser Ausdeutung von Trivialität und Nicht-Trivialität verfügen wir über ein begriffliches Instrumentarium, mit dem sich ausgewählte Positionen der Technikkritik aktualisieren lassen. Diese lassen sich nämlich dann zum einen als Kritiken einer Trivialisierung von Mensch und Gesellschaft durch Technik interpretieren, zum anderen als Befürchtungen hinsichtlich der Emergenz nicht-trivialer Technik deuten, die sich der menschlichen bzw. gesellschaftlichen Kontrolle entzieht. Wir erheben freilich nicht den Anspruch, der Vielfalt technikkritischer Positionen im Folgenden gerecht werden zu können, wollen aber zeigen, dass sich maßgebliche Grundfiguren moderner technikkritischer Semantiken als Problematisierungsweisen von Trivialisierung und De-Trivialisierung reformulieren lassen.

III.1 Die Kritik technischer Kontrolle: Die Gefahr der Trivialisierung von Mensch und Gesellschaft

Klassische Formen der Technikkritik setzen an den unreflektierten Folgen der allgegenwärtigen Durchdringung von Welt durch Technik an. So ist die technische Zivilisation für Schelsky (1961) durch das

Universalwerden der Technik bestimmt. Das Kernprinzip von Technisierung sieht Schelsky in der analytischen Zerlegung ihrer Gegenstände und einer daran anschließenden Synthetisierung nach Wirksamkeitsgesichtspunkten. Dies schließt auch sukzessive Mensch und Gesellschaft mit ein:

»Wenn wir mit der Produktion immer neuer technischer Apparaturen und damit technischer Umwelten zugleich immer neue ›Gesellschaft‹ und neue menschliche ›Psyche‹ produzieren, wird damit auch zugleich immer die soziale, seelische und geistige Natur des Menschen umgeschaffen und neu konstruiert« (Schelsky 1961: 16).

Auch Heidegger (2000) setzt an diesem Punkt an, wenn er davon ausgeht, dass industrielle Technik alles, was sie berührt, in eine prinzipiell austauschbare Ressource verwandelt. Sie macht bislang Unverfügbares verfügbar. Dabei wird nicht nur die Natur in ihre Atome zerlegt, sondern – im Rahmen industrieller Produktion – auch die menschliche Arbeit in Einzelschritte untergliedert und rearrangiert. Ebenso wie Schelsky (1961) sieht Heidegger deshalb die Gefahr der Technik in ihrer grundsätzlichen Zurichtung menschlicher Existenz.

Das Skandalon einer Kritik technischer Kontrolle liegt nicht zuletzt in einer damit einhergehenden Mechanisierung des Menschen und seiner Gesellschaft. Moderne Technisierung operiert ohne Stoppregel und droht schließlich auch, den Menschen zur verfügbaren Ressource zu machen – er wird zum Element des »Gestells« der aufziehenden kybernetischen Maschinentechnik. Im kybernetischen Paradigma von Steuerung und Steuerbarkeit wird der »Unterschied zwischen den automatischen Maschinen und den Lebewesen« (Heidegger 1983: 142) ausgehebelt.

Analog dazu wird für die Kritische Theorie – speziell bei Marcuse (1985) – Technik genau dann zur Gefahr, wenn sie menschliche Rationalität auf technische Rationalität reduziert – und der Mensch als Teilelement eines übergriffigen Apparats technische Imperative nur noch exekutiert. Die widerständige Autonomie und eigenstän-

dige Urteilskraft des Menschen drohen für Marcuse auch und gerade dann verloren zu gehen, wenn der Apparat ihm das Leben einfach
macht, da ihn gerade dies zu einem mechanistischen Konformis-
mus verleitet (vgl. Marcuse 1985: 142 ff.).

Wir beschreiben diese Form der Technikkritik als Problematisie-
rung technischer Kontrolle, die sich an den Gefahren einer Trivialisierung menschlichen Verhaltens und gesellschaftlicher Prozesse
abarbeitet. Diese Variante von Technikkritik weist jedoch Defizite
auf, die sie an verschiedenen Stellen zu kurz greifen lässt. Sie beschreibt das, was wir als Trivialisierung nicht-trivialer Systeme eingeführt haben, als Entfremdung oder Entmenschlichung. Damit
wird eine dystopisch anmutende Verlustgeschichte erzählt, welche
in konservativer Lesart die Flucht in vormoderne Verhältnisse nicht-
technisierter Kunstfertigkeit (vgl. Heidegger 2000) impliziert oder
in neo-marxistischer Deutung in die Utopie einer harmonischen
Versöhnung von Mensch und Technik mündet – wenn man erst die
kapitalistische Struktur der Gesellschaft bzw. die Gegensätze zwischen System und Lebenswelt aufgelöst hätte (vgl. Habermas 2006;
Marcuse 1985).

III.2 Die Kritik technischen Kontrollverlusts und das Risiko der De-Trivialisierung von Technik

Auch Ulrich Beck (1986) bettet Technikkritik in die Entfaltung
einer Gesellschaftstheorie der Moderne – hier: reflexiver Modernisierung – ein. Er konturiert die gegenwärtige technologisch-wissen-
schaftliche Dynamik als Risikogesellschaft, in der wissenschaftliche Erkenntnisse und technische Lösungen immer vielfältigere und
bedrohlichere Gefahren produzieren. Becks Technikkritik diagnos-
tiziert dabei einen Kontrollverlust angesichts zunehmender tech-
nisch-wissenschaftlicher Komplexität und Unsicherheit. *»Gefahren
können technisch immer nur minimalisiert, nie aber ausgeschlossen
werden«* (Beck 1988: 9). Das Sicherheitsversprechen des modernen
Nachsorgestaates läuft angesichts dieser Existentialität des Risikos und der Nicht-Kalkulierbarkeit von Nebenfolgen zunehmend

ins Leere. Laut Beck besteht damit die Quelle der Wissenschafts- und Technikkritik im »Versagen der wissenschaftlich-technischen Rationalität angesichts wachsender Risiken und Zivilisationsgefährdungen« (Beck 1986: 78). Letztendlich hält er jedoch am Rationalitätskonzept fest (vgl. Häußling 2014: 19 ff.). Ähnlich dem pragmatischen Model von Habermas (1969) hält Beck die Riskanz spätmoderner Großtechnologien für gesellschaftlich organisierbar.

Während Beck das Kontrollproblem moderner Technologien vor allem in der Nicht-Kalkulierbarkeit technischer Nebenfolgen verortet, dabei aber an der prinzipiellen Organisierbarkeit solcher Technologien festhält, sieht sich die Technikkritik des Computers einer gänzlich neuen Form des Kontrollverlustes gegenüber: So argumentiert beispielsweise der amerikanische Computerwissenschaftler Billy Joy, »that the most compelling 21st-century technologies – robotics, genetic engineering, and nanotechnology – pose a different threat than technologies that have come before. Specifically, robots, engineered organisms, and nanobots share a dangerous amplifiying factor: They can self-replicate« (Joy 2000). Das Kontrollproblem solcher »spätmoderner Technologien« (Schmidt 2016) besteht damit vor allem in deren Fähigkeit zur Selbst-Organisation und dem daraus folgenden Risiko einer Verselbstständigung technischer Systeme. Unter dem Eindruck eigensinnigen Verhaltens und ›agentieller‹ Eigenschaften von Technik besteht das Skandalon von Technikkritik nun nicht mehr in einer Trivialisierung des Menschen, sondern im Gegenteil in der De-Trivialisierung von Technik.

Auch eine solche Form von Technikkritik, die sich an einem Risiko der De-Trivialisierung von Technik abarbeitet, handelt sich analytische blinde Flecke ein: So ist es fraglich, ob man durch die Hochrechnung spekulativer Szenarien einer »Superintelligenz« (Bostrom 2014) oder von »spiritual machines« (Kurzweil 1999) etwas über die ambivalenten Dynamiken der »technologischen Bedingung« (Hörl 2011) der Gegenwartsgesellschaft erfährt. Eine solche Technikkritik muss im Gegenteil immer schon Ambivalenzen wegarbeiten, nämlich von der Bedingung ausgehen, dass Technik tatsächlich nicht-trivial *ist*.

IV. Fazit

Wenn man Technik mit Luhmann als Differenz kontrollierbarer und unkontrollierbarer Phänomene versteht, sieht man, dass moderne Technikkritik sich an eben dieser Unterscheidung abarbeitet. Typischerweise fokussiert sie sich entweder auf die Kontrolle von Mensch und Gesellschaft durch die Technik oder sie weist auf die Gefahren einer Technik hin, die sich der Kontrolle durch Mensch und Gesellschaft zu entziehen droht. Der Horizont der ersten Form der Kritik ist die Trivialisierung von Mensch und Gesellschaft, die dadurch droht, dass Systeme, die als nicht-trivial gelten, kausaltechnisch programmiert werden. Die zweite Variante von Technikkritik befürchtet hingegen eine De-Trivialisierung technischer Sachverhalte, insbesondere solcher, die informationstechnisch konstituiert sind. In beiden Fällen zeigt sich ein Zukunftsbezug von Technikkritik. Sie webt das gegenwärtig beobachtete Verhältnis von Mensch, Technik und Gesellschaft in ein Narrativ ein, in dem eine Zunahme der *Kontrolle durch Technik*, bzw. eines drohenden *Kontrollverlusts über Technik* in der Zeitdimension weitergedacht werden. Die konsequenten Prognosen, zu der diese Diagnosen verleiten, sehen am Ende einen qua Technik trivialisierten Menschen bzw. die Emergenz einer Technik, die nicht mehr als Trivialmaschine gefasst werden kann: etwa in Form einer autonomen Künstlichen Intelligenz oder sich selbst reproduzierender synthetisch-biologischer Konstrukte und Nanoroboter.

Ist eine Technikkritik möglich, welche zu diesen Narrativen eine gewisse Distanz unterhält und zugleich eine Position zur technisierten Gesellschaft ermöglicht, die nicht auf deren Negation setzt? Unsere Überlegungen lassen sich in Richtung einer solchen systemtheoretisch angelegten Technikkritik weiterdenken, die weiter auszubuchstabieren wäre. Ihre Fluchtpunkte wollen wir abschließend zumindest skizzieren:

Eine Technikkritik, welche den komplexen Kopplungen von psychischen, sozialen und technischen Systemen gerecht werden will, täte *erstens* gut daran, sich der Suggestivkraft zukunftsbezogener

Narrative zunächst einmal zu entziehen, denn diese neigen zu einer dystopischen Vereindeutigung zutiefst ambivalenter Prozesse und können die Kontingenzen von Technisierungsprojekten verdecken.

Eine solche Kritik steht *zweitens* vor der Aufgabe, sich nicht auf *eine* Seite der Unterscheidung (Kontrolle vs. Kontrollverlust) zurückzuziehen, sondern die wechselseitigen Steigerungsdynamiken von Trivialisierung und De-Trivialisierung in den Blick zu nehmen. Um zu rekonstruieren, wie sich Trivialisierung und De-Trivilalisierung verschränken, abstoßen, ineinandergreifen oder verzweigen, kann eine solche Kritik es nicht bei starken, zeitdiagnostischen Behauptungen bewenden lassen, sondern müsste sich als empirische Analytik bewähren. Eine komplexer werdende Informationsverarbeitungstechnik kann durchaus als Instrument einer Komplexitätsreduktion psychischer und sozialer Systeme qua Berechnung in Stellung gebracht werden – ein typisches Moment der rezenten Kritik an »Big Data«. Am Fall der »Sozialen Robotik« wiederum lässt sich lernen, wie Projekte einer De-Trivialisierung informationstechnischer Systeme (nach dem Vorbild des Menschen) sich trivialisierender Verfahren bedienen – deren Funktionsprobleme dann der Widerständigkeit nicht-trivialer Akteure zugerechnet werden. Eine Rekonstruktion von Semantiken und Praktiken im Kontext einer »nächsten Gesellschaft« (Baecker 2007), in der die Unterscheidung von Trivialität und Nicht-Trivialität zunehmend kontingent erscheint, wäre damit ein lohnendes technikkritisches Projekt, das nach Formen der Widerständigkeit Ausschau hält, welche nicht aus der technologischen Bedingung der Gegenwart herauszutreten versuchen, sondern ihre neokybernetische Provokation annehmen.

Wenn Technik – gleich ob sie trivial oder nicht-trivial erscheint – heute als »Einrichtung von Selektivität im Medium der Beobachtung ihrer Alternativen« zu begreifen ist, wie Dirk Baecker (2011: 191) vorschlägt, könnte zeitgenössische Technikkritik *drittens* ihre Aufgabe in der Beobachtung von alternativen Einrichtungsweisen von Selektivität suchen. Eine systemtheoretische Ausdeutung von Technikkritik könnte damit eine Form finden, die sowohl post-romantisch (vgl. Dickel 2014) als auch post-marxistisch operieren würde. Ihr Ziel bestünde nicht in der Abwehr einer weiter fortschreitenden Technisierung, sondern in einem Ausloten von alternativen Wegen der Trivialisierung und De-Trivialisierung.

Mit Foucault gewendet: Technikkritik ist jetzt die Kunst, nicht *dermaßen* trivialisiert oder de-trivialisiert zu werden.[3]

LITERATUR

Baecker, Dirk (2007): Studien zur nächsten Gesellschaft, Frankfurt a. M.: Suhrkamp.

Baecker, Dirk (2011): »Technik und Entscheidung«, in: Erich Hörl (Hg.), Die technologische Bedingung. Beiträge zur Beschreibung der technischen Welt, Berlin: Suhrkamp, S. 179–192.

Beck, Ulrich (1986): Risikogesellschaft. Auf dem Weg in eine andere Moderne, Frankfurt a. M.: Suhrkamp.

Beck, Ulrich (1988): Gegengifte. Die organisierte Unverantwortlichkeit, Frankfurt a. M.: Suhrkamp.

Bostrom, Nick (2014): Superintelligenz. Szenarien einer kommenden Revolution, Berlin: Suhrkamp.

Dickel, Sascha (2014): »Paradoxe Natur. Plädoyer für eine postromantische Ökologie«, in: TTN Edition (1), S. 4–10. Online ver-

---

3 | So charakterisiert Foucault Kritik im Allgemeinen folgendermaßen: »Als Gegenstück zu den Regierungskünsten, gleichzeitig als ihre Partnerin und ihre Widersacherin, als Weise ihnen zu mißtrauen, sie abzulehnen, sie zu begrenzen und sie auf ihr Maß zurückzuführen, sie zu transformieren, ihnen zu entwischen oder sie immerhin zu verschieben zu suchen, als Posten zu ihrer Hinhaltung und doch auch als Linie der Entfaltung der Regierungskünste ist damals in Europa eine Kulturform entstanden, eine moralische und politische Haltung, eine Denkungsart, welche ich nenne: die Kunst, nicht dermaßen regiert zu werden bzw. die Kunst, nicht auf diese Weise und um diesen Preis regiert zu werden. Als erste Definition der Kritik schlage ich also die allgemeine Charakterisierung vor: die Kunst, nicht dermaßen regiert zu werden« (Foucault 1992: 12).

fügbar unter www.ttn-institut.de/sites/www.ttn-institut.de/files/ TTN%20edition%201%20-%202014.pdf. Letzter Zugriff am 31.01.2016.

Esposito, Elena (2005): »Die Beobachtung der Kybernetik. Elena Esposito über Heinz von Foerster, ›Observing Systems‹ (1981)«, in: Dirk Baecker (Hg.), Schlüsselwerke der Systemtheorie, Wiesbaden: VS Verlag für Sozialwissenschaften, S. 291–301.

Foerster, Heinz von (1999): Sicht und Einsicht. Versuche zu einer operativen Erkenntnistheorie, Heidelberg: Carl-Auer-Systeme-Verlag.

Foucault, Michel (1992): Was ist Kritik?, Berlin: Merve.

Habermas, Jürgen (1969): »Verwissenschaftlichte Politik und öffentliche Meinung«, in: ders., Technik und Wissenschaft als ›Ideologie‹, Frankfurt a. M.: Suhrkamp, S. 120–145.

Habermas, Jürgen (1981): Theorie des kommunikativen Handelns. Handlungsrationalität und gesellschaftliche Rationalisierung, Frankfurt a. M.: Suhrkamp.

Habermas, Jürgen (2006): »Technischer Fortschritt und soziale Lebenswelt«, in: Uwe H. Bittlingmayer/Ullrich Bauer (Hg.), Die ›Wissensgesellschaft‹. Mythos, Ideologie oder Realität?, Wiesbaden: VS Verlag für Sozialwissenschaften, S. 57–64.

Halfmann, Jost (2003): »Technik als Medium. Von der anthropologischen zur soziologischen Grundlegung«, in: Joachim Fischer/Hans Joas (Hg.): Kunst, Macht und Institution. Studien zur philosophischen Anthropologie, soziologischen Theorie und Kultursoziologie der Moderne. Festschrift für Karl-Siegbert Rehberg, Frankfurt a. M./New York: Campus Verlag, S. 133–144.

Häußling, Roger (2014): Techniksoziologie, Baden-Baden/Stuttgart: Nomos UTB.

Heidegger, Martin (1983): »Die Herkunft der Kunst und die Bestimmung des Denkens«, in: Martin Heidegger/Hermann Heidegger (Hg.), Denkerfahrungen. 1910–1976, Frankfurt a. M.: Klostermann, S. 135–149.

Heidegger, Martin (2000): »Die Frage nach der Technik«, in: ders., Vorträge und Aufsätze. 9. Aufl., Stuttgart: Verlag Günther Neske.

Hörl, Erich (2011): »Die technologische Bedingung. Zur Einführung«, in: ders. (Hg.), Die technologische Bedingung. Beiträge zur Beschreibung der technischen Welt, Berlin: Suhrkamp, S. 7–53.

Hörl, Erich (2012): »Luhmann, the Non-trivial Machine and the Neocybernetic Regime of Truth«, in: Theory, Culture & Society 29 (3), S. 94–121.

Joy, Bill (2000): »Why the future doesn't need us«, in: Wired 8 (4). Online verfügbar unter www.wired.com/wired/archive/8.04/joy. html. Letzter Zugriff am 02.02.2016.

Kurzweil, Ray (1999): The Age of Spiritual Machines. When Computers Exceed Human Intelligence, New York: Viking.

Latour, Bruno (2004): »Why Has Critique Run out of Steam? From Matters of Fact to Matters of Concern«, in: Critical Inquiry 30 (2), S. 225–248.

Latour, Bruno (2005): Reassembling the social. An introduction to actor-network-theory, Oxford/New York: Oxford University Press.

Luhmann, Niklas (1997): Die Gesellschaft der Gesellschaft, Frankfurt a. M.: Suhrkamp.

Marcuse, Herbert (1985): »Some Social Implications of Modern Technology«, in: Andrew Arato/Eike Gebhardt (Hg.), The Essential Frankfurt School reader, New York: Continuum, S. 138–162.

Passoth, Jan-Hendrik (2008): Technik und Gesellschaft. Zur Entwicklung sozialwissenschaftlicher Techniktheorien von der frühen Moderne bis zur Gegenwart, Wiesbaden: VS Verlag für Sozialwissenschaften.

Pinch, Trevor J./Bijker, Wiebe E. (1984): »The Social Construction of Facts and Artefacts: Or How the Sociology of Science and the Sociology of Technology might Benefit Each Other«, in: Social Studies of Science 14 (3), S. 399–441.

Schelsky, Helmut (Hg.) (1961): Der Mensch in der wissenschaftlichen Zivilisation, Wiesbaden: VS Verlag für Sozialwissenschaften.

Schmidt, Jan C. (2016): »Philosophy of Late-Modern Technology«, in: Joachim Boldt (Hg.), Synthetic Biology. Metaphors, Worldviews, Ethics, and Law, Wiesbaden: Springer, S. 13–29.

Schmidt, Siegfried J. (Hg.) (1987): Der Diskurs des radikalen Konstruktivismus, Frankfurt a. M.: Suhrkamp.

Die Verdoppelung der Welt
und das Recht auf Kontingenz
Demokratietheorie im Anschluss an Niklas Luhmann

Alexander Weiß

Die Demokratie ist gegenwärtig in einer ambivalenten Situation: Einerseits ist sie attraktiver als je und immer mehr Menschen auf der Welt versuchen, sie zu erreichen – sei es durch Demokratisierung im eigenen Land oder durch Flucht und Migration in bereits bestehende Demokratien. Andererseits zeigen die nicht geringer werdenden Kritiken innerhalb dieser Demokratien – von Postdemokratie über Diagnosen des Ausnahmezustands etc. – dass Erwartungen und Realität in Demokratien nicht einfach zusammenpassen. Die Demokratietheorie kann in dieser Lage von einer Rückbesinnung auf Niklas Luhmanns Ausführungen zu Demokratie profitieren,[1] weil sie die Analyse auf ein der Situation angemessenes Komplexitätsniveau verlagern. Zugleich kann die Einbeziehung von demokratietheoretischen Fragestellungen in die Systemtheorie hel-

---

1 | Luhmann hat bereits 1971 eine ähnlich ambivalente Bestandsaufnahme zu Demokratie formuliert: »Zwei gegenläufige Eindrücke formieren die neuere Demokratiediskussion: die Einsicht in die universelle Anerkennung der Demokratie als Norm für politische Systeme und der Zweifel an der Möglichkeit von Demokratie« (Luhmann 1971: 35). Wir erkennen hier einerseits eine anscheinend schon lange bestehende Unsicherheit über Demokratie und andererseits eine Ambivalenz, die sich in der Gegenwart zunehmend zuspitzt.

fen, deren kritisches Potenzial zu heben.[2] Dies soll hier vorbereitet werden, indem zunächst drei Verwendungen des Begriffs Demokratie bei Luhmann kurz dargestellt werden (I.), dann an die dritte Verwendung – den prozeduralen Begriff der Doppelcodierung des politischen Systems durch die Trennung von Regierung und Opposition – angeknüpft wird (II.), woran demokratietheoretische Überlegungen angeschlossen werden (III.). Abschließend wird das kritische Potenzial dieser Überlegungen ausgelotet, das insbesondere in einer Kritik von Richtigkeits- und Wahrheitsansprüchen in der Demokratie liegt (IV.).

I. LUHMANNS BEGRIFF VON DEMOKRATIE

Dass Luhmann keine ausgearbeitete Demokratietheorie hinterlassen hat, ist offensichtlich und hinreichend kommentiert worden (vgl. Czerwick 2008: 45; Möller 2012). Dennoch findet sich in den zahlreichen verstreuten Ausführungen über Demokratie[3] ein konsistentes Konzept von Demokratie, so dass die Demokratietheorie – wenn sie sich die Mühe machte, dieses Konzept zu rekonstruieren – von ihnen viel mehr profitieren könnte, als sie es bisher getan hat. Es gibt drei Fragen, die Luhmanns Befassung mit Demokratie ausmachen: Wie hat sich Demokratie entwickelt (historische Dimension), wie ist ihre gesellschaftliche Funktion (soziologische Dimension), und wie funktioniert Demokratie (Dimension der politischen Theorie).

Die Geschichte der Ausdifferenzierung gesellschaftlicher Funktionssysteme und ihrer Codes hat im politischen System zu einer

---

2 | Das kritische und normative Potenzial in Luhmanns Theorie wird zunehmend untersucht; vgl. Sven Opitz (2013) sowie die anderen Beiträge im Band »Kritische Systemtheorie« (Amstutz/Fischer-Lescano 2013) und Alexander Weiß (2016).

3 | Für Hilfe beim Aufsuchen solcher Ausführungen in Luhmanns Texten danke ich Anna Stünitz.

Zweitcodierung geführt: Zunehmend wurde nicht mehr nur zwischen Regierung und Untertan unterschieden, sondern die Seite des Machthabers wurde noch einmal in Regierung und Opposition unterteilt. Dies ist die differenzierungsgeschichtliche Basis für Demokratie. Luhmann meint sogar: »Auf diesen Kernpunkt muß man den Begriff der Demokratie reduzieren.« (Luhmann 1990: 182)

Wenn der historische Hintergrund die Geschichte der Ausdifferenzierung ist, dann erscheint Demokratie in soziologischer Perspektive folgerichtig als die der ausdifferenzierten Moderne adäquate Regierungsform, insofern sie den Umgang mit hoher Komplexität erlaubt, indem sie die Komplexität innerhalb des politischen Systems selbst erhöht. Dabei beruht die Möglichkeit der Demokratie auf der historischen Errungenschaft, das positive Recht ändern zu können. Demokratie ist eine Folge der Positivierung des Rechts und der damit gegebenen Möglichkeiten, das Recht jederzeit zu ändern (vgl. Luhmann 1995: 471, generell zur Zentralität des Begriffs der Möglichkeit; vgl. Opitz 2013).[4]

Solche Zuschreibungen sind bewusst in Distanz zur Emphase der erlebten Emanzipation im langen Prozess der Demokratisierung in der Moderne formuliert. Anstatt auf ›alteuropäische‹ Begriffe wie Souveränität, Freiheit und Herrschaft des Volkes (vgl. Luhmann 1997) zurückzugreifen, reformuliert Luhmann Demokratie als eine Folge von Prozessen, die nichts mit den Ereignissen zu tun haben, für die Menschen auf die Straße gehen oder sogar ihr Leben riskieren würden. Vielmehr ist Demokratie zunächst nur

---

4 | In *Politische Soziologie* meint Luhmann sogar, dass der dafür dann verwendete Begriff ›Demokratie‹ irreführend sei, weil damit nur ein Wechsel auf der Ebene der Staatsformen bezeichnet sei, während mit der Umstellung durch Ausdifferenzierung der Funktionssysteme aber »in Wirklichkeit eine ganz neuartige, komplexere und abstraktere Funktionsweise des gesamten politischen Systems eingerichtet werden muß« (Luhmann 2010: 91). Dieses Problem hat man allerdings nicht, wenn man – etwa mit John Dewey – Demokratie von vorneherein sowohl als Herrschafts- als auch als Gesellschafts- und Lebensform versteht.

eine besondere Form der Organisation von Machthierarchien, nämlich die Unterwerfung der obersten Macht (vgl. ebd.: 373). An anderer Stelle beschreibt Luhmann die Entwicklung städtischer Ämter
als Gegenposition gegen Monarchen – in der Folge »muß man [...]
die Amtsbesetzung politisieren und dazu Bedingungen schaffen,
die später als ›Demokratie‹ gefeiert werden« (ebd.: 508). In der soziologischen Gesamtschau schließlich gilt: »Demokratie ist in erster Linie: Fähigkeit des politischen Systems zur Selbstbeobachtung«
(Luhmann 1981: 127).

Während Zuschreibungen wie diese noch geeignet sind, Demokratie vor überzogenen Erwartungen zu schützen und sie vielmehr
als eine von vielen weder notwendigen noch überraschenden For-
menentwicklungen in der Moderne zu charakterisieren, verhält es
sich mit den prozeduralen Ideen über Demokratie anders: Hier wird
eine Beschreibung entwickelt, die eine positive Idee von Demokratie und eine kritisier- und unterscheidbare Vorstellung derselben
beinhaltet.

Vor allem in *Die Politik der Gesellschaft*, in den beiden kurzen
Aufsätzen über die Zukunft der Demokratie in »Soziologische Aufklärung 4« (Luhmann 1987a, 1987b) und in dem sehr späten Aufsatz
»Meinungsfreiheit, öffentliche Meinung, Demokratie« (Luhmann
1998) ist eine klare Idee von Demokratie bei Luhmann erkennbar,
die auf der geteilten Spitze, also der Trennung von Regierung und
Opposition, beruht. Die Erfindung der Opposition ist dabei eine
historische Errungenschaft des politischen Systems, wie Luhmann
in *Recht der Gesellschaft* anführt und als charakteristische Differenz
zum Rechtssystem bezeichnet: »Im politischen System entstehen,
sobald das System sich selber im Hinblick auf kollektiv bindendes
Entscheiden beobachtet, Vorstellungen über Entscheidungsalterna-
tiven, die sich zur Opposition verdichten.« (Luhmann 1995: 421)

Die historische Entwicklung der Ausdifferenzierung mündet
in die Funktionalität einer prozedural zu beschreibenden Demokratie, und insoweit handelt es sich um eine konsistente Idee von
Demokratie, zu der noch weitere, anhängige Aspekte gehören, die
Luhmann eher verstreut behandelt, etwa die Frage, wer gehört wer-

den kann (Ökologische Kommunikation), oder auch Vertrauen und Protest. Im Zentrum dieser Aspekte ist allerdings die Hauptidee der geteilten Spitze, durch die die anderen Aspekte integriert werden und deren Potenzial für die Demokratietheorie noch nicht wirklich ausgeschöpft ist: Durch die geteilte Spitze wird im System kontinuierlich jegliches Handeln oder Nicht-Handeln mit mindestens einer Alternative konfrontiert, es wird also Kontingenz erzeugt, denn die Opposition sagt (hoffentlich) immer, dass sie anders handeln würde, also auch könnte. Die im System selbst erzeugte Kontingenz ist eine adäquate Reaktion auf die durch historische Ausdifferenzierung geschehene Komplexitätssteigerung, und kritische Anschlüsse an Luhmann finden in der Konfrontation des Wirklichkeitsraums des Regierens mit dem Möglichkeitsraum der Opposition, also in der Kontingenz im politischen System, bessere Anknüpfungspunkte als in den Begriffen der Ausdifferenzierung und der Komplexitätsreduktion.[5]

II. DEMOKRATIE ALS DOPPELCODIERUNG

Zunächst erinnert Luhmanns Idee von Demokratie so deutlich an Joseph Schumpeters berühmte Definition der demokratischen Methode, dass es verwundert, dass Luhmann diesen Bezug nicht selbst hervorhebt. Seit Schumpeters Neuformulierung von Demokratie als Methode mit derjenigen »Ordnung der Institutionen zur Erreichung politischer Entscheidungen, bei welcher einzelne die Entscheidungsbefugnis vermittels eines Konkurrenzkampfes um die Stimmen des Volkes erwerben« (Schumpeter 1950: 428) wird Demokratie nicht mehr nur im Paradigma der Souveränität und des Gemeinwillens verstanden, sondern auch in Bezug auf ihre inneren Mechanismen.

---

5 | Zur Bedeutung von Kontingenz gerade für emanzipative Anschlüsse an Luhmann, vgl. Weiß (2016).

Auch mit Luhmann wird Demokratie als Konkurrenz, nämlich zwischen Regierung und Opposition beschrieben, aber mit deutlichen Unterschieden zu Schumpeter: Die radikale Position Luhmanns und der Hauptunterschied bzw. die Erweiterung zur streckenweise ähnlich ansetzenden ökonomischen Demokratietheorie mit ihrem Konkurrenzgedanken liegt darin, dass das, womit konkurriert wird, sehr viel komplexer (sowohl politisch als auch theoretisch) gesehen wird. Es wird nicht nur mit Positionen darüber, was die beste Politik ist, konkurriert, sondern mit Perspektiven auf die Welt: Perspektiven, bestehend aus Elementen wie Frames, Themen, Proportionen, Prioritäten, Style etc. Es geht nicht nur darum, dass zwei (oder mehr) Anbieter alternative Lösungen für Probleme anbieten und sich WählerInnen dann entscheiden können, welche dieser Lösungen mit ihren eigenen Präferenzen besser übereinstimmen – soweit die an Schumpeter anschließende »Ökonomische Demokratietheorie« mit ihrer Theorie rationaler Wahl. Vielmehr wird – und dies kann man mit Luhmann sowohl erkennen als auch für sinnvoll halten – zwischen Regierung und Opposition um Perspektiven für die Beschreibung bzw. Konstruktion der Wirklichkeit gestritten, also um Problembeschreibungen, Kausalitätsvermutungen, Beurteilungen von Mitteln, um Zwecke zu erreichen und – schließlich auch – um Positionen.[6] Wenn z. B. die statistisch ermittelte Zahl der Arbeitslosen sinkt, dann wird die Regierung dies auf eigene vergangene Handlungen zurückführen, um sich damit für zukünftige Wahlen attraktiver zu machen. Die Opposition wird nicht einfach die Diagnose teilen und dann dennoch alternative Handlungsoptionen anbieten, sondern sie wird vieles tun: Die Aussagekraft der Statistik bestreiten (weil sie reale Exklusion gar nicht erfasse, weil sie – durch Regierungseinwirken – die Wirklichkeit zu Gunsten der Regierung darstelle etc.), vor allem aber wird sie die sinkende Zahl

---

6 | Manchmal sind die Beschreibungen und Perspektiven in den expliziten Äußerungen von PolitikerInnen über Positionen nur impliziert, aber davon sollte sich eine Demokratietheorie nicht täuschen lassen: Auch Implikationen werden gehört – und gewählt.

auf Faktoren zurückführen, die nicht von der Regierung beeinflusst werden konnten (etwa Weltwirtschaft, unternehmerisches Handeln oder Wetter). In Luhmanns Begrifflichkeit wird die Opposition das, was die Regierung als Risiko beschrieben hat, als Gefahr framen.[7] Sie wird außerdem sagen, dass die Arbeitslosenzahl gar nicht das gerade relevante Problem sei, sondern es vielmehr etwa um Qualität der Arbeit, Gerechtigkeit der Geschlechter etc. gehe. Der Weltbeschreibung der Regierung wird eine Weltbeschreibung der Opposition gegenübergestellt und zwischen diesen beiden (und eben nicht nur: zwischen Positionen) kann ausgewählt werden. Demokratische Wahlen fragen eigentlich: Welches Kommunikationsverhalten und welche Beschreibung der Welt ziehst du vor?

Dabei ist wichtig zu verstehen, dass die divergierenden Weltbeschreibungen nicht etwa durch objektive Lagen, Cleavages etc. determiniert sind. Bei der Unterscheidung von jeweils (mindestens) zwei Perspektiven auf die politische Welt handelt es sich um eine Eigenleistung des politischen Systems. Auch wenn ein Thema vielleicht gar nicht für die Unterscheidung verschiedener Perspektiven geeignet scheint, so liegt gerade in der Konstruktion *irgendwie* möglicher alternativer Perspektiven und der Verbindung solcher Perspektiven mit wählbaren Akteuren der Sinn der Demokratie: »Die politischen Programme werden von politischen Parteien, also von Organisationen, aufgestellt mit dem Systemimperativ, sich zu unterscheiden (was angesichts der Sachlogik von Problemen nicht immer leicht fällt).« (Luhmann 1997: 845) Der ›Systemimperativ‹ der Demokratie führt also dazu, die Welt kontinuierlich doppelt zu beschreiben bzw. zu konstruieren.[8]

---

7 | ›Risiko‹ ist dabei die Zurechnung von Veränderungen auf Folgen eigenen Handelns und ›Gefahr‹ die Verarbeitung von Veränderung als bloß erlebt, also nicht selbst bewirkt, wobei entscheidend ist, dass die Unterscheidung für Luhmann eine Konstruktionsleistung von Systemen und keine Abbildung objektiver Tatsachen ist (vgl. Luhmann 2003).

8 | Der theoretische Ansatz der mehrfachen Weltkonstruktion ist dabei keinesfalls auf nur zwei Möglichkeiten beschränkt, auch wenn Luhmann die-

Die beiden Elemente der geteilten Spitze in der Demokratie konkurrieren auch um Aufmerksamkeit in einer Welt, in der dies eine knappe Ressource ist. Dieser Hinweis rückt Luhmanns Demokratieverständnis in die Nähe von demokratietheoretischen Agenda-Setting-Ansätzen.[9] Die Dimension des Themen-Findens, also des Politisierens, ist für eine Demokratietheorie zentral, denn die »Demokratie eines modernen politischen Systems kann sehr viel mehr Themen politisieren als ein Fürstenhof traditionellen Zuschnitts« (Luhmann 1997: 764). Luhmann geht aber über das Agenda-Setting hinaus, weil es nicht nur um Themen geht, sondern auch etwa um Gewichtung angesichts der Knappheit der Ressource Aufmerksamkeit, also nicht nur um Positionen, sondern auch um Proportionen und Prioritäten.

In klassischen normativen Demokratietheorien geht es um den Streit um die besten Ziele, in der ökonomischen Theorie um den Streit um die beste Zweck-Mittel-Relation und in der epistemischen geht es um den Streit um Wahrheiten. Mit Luhmann kommt man zu der Idee, dass Demokratie ein Streit um Perspektiven ist und damit um solche Dinge ist, wie Aufmerksamkeiten, Relevanzen oder Frames.[10] Wenn z. B. Steuern auf die Agenda der Politik gehoben sind, dann wird nicht nur mit verschiedenen Positionen (Steuern hoch/runter) konkurriert, sondern auch mit Frames (z. B. Steuern als soziales Thema/ökonomisches Thema), mit verschiedenen Priorisierungen

---

sen Fall – also ein klassisches Zweiparteiensystem oder zumindest ein aus zwei klaren politischen Lagern bestehendes System – häufig impliziert. Wir können aber durchaus dasselbe Argument auch für jeweils mehr als zwei Konstruktionen durchspielen.

9 | Die Bedeutung von »Exercising final control over the agenda« als eines von fünf Kriterien für Demokratie wird bei Robert A. Dahl (2000: 38) betont. Die Ausführungen lassen allerdings dann erkennen, dass Dahl sich – ganz klassisch – auf Themen beschränkt, also auf die Frage, *was* behandelt wird und nicht *wie* es behandelt wird.

10 | Für einen Ansatz in der Demokratietheorie, der das Framing zentral behandelt, vgl. Jamie T. Kelly (2012).

(Steuerthema wichtiger/unwichtiger als xyz), Styles (populistischer/ nüchterner Habitus) und anderen Dimensionen von Perspektiven. Parteien kombinieren diese Elemente und bieten sie zur Wahl an.

Damit verschiebt sich der Konkurrenzgedanke der ökonomischen Theorie auf die Ebene der Beobachtung zweiter Ordnung: Nicht die Inhalte der Perspektiven, sondern die (Art der) Perspektiven selbst stehen zur Auswahl. Es besteht eine Konkurrenz zweiter Ordnung, deren Bedeutung sich zunächst vor allem in soziologischer Perspektive erschließt: Hans-Georg Möller bezieht die von Luhmann eigentlich für Massenmedien konzipierte Unterscheidung von Variabilität und Redundanz, also von systemverändernden und -stabilisierenden Elementen, die in ein Gleichgewicht zu bringen sind, auch auf Demokratie (vgl. Möller 2012: 91f.). Das politische System als Demokratie sucht und findet auch dieses Gleichgewicht, indem es durch das freie Spiel zwischen Regierung und Opposition die Variabilität ins System bringt, während das Institutionengefüge der wiederholten Wahlen (vgl. ebd.: 94) Redundanz erzeugt. Im Ergebnis führt Demokratie so zu kontrollierter Kontingenz und diese Kontingenz bezieht sich auf Weltkonstruktionen.

Der evolutionäre Vorteil des Bereithaltens mehrerer Arten der Welt- und Selbstbeschreibungen wird darin liegen, dass sich das politische System besser durch die gesellschaftliche Umwelt bewegt, wenn es mit verschiedenen Perspektiven auf die Welt ausgestattet ist und flexibel reagieren kann. Dies unterscheidet Luhmanns Ansatz noch einmal deutlich von Schumpeters: Diesem ging es um Elitenaustausch, Abwahlmechanismus und Korruptionsabschöpfung. Bei Luhmann geht es auch um einen Abwahlmechanismus, aber weniger darum, durch Wahlen mit dem politischen Personal die in einer Regierungszeit ansteigenden Möglichkeiten von Korruption auszutauschen, sondern verfestigte Weltbeschreibungen auszuwechseln. Das, was für Schumpeter Korruption ist, sind für Luhmann Richtigkeits- und Wahrheitsansprüche (behauptete moralische Eindeutigkeiten, Sachzwänge, Notwendigkeitsbehauptungen): Wahrheits- und Richtigkeitsansprüche werden durch den Abwahlmechanismus entmachtet.

III. Demokratietheoretische Anschlüsse

Wir ziehen hier im Anschluss an Luhmann einige Konsequenzen für die Demokratietheorie, die sich aus einer konstruktivistischen Tradition der Soziologie ergeben und die seit nunmehr mehr als hundert Jahren darauf hinweist, dass wir es in der sozialen Wirklichkeit mit konstruierten Gegenständen zu tun haben. Die aus verschiedenen Möglichkeiten zur Konstruktion resultierenden kognitiven Differenzen, die hier vorausgesetzt werden, sind also nicht ein vormodernes Relikt und zu überwindendes Ärgernis, sondern eine Einsicht in die Phänomenologie des Sozialen in der modernen Gesellschaft, die mit Luhmanns Theorie zu gewinnen ist. Einige demokratietheoretische Überlegungen sollen hier daran anknüpfen.

Luhmann macht ein Angebot für die Demokratietheorie, das sich von zwei wirkmächtigen Paradigmen innerhalb des Diskurses deutlich unterscheidet: Sowohl die epistemische Demokratietheorie (vgl. Estlund 2008; Schwartzberg 2015) mit ihrer seit Condorcets ›Jury-Theorem‹ bestehenden Fokussierung auf die Wahrheitsdimension von Demokratie als auch die deliberative Demokratietheorie (Bohman/Rehg 1997; Elster 1998) mit ihrer Kategorie der ›Richtigkeit‹ von Entscheidungen, die sich in deliberativen Prozessen erweisen könne, halten die Demokratie dadurch für ausgezeichnet, dass sie zu besseren Lösungen für Probleme gelange und die Suche nach den entsprechenden Positionen in irgendeiner Weise rational oder vernünftig sei. Bei Luhmann sucht die Demokratie nicht nach Wahrheit oder Richtigkeit, sondern nach Kontingenz von Perspektiven. Die Bewegung ist also durchaus umgekehrt gegenüber den beiden anderen Theoriefamilien: Es geht nicht darum, aus vielen bestehenden Positionen wenige oder gar eine durch ein jeweils als vernünftig bezeichnetes Verfahren herauszufinden, die als beste gelten kann, sondern es geht darum, zu den bestehenden Perspektiven möglichst mehrere hinzuzufügen, so dass das Ergebnis nicht ein Wissens- oder Moralfortschritt wäre, sondern eine produktive und evolutionär vorteilhafte Verunsicherung herzustellen – oder, mit anderen Worten, eine systemisch sichergestellte Kontingenz.

Zu den bisher überschaubar wenigen originellen demokratietheoretischen Anschlüssen an Luhmann gehört Helmut Willkes Versuch, das Verhältnis von Demokratie und Komplexität neu zu fassen (Willke 2014). Er kritisiert darin u. a. Daniel Bells Überlegungen zu einer Einparteiendemokratie in China (vgl. ebd.: 91–98). Tatsächlich ist kaum sichtbar, wie die doppelte Codierung von Wirklichkeit, die durch die Parallelität von Regierung und Opposition in der Demokratie hergestellt wird, in einem Einparteiensystem sichergestellt werden soll. Ein Mehrparteiensystem ist der angemessene institutionelle Rahmen für Demokratie, weil von der Regierung verschiedene Beschreibungen der Wirklichkeit nicht nur als Deliberationselemente zugelassen sind, sondern weil sie offen mit dem Anspruch, die Regierung übernehmen zu wollen, verbunden sind. In einem Einparteiensystem kann mithin der Abwahlmechanismus nicht funktionieren.[11] Luhmann selbst diskutiert vor allem die Auswirkungen auf oppositionelles Handeln in Einparteiensystemen (vgl. Luhmann 2002: 101f.; Luhmann 1997: 856), die, wenn sie ohnehin keine realistische Machtoption habe, zu utopischem Denken neige und damit zu wenig Anreiz verspüre, eine glaubwürdige Beschreibungsalternative anzubieten. Im Umkehrschluss gilt dies dann aber auch für die Regierung, die nicht mehr mit der Entlarvung der Kontingenz der eigenen Beschreibung – dies ist die

---

11 | Balázs Brunczel weist allerdings zu Recht darauf hin, dass Luhmann in früheren Schriften die Möglichkeit einer Einparteiendemokratie nicht systematisch abgelehnt hat (vgl. Brunczel 2010: 162). In *Macht im System* (Manuskript aus den späten 1960er Jahren) diskutiert er die Nachteile des Abwahlmechanismus gegenüber der Möglichkeit in Einparteiensystemen, Eliten ad hoc auszutauschen (vgl. Luhmann 2012: 100 f.). Brunczels Präferenz für diesen frühen Luhmann kann ich hier nicht teilen, da ich nicht wie er die frühere Position für radikaler halte, sondern sie dadurch bedingt sehe, dass zu dieser Zeit Luhmanns Demokratiebegriff noch nicht in einer konstruktivistischen Perspektive ausgearbeitet war.

zentrale Funktion der Opposition (vgl. Luhmann 2002: 99) – konfrontiert ist.

Solch ein ›Recht auf Kontingenz‹ (Weiß 2016) ist auch eine Gegenposition zum an John Locke anschließenden Verständnis von Demokratie als Regime von Vermeidung von Willkür. Es gibt nämlich in der Kontingenzperspektive ein Recht auf Unentscheidbarkeit, die von Rechten und Moral zwar limitiert, aber nicht entschieden werden darf, so dass es einen Freiraum für einen ergebnisoffenen Machtkampf gibt. Wenn ein Machtkampf um Perspektiven auf die Wirklichkeit und die aus ihnen resultierenden Handlungsvorschläge geführt wird und wenn in den Versionen der Regierung und der Opposition kontinuierlich zweimal die ganze Welt beschrieben wird, dann nennen wir dies mit Luhmann ›Demokratie‹. Zwar haben Demokratietheorien (auch Locke) immer Fragen, die der Mehrheitsentscheidung zugänglich sein sollen, von solchen, die ihr nicht zugänglich sind (etwa Menschenrechte, Verfassung etc.) unterschieden, aber Luhmann ist in dieser Frage in doppeltem Sinn radikal: Zum einen lässt sich aus dem zentralen Stellenwert von Kontingenz ableiten, dass nur sehr wenig dem freien Spiel der Mehrheitsregel enthoben sein darf – und damit ist Luhmann nah bei den ›radikalen Theorien der Demokratie‹ (etwa Chantal Mouffe, Jacques Derrida, Jacques Rancière) und zum anderen ist Luhmann in theoretischer Hinsicht radikal, indem er mit der Überwindung der rationalistischen Fokussierung auf Positionen hin zu Perspektiven die konstruktivistische Wende konsequent durchführt.

Schon die Dimension der Proportionen und Priorisierung führt uns vor Augen, wie irrelevant das alleinige Berücksichtigen von Positionen ist. Es reicht z. B. nicht zu wissen, dass Barack Obama eher für die Einführung einer Pflichtversicherung im Gesundheitssystem als dagegen war und eher für die Schließung des Gefangenenlagers in Guantanamo Bay als dagegen war – entsprechend ist eine Wahlentscheidung für Obama auch nicht dadurch rational, dass Wähler diese beiden Positionen teilen und deshalb für Obama stimmen. Vielmehr ist eine entscheidende Frage eher der Art: Wenn das knappe politische Kapital nur dafür reicht, ein eigenes Projekt gegen den erbitterten Widerstand der Opposition durchzusetzen, wäre dies dann das eine oder das andere? Diese wichtige Frage zeigt nur ansatzweise, welche Dimensionen jenseits der einfachen Präferenzbekundungen relevant sind und zugleich, dass die Idee, in der Demokratie gehe es um einen Wettkampf zwischen Positionen, die demokratische Wirklichkeit nicht widerspiegeln kann.

Es lassen sich schließlich Normen über die Konkurrenz selbst formulieren, und Luhmann hat hier vereinzelt bereits Ansätze geliefert. Zum einen sollen in konstruktivistischer Perspektive die Beschreibungen durch Parteien ja gerade nicht durch eine hegemoniale und einheitliche Weltbeschreibung (›Realität‹) begrenzt sein, aber andererseits bedeutet dies nicht, dass alle möglichen Beschreibungen zulässig und sinnvoll wären. Luhmann sieht eine common-sense-basierte Begrenzung:

»Wenn dem Wähler aber keine Alternativen angeboten werden können, die er auf seine Alltagserfahrung beziehen kann, oder nur solche Alternativen, die im politischen Spektrum als ›radikal‹ definiert werden, fehlt es an wichtigen Grundlagen für das Regenerieren der Bereitschaft, sich mit der Wahldemokratie zu identifizieren.« (Luhmann 1997: 782)

Während hier also die inhaltliche Dimension der konstruierten Perspektiven, die in demokratischen Wahlen zur Auswahl gestellt werden, mit der Akzeptanz von Demokratie in Verbindung gebracht werden, gibt es auch Anforderungen an die Anbieter selbst: »Wir wollen keine unfairen Politiker, denn der ehrliche Wettbewerb in der Demokratie muß gewährleistet sein, damit wir überhaupt noch von Demokratie sprechen können.« (Luhmann 2008: 380)[12] Als Norm über die Konkurrenz manifestiert sich schließlich die Forderung, Regierung und Opposition sollten sich deutlich unterscheiden, obwohl Luhmann auch den in der ökonomischen Demokratietheorie erklärten Mechanismus kennt, nach dem sich

---

12 | Es bleibt hier aber unklar, ob dies nicht eine im selben Buch zuvor vehement abgelehnte moralische Forderung im politischen System darstellt.

die beiden großen Parteien inhaltlich in der Mitte treffen (vgl. Luhmann 2002: 102).

In der Gesamtsicht ergibt sich folgender Zusammenhang: Nicht das bessere Argument, sondern die attraktivere Perspektive auf die Welt sollen sich in der Demokratie durchsetzen. Nicht beste Antworten, sondern die Möglichkeit anderer Antworten sind dabei das Ziel demokratischer Kommunikation: Erstens weil es radikal pluralen Gesellschaften adäquat ist, in denen Richtigkeits- und Wahrheitsansprüche ohne Aussicht auf Einigung miteinander konkurrieren, und zweitens auch aus evolutionärer Perspektive wegen des Vorteils durch Flexibilität. Schumpeters Argument war, dass die Bedürfnisbefriedigung nur ein Nebenprodukt des politischen Marktgeschehens ist, während die Funktion eher in der Korruptionsabschöpfung durch Konkurrenz liege. Nach Luhmann geht es in der Demokratie um den Austausch von Richtigkeits- und Wahrheitsansprüchen, und die Erzeugung guter Lösungen ist nur ein Nebenprodukt, aber auf diesem Nebenprodukt darf dann keine Theorie der Demokratie aufbauen!

IV. Kritik

Was ist daran kritisch? Man kann es zunächst mit dem Verständnis der Funktionsweise von Demokratien kritisieren, wenn real existierende Hinderungsgründe der theoretisch beschriebenen Funktionsweise entgegenstehen. Wodurch etwa sind in vielen Fällen die realen Aussichten der Opposition, die Macht zu übernehmen, behindert? Man kann hieran eine Kritik an Wahlkämpfen, nicht ausreichenden Oppositionsrechten, ungleicher Finanzierung etc. anschließen.

Auch sind bestimmte Frames von Problemen und Positionen problematisch, etwa wenn die Alternativlosigkeit von Positionen oder ihre moralische Gebotenheit behauptet wird. Man sollte aber – wie Luhmann selbst dies gerade bei der Moralisierung von Politik

immer wieder getan hat[13] – die daraus resultierenden Probleme
nicht überzeichnen, denn wenn eine Partei moralisiert oder Alternativlosigkeit behauptet, kann die andere ja gerade solche Frames
kritisieren und alternative Frames (etwa: Interesse statt Moral und
die Möglichkeit der Auswahl statt Alternativlosigkeit) anbieten.
Vielmehr wäre hier dann zu fordern, dass die Opposition dann genau dies zu tun habe.

Richtigkeit und Wahrheit sind die Korruption der Demokratie –
dahinter kann man eine Kritik an den Apparaten und Verfahren von
Richtigkeits- und Wahrheitsproduktion anschließen, die die Netzwerke, Semantiken, Medienstrukturen etc., die Richtigkeit oder
Wahrheit behaupten und gegen Veränderung stabilisieren wollen,
umfasst. Dieser Punkt trifft sich mit Chantal Mouffes und Ernesto
Laclaus Begriff der Gegenhegemonie (vgl. Marchart 2007), auch
wenn sicherlich eine anders begründete Hegemoniekritik zu Grunde liegt.

Demokratie ist bei Luhmann tatsächlich die der Moderne angemessene Regierungsform, aber nicht in dem emphatischen
Sinn, dass sie den Emanzipationshoffnungen moderner autono-
mer Individuen am besten entsprechen würde, sondern in dem
Sinn, dass sie dem Eigenwert der Moderne, nämlich Kontingenz,
am besten entspricht. Während es in der Demokratie um Kontingenz und Alternativen geht, ist die Demokratie daher selbst – zumindest in der Moderne – ohne Alternative: »Durch Positivierung
des Rechts wird ›Demokratie‹ aus einer Herrschaftsform unter
anderen zur Norm des politischen Systems.« (Luhmann 1987:

---

13 | Vgl. *Die Moral der Gesellschaft*: »Es darf gerade nicht dahin kommen,
daß man die Regierung für strukturell gut, die Opposition für strukturell
schlecht oder gar böse erklärt. Das wäre die Todeserklärung für Demokratie.« (Luhmann 2008: 259) – oder, weniger drastisch: »Müssen wir denn Tag
für Tag hinnehmen, daß die Politiker der Regierungs- und der Oppositions-
parteien sich verbalmoralisch bekämpfen, obwohl wir, Demokratie richtig
verstanden, gar nicht aufgefordert sind, zwischen ihnen unter Gesichts-
punkten der Moral zu wählen?« (Luhmann 2008: 266)

246) Aus dieser Doppelung – Demokratie beruht auf der Möglichkeit der Alternative, aber Demokratie selbst ist ohne Alternative – entsteht eine Haltung, die so vieles kritisiert, dass unklar ist, wie man ernsthaft fragen kann, ob Luhmann ein kritischer Autor sei oder nicht. Die Haltung kritisiert sowohl affirmative theoretische Positionen zur Demokratie für ihre ungerechtfertigten Gewissheiten über Notwendigkeiten und Alternativlosigkeiten innerhalb der Demokratie als auch solche kritischen Theorien der Demokratie, die diese aus der Perspektive idealtheoretisch abgeleiteter Erwartungen an Demokratie kritisieren. Luhmann kritisiert zugleich die Affirmation als auch die Kritik der Demokratie.[14] Für die Demokratietheorie bedeutet dies, dass sie sich nicht auf die Differenz von demokratiebegründender und -kritischer Ausrichtung beschränken muss, sondern, indem sie beide Seiten kritisiert, ihre nächsten Schritte darauf verwenden sollte, Demokratie noch einmal anders zu verstehen. Dafür kann ein Rückbezug auf Luhmann hilfreich sein.

LITERATUR

Amstutz, Marc/Fischer-Lescano, Andreas (Hg.) (2013): Kritische Systemtheorie. Zur Evolution einer normativen Theorie, Bielefeld: transcript.
Bohman, James/Rehg, William (Hg.) (1997): Deliberative Democracy. Essays on Reason and Politics, Cambridge (Massachusetts)/London: MIT Press.
Brunczel, Balázs (2010): Disillusioning Modernity. Niklas Luhmann's Social and Political Theory, Frankfurt a. M. u. a.: Peter Lang.

---

14 | Für Chris Thornhill liegt hierin, also in einer von einer liberalen Haltung kaum zu unterscheidenden Abwehr von Demokratiekritik und der gleichzeitigen Kritik am Liberalismus, »The great paradox in Luhmann's political thought« (Thornhill 2006: 93).

Czerwick, Edwin (2008): Systemtheorie der Demokratie. Begriffe und Strukturen im Werk Luhmanns, Wiesbaden: VS Verlag für Sozialwissenschaften.

Dahl, Robert A. (2000): On Democracy, New Haven/London: Yale University Press.

Elster, Jon (Hg.) (1998): Deliberative Democracy, Cambridge: Cambridge University Press.

Estlund, David (2008): »Introduction: Epistemic Approaches to Democracy«, in: Episteme 5, S. 1–4.

Kelly, Jamie T. (2012): Framing Democracy. A Behavioral Approach to Democratic Theory, Princeton/Oxford: Princeton University Press.

Luhmann, Niklas (1971): »Komplexität und Demokratie«, in: ders. (Hg.), Politische Planung. Aufsätze zur Soziologie von Politik und Verwaltung, Opladen: Westdeutscher Verlag, S. 35–45.

Luhmann, Niklas (1981): Politische Theorie im Wohlfahrtsstaat, München/Wien: Olzog.

Luhmann, Niklas (1987): Rechtssoziologie, Opladen: Westdeutscher Verlag.

Luhmann, Niklas (1987a): Die Zukunft der Demokratie, in: ders., Soziologische Aufklärung 4. Beiträge zur funktionalen Differenzierung der Gesellschaft, Opladen: Westdeutscher Verlag, S. 126–132.

Luhmann, Niklas (1987b): Enttäuschungen und Hoffnungen. Zur Zukunft der Demokratie, in: ders., Soziologische Aufklärung 4. Beiträge zur funktionalen Differenzierung der Gesellschaft, Opladen: Westdeutscher Verlag, S. 133–141.

Luhmann, Niklas (1990): »Gesellschaftliche Komplexität und öffentliche Meinung«, in: ders., Soziologische Aufklärung 5. Konstruktivistische Perspektiven, Opladen: Westdeutscher Verlag, S. 170–182.

Luhmann, Niklas (1995): Das Recht der Gesellschaft, Frankfurt a. M.: Suhrkamp.

Luhmann, Niklas (1997): Die Gesellschaft der Gesellschaft, 2 Bände, Frankfurt a. M.: Suhrkamp.

Luhmann, Niklas (1998): Meinungsfreiheit, öffentliche Meinung, Demokratie, in: Ernst-Joachim Lange (Hg.), Meinungsfreiheit als Menschenrecht, Baden-Baden: Nomos, S. 99–110.

Luhmann, Niklas (2002): Die Politik der Gesellschaft, Frankfurt a. M.: Suhrkamp.

Luhmann, Niklas (2003): Soziologie des Risikos, Berlin: De Gruyter.

Luhmann, Niklas (2008): Die Moral der Gesellschaft, Frankfurt a. M.: Suhrkamp.

Luhmann, Niklas (2010): Politische Soziologie, Frankfurt a. M.: Suhrkamp.

Luhmann, Niklas (2012): Macht im System, Frankfurt a. M.: Suhrkamp.

Marchart, Oliver (2007): »Eine demokratische Gegenhegemonie – Zur neo-gramscianischen Demokratietheorie bei Laclau und Mouffe«, in: Sonja Buckel/Andreas Fischer-Lescano (Hg.), Hegemonie gepanzert mit Zwang. Zivilgesellschaft und Politik im Staatsverständnis Antonio Gramscis, Baden-Baden: Nomos, S. 105–120.

Möller, Hans-Georg (2012): The Radical Luhmann, New York: Columbia University Press.

Opitz, Sven (2013): »Was ist Kritik? Was ist Aufklärung? Zum Spiel des Möglichen bei Niklas Luhmann und Michel Foucault«, in: Marc Amstutz/Andreas Fischer-Lescano (Hg.), Kritische Systemtheorie. Zur Evolution einer normativen Theorie, Bielefeld: transcript, S. 39–62.

Schumpeter, Joseph A. (1950): Kapitalismus, Sozialismus und Demokratie, Bern: Francke.

Schwartzberg, Melissa (2015): »Epistemic Democracy and Its Challenges«, in: Annual Review of Political Science 18, S. 187–203.

Thornhill, Chris (2006): »Luhmann's Political Theory: Politics After Metaphysics?«, in: Michael King/Chris Thornhill (Hg.), Luhmann on Law and Politics. Critical Appraisals and Applications, Oxford/Portland Oregon: Hart, S. 75–100.

Weiß, Alexander (2016): »Left after Luhmann? Emanzipatorische Potenziale in Luhmanns Systemtheorie und ihre Anwendung in der Demokratietheorie«, in: Michael Haus/Sybille De La Rosa (Hg.), Politische Theorie und Gesellschaftstheorie. Zwischen Erneuerung und Ernüchterung, Baden-Baden: Nomos, S. 169–191.

Willke, Helmut (2014): Demokratie in Zeiten der Konfusion, Frankfurt a. M.: Suhrkamp.

Systemtheorie und Gender Studies

Ein Blick auf die Funktionen von Geschlecht

Korbinian Gall

I. DIE MÄR VON DER WEGFUNKTIONALISIERUNG DES GESCHLECHTS

> »Und hier wie auch sonst mögen die Fami-
> lien schließlich wie interne Abschottung
> wirken, die verhindern, daß die durch so-
> ziale Bewegungen angefachten Stürme
> das Schiff der Gesellschaft zum Sinken
> bringen.« (Luhmann 1988: 146)

Wenn wir dieses Zitat in seinen Kontext setzten, es entstammt
einem Aufsatz zur Frauenbewegung, der in den späten Achtzigern
verfasst wurde, und somit die angefachten Stürme Gleichberechti-
gung und Frauenquote heißen, können wir wohl mit gutem Gewissen sagen, das Schiff der Gesellschaft ist nicht gesunken. Das Zitat
von Niklas Luhmann ist jedoch symptomatisch für seinen Umgang
mit den Gender Studies, bzw. der Frauen- und Geschlechterforschung. Würde unter diesem Satz nicht der Name Niklas Luhmann
stehen, würde man diesen Satz nicht erst hinterfragen, sondern ihn
als einen konservativen Gedanken rechts liegen lassen. Aufhorchen
sollte uns jedoch lassen, dass wir Luhmann als einen klugen, küh-
len Denker kennen, der vergraben hinter seinen Bücherstapeln eine
technisch wirkende Theorie des Sozialen austüftelte. Wie dieser
Satz einzuordnen ist und dass darauf mehr als ein »gescheiterte[r]

Versuch der Inverhältnissetzung« (Grizelj 2012: 341) der systemtheoretischen Denktradition und der Genderforschung folgt, will ich in diesem Aufsatz skizzieren.

In der, verglichen mit anderen Bereichen der Sozialwissenschaften, kurzen Geschichte der Gender Studies hat sich inzwischen doch eine gehörige Anzahl an Autor*innen Fragen in Bezug auf das Geschlecht gestellt und versucht, diese zu beantworten. Eine These aus dem Bereich des systemtheoretischen Umgangs mit der Frage nach dem Geschlecht lautet, dass mit dem Übergang von der stratifikatorisch gebauten Gesellschaft zur funktional ausdifferenzierten Gesellschaft das Geschlecht den funktionalen Anker in der Gesellschaft verliert, da es mit seiner Unterscheidung zwischen Mann und Frau nicht wirkmächtig genug sei, um weiter bestehen zu können (vgl. Nassehi 2003: 85). Trotzdem genügt ein Blick in die Spielzeugabteilungen der großen Kaufhäuser oder auf die richtigen Schreibtische im Bundesministerium für Familie, Senioren, Frauen und Jugend, um festzustellen, dass die Unterscheidung von Männern und Frauen nicht nur Konjunktur hat, sondern bedeutungsvoller denn je erscheint. Machen wir es uns einfach und beharren darauf, dass das Geschlecht in einer funktional differenzierten Gesellschaft seine Funktionalität verliert und nur aufgrund »semantischer Übertreibung« (ebd.) relevant bleiben konnte, übersehen wir eine Möglichkeit der theoretischen Schlussfolgerung. Bleiben wir nah an der Denktradition der Systemtheorie und nehmen die Funktionssysteme als vertretungsberechtigt für sämtliches Soziales an, erscheint es im ersten Moment logisch, die Annahme zu treffen, dass das Geschlecht als »problematische Konstruktion« (vgl. Stäheli 2003) verloren geht. Erkennen wir aber an, dass nicht alle bedeutenden sozialen Prozesse in der Gesellschaft über Funktionssysteme theoretisch erklärt werden können, tauchen neue Orte, neue Systeme auf, die dafür verantwortlich gezeichnet werden können, dass Geschlecht nicht verschwindet. Im Folgenden soll es daher um die Frage gehen, welche Funktionen Geschlecht in sozialen Systemen zukommen. Anstatt den Fokus auf die Beschreibung von empirischen Ausformungen der Geschlechtlichkeit in Systemen zu legen, möchte ich versuchen, den Blick auf die strukturelle Wirkmächtigkeit von Geschlecht zu richten. Im Sinne einer funktionalen Analyse der Geschlechterunterscheidung sollen nicht zuerst Formen der Aneignung oder Produktion von Gender interessieren. Vielmehr möchte ich später unter anderem vom Bewusstseinssystem ausgehen, welches in seiner Selbstreproduktion immer wieder auf Geschlechterunterscheidungen zurückgreift, und fragen, welche Rolle das Geschlecht für dieses System übernimmt (siehe Kap. 3).

Auf der Basis dreier bedeutender Autor*innen für den Bereich der systemtheoretischen Gender Studies (2.) und einer Beschreibung dessen, wie Funktionalität gefasst werden kann (3.) ist dann ein Weg erkennbar, der aufzeigt, warum Geschlecht weiterhin eine so hohe Wirkmächtigkeit zugeschrieben werden kann (4.).

II. Systemtheoretische Zugänge zum Geschlecht

Die erste dieser Autor*innen ist Ursula Pasero. Sie hat sich bereits in den 1990er Jahren eingehender mit einer möglichen Symbiose zwischen Systemtheorie und Geschlechterforschung beschäftigt. Aus der Sammlung der Texte (1994, 1995, 1997, 1999, 2004a, 2004b, 2004c, 2007), die sie zu diesem Thema verfasst hat, verwende ich »Gender, Individualität, Diversity« (ebd.: 2003) exemplarisch, um sowohl ihre theoretischen Grundannahmen, ihre Problemkonstruktionen, wie auch ihre Antworten darauf, darzustellen. Der Befund, von dem Pasero ausgeht, scheint erst einmal derselbe zu sein, wie der bereits einführend genannte: »Trotz der geschlechtsneutralen und indifferenten Ausrichtung der Funktionssysteme der Gesellschaft leben askriptive Mechanismen wie geschlechtstypische Stereotype immer wieder auf.« (Ebd.: 105) An den Anfang ihrer theoretischen Überlegungen stellt Pasero dann »die Frage, wie die Evidenz der Geschlechtsdifferenz erzeugt wird« (ebd.: 109). Als Antwort darauf schreibt sie, dass der Wahrnehmungsapparat das eigene Beobachten unterdrücke. Es entsteht beim Wahrnehmen zwar immer ein blinder Fleck, aber erst dadurch wird das Funktionieren des Apparates ermöglicht. Durch das Ausblenden der eigenen Komplexität, des Unterscheidungsvermögens und des eigenen Operationsmodus erscheint das Wahrgenommene als unmittelbar. Es wird Evidenz erzeugt. Zur sozialen Tatsache wird das Wahrgenommene aber erst dann, wenn es in Kommunikation auftaucht. Zu beachten ist laut Pasero jedoch, dass Kommunikation durch semantische Formen und Muster die Komplexität des Wahrgenommenen und des Wahrnehmens selbst reduziert und erst dadurch in der Kommunikation erkannt werden kann (vgl. ebd.: 109 f.). Es entsteht also eine Wechselwirkung zwischen Kommunikation und Bewusstsein.

»Im Prozeß des Wahrnehmens fungieren Muster abrufbar im Hintergrund und können jederzeit selektiv aufgerufen und vergegenwärtigt werden. Mit diesem Operationsmodus gehen permanent Konsistenzprüfungen einher, in denen Wahrgenommenes vermittels ›passender‹ Muster und Formen anschlußfähig gehalten und damit ›wiedererkennbar‹ wird. Während der Kognitionsvorgang selbst unzugänglich operiert, wird gleichzeitig das unmittelbare Erleben von Gewißheit und die Abarbeitung von Ungewißheit prozessiert.« (Ebd.: 110 f.)

Wir sehen also, dass diese Muster, Pasero nennt sie an anderer Stelle auch Stereotype, nicht einer Person (einer Frau, einer Person aus Nordafrika, einem Schwaben) anhaften, sondern im Bewusstsein psychischer Systeme verankert und abrufbar sind. Das bedeutet, dass sie eben auch aktiv abgerufen werden müssen, wenn sie benutzt werden sollen. Pasero argumentiert, dass die Sichtbarkeit von Frauen und Männern als Stereotypen-Aktivierer fungieren könne. Kombiniert damit, dass Wahrnehmung kommuniziert werden muss, damit sie sozial relevant wird, bedeutet das dann im Umkehrschluss auch, dass Stereotypen nur dann gelten, wenn sie auch kommuniziert werden (vgl. ebd.: 112 f.). Aktivierung und soziale Kommunikation von Stereotypen sind damit als ein zweistufiger Prozess zu begreifen.

Als nächstes soll ein Ansatz vorgestellt werden, der gerade deswegen hervorhebenswert scheint, weil sich der Autor, Urs Stäheli, auf unkonventionelle Art und Weise, trotzdem aber sehr ergiebig, der Frage nach dem Geschlecht aus systemtheoretischer Perspektive nähert. Spannend ist dies bei ihm deswegen, weil er die Frage, ob Geschlecht verschwindet, wenn es eigentlich keine Rolle mehr spielen sollte, an einem historischen Beispiel durchdekliniert. Stäheli beschreibt in seinem Aufsatz »134-Who is at the key« zu Beginn die Vorstellung geschlechtsloser Bürger*innen im Cyberspace, also in utopistischen Science-Fiction-Romanen. In diesen würden alle »problematic constructions« (Donna Haraway 1991, zit. n. Stäheli 2003) weggelassen. Dahinter steckt die Grundfrage,

»[i]nwiefern [...] durch die Etablierung neuer Kommunikationstechnologien Inklusionsidentitäten geschaffen [werden], die mit funktional differenzierten Gesellschaftsstrukturen in Einklang stehen, indem an die Stelle von Geschlecht oder Ethnizität funktionsspezifische Kompetenzen treten?« (Stäheli 2003: 187)

Auch hier finden wir das Eingangs dargestellte Problem wieder, welches sich wie ein roter Faden durch die vielen Aufsätze zu diesem Thema zieht: Die Frage danach, ob eine völlige funktionale Einbettung in Funktionssysteme nicht auch das Ende der Kategorie Geschlecht bedeuten müsste. Für die Beantwortung dieser Frage sucht Stäheli sich ein historisches Beispiel. Fündig wird er im 19. Jahrhundert. Bei der Telegraphie als Medium wurde ursprünglich davon ausgegangen, dass durch dessen Einführung Geschlecht an Relevanz verliert (vgl. ebd.: 197). Das Beispiel ist aufschlussreich, da im Rahmen dieser scheinbar körperlosen Übertragung durch Technik genau das Gegenteil passiert ist. »Die Körperlosigkeit der Kommunikation provozierte eine Belebung der phantasmatischen Konstruktion des Anderen, wobei dessen oder deren Geschlechtszugehörigkeit im Mittelpunkt steht.« (Ebd.) Das Geschlecht wurde im Reflektieren und Sprechen über die Technik rethematisiert und wieder hergestellt. Hierbei wird der Code, den wir bereits aus dem Titel des Aufsatzes »134-who is at the key« kennen, relevant. Dieser fragt nach der Person am anderen Ende der Leitung. Weiß man jedoch nicht, wer morst, werden die kleinsten Punkte interessant, die einen Anhaltspunkt für eine geschlechtliche Einordnung bieten (vgl. ebd.). So wird der »Geschlechtskörper in den Mediendiskurs eingeschrieben« (ebd.). Das Geschlecht ist nicht mehr am sichtbaren Körper lesbar oder hörbar. Daher wird versucht, aus dem Medium die Geschlechtlichkeit zu lesen. So wurden Fehler des Mediums, wie zum Beispiel Ungenauigkeiten der übermittelten Botschaft, der Nervosität der Frau zugeschrieben (vgl. ebd.: 200).

Für Stäheli liegt in der körperlosen Kommunikation also nicht die Lösung der Geschlechterfrage, sondern erst der Grund für eine Wiedereinführung der Unterscheidung in die Gesellschaft an anderer Stelle. Er schreibt:

»Gleichzeitig bedeutet dies, daß all jene Formen, die sich nicht der Logik der Entmarkierung fügen, markiert werden und auf diese Weise als Minderheiten oder abweichende Subjekte, vielleicht sogar als ›bad subjects‹, sichtbar werden.« (Ebd.: 211)

Inwieweit sich das auch auf den Geschlechtskörper beziehen lässt, bleibt an dieser Stelle jedoch offen.

Eine weitere Autorin, der wir in dem Bereich der systemtheoretischen Genderforschung einen Teil der Theoriebildung verdanken, ist Christine Weinbach (Weinbach/Stichweh 2001; Weinbach 2002, 2003, 2004, 2007). Sie beschreibt auf der Basis systemtheoretischer Annahmen eine eigenständige Auffassung von Geschlecht.

»Sie [Weinbachs Dissertation] sieht in der Beantwortung der Frage, worin der Geschlechterunterschied in einer Gesellschaft besteht, in der die Geschlechterdifferenz keinen Unterschied mehr macht, die eigentliche Herausforderung der aktuellen Geschlechtertheorie.« (Weinbach 2004: 10)

Weinbach geht die Fragestellung an, indem sie zuerst die populäre Unterscheidung zwischen Sex und Gender ad acta legt und durch

»die drei Systemtypen Leben, Bewußtsein und Kommunikation« (Weinbach 2003: 146) ersetzt. Die beiden letzteren werden bei ihr als sinnverwendende und autopoietische Systeme gefasst. Sie sind autonom, befinden sich aber trotzdem in einem Verhältnis der strukturellen Kopplung, in diesem Falle sogar in einem »wechselseitigen Ermöglichungsverhältnis« (ebd.: 147 f.) zueinander. Bewusstsein und Kommunikation sind aufeinander angewiesen.

»So ist die Kommunikation konstitutiv auf die Beiträge des Bewußtseins angewiesen. Die Kommunikation bedarf des durch das Bewußtsein erzeugten Materials (in Form von Lauten, Bewegungen oder schriftlichen Mitteilungen), das die Kommunikation in kommunikative Sinneinheiten transformiert. Das Bewußtsein dagegen bildet erst durch Teilnahme an Kommunikation eine Struktur der Art aus, wie wir sie für selbstverständlich halten.« (Ebd.)

Um das Verhältnis zwischen Bewusstsein und Kommunikation klarer zu skizzieren, bleibt Weinbach (was sie, wie wir im weiteren Verlauf sehen werden, nicht immer tut) mit dem Begriff der ›Co-Evolution‹ sehr nah an der ursprünglichen Systemtheorie. Kommunikation kann ohne das Bewusstsein nicht existieren und umgekehrt. »Es braucht daher einen Mechanismus, der die autonomen Welten der Systeme Bewußtsein und Kommunikation synchronisiert. Ein solcher Mechanismus ist die Form Person.« (Weinbach 2003: 150) Die Form Person dient als stabiles Erwartungsbündel und setzt Kommunikationssysteme und Bewusstseinssysteme zueinander ins Verhältnis. Sie ist eine unerlässliche Komponente bei der Strukturbildung beider Systeme. Sie stellt eine spezifische Form des Umweltkontaktes im Bezug auf das jeweils andere System dar, welche in die Systeme selbst eingelassen ist (vgl. Weinbach 2004: 25 f.). Begreifen wir nach Weinbach nun die sinnhafte Form Person als Projektion von Erwartungen auf einen Körper, bleibt die Frage offen, wie diese Erwartungsbündel entstehen (vgl. ebd.). Ihre Antwort darauf ist, dass hier Stereotype zur Verfügung stehen. Diese seien geschlechtlich gefasst. »Das Geschlecht der Person spielt also in dem Sinne eine Rolle, daß es unterschiedliche, nämlich geschlechtstypische, Rollenbündel symbolisiert« (Weinbach 2003: 153). Das führt dazu, dass in ähnlichen Interaktionssituationen unterschiedliche externe Rollenverpflichtungen auf verschiedene Bewusstseinssysteme wirken und in der Kommunikation unterschiedliche Erwartungserwartungen erzeugen. Doch die einfache Feststellung, dass diese Stereotype geschlechtlich gehalten sind, kann auch Weinbach nicht genügen. So greift sie auf den Begriff der ›Kontingenzformel‹ zurück und differenziert Geschlecht in sozialer, sachlicher und zeitlicher Dimension aus. Über diese Formel prägt sich Geschlecht in die Operation von Bewusstseinssystemen als stabiles Unterscheidungskriterium ein.

Grundlage davon ist die Unterscheidung zwischen Selbst- und Fremdreferenz im Bewusstseinssystem. »Es unterscheidet sich selbst als z. B. Denkendes, Sprechendes von den Dingen in seiner Vorstellung oder von seiner Umwelt, auf die sich sein Denken, Sprechen beziehen« (Weinbach 2004: 34 f). Das System kann sich durch diese Unterscheidung also entweder als erlebend oder als handelnd wahrnehmen (vgl. ebd.). Um diese Unterscheidung treffen zu können, muss sich das Bewusstseinssystem aber im eigenen Körper verorten, also den eigenen Körper auch als den eigenen verstehen können.

»Im Moment des Beobachtetwerdens, in der sozialen Situation, dient ihm dazu die Form Person [...]. Das Personsein erfasst die eigene Identität jedoch nur in sozialer Hinsicht. Daher braucht das Bewusstsein eine Art ›Identitätsaufhänger‹ (Goffman), der darüber hinausreicht, sich also nicht nur sozial, sondern auch sachlich und zeitlich definieren lässt. Dies wird durch die Kontingenzformel geleistet.« (Ebd.: 36 f.)

So kann sich das Bewusstsein innerhalb der Kontingenzformel an den Dimensionen dieser auf sozialer, sachlicher und zeitlicher Ebene entlanghangeln und die Unterscheidung zwischen handelnd und erlebend treffen, um nicht an der Kontingenz, also dem unendlich Möglichen, zu verzweifeln und operationsunfähig zu werden (vgl. ebd.: 38 f.). An dieser Stelle bezieht sich Weinbach (ebd.: 40) auf Tyrell (1986) und beschreibt das Geschlecht als höchst identitätsrelevant. Nachdem es in der Aneignung die Persönlichkeitsstruktur so tief prägt, ist ihr Schluss, die Kontingenzformel als Geschlechterrollenidentität,

»als Junge oder Mann, Mädchen oder Frau [zu fassen]. Diese Geschlechtsrollenidentität lässt sich in zeitlicher, sozialer und sachlicher Hinsicht als Geschlechtsrollen-Orientierung (zeitlich), Geschlechtsrollen-Übernahme (sozial) und Geschlechtsrollen-Selbstcharakterisierung (sachlich) spezifizieren, d. h. dass die Strukturierung der drei Sinndimensionen geschlechtstypische Unterschiede aufweist«. (Ebd.)

So werden über die Zeit stabile Erwartungen gebildet, die es dem Bewusstsein ermöglichen, auf einer zeitlichen Achse das eigene Ich-Ideal und damit auch die selbstbezogene Unterscheidung zwischen männlich und weiblich zu erhalten und zu verstetigen. Auf sozialer Ebene wird die Orientierung in Bezug auf Konsens oder Dissens in Kommunikation übernommen, wobei Weinbach ersteres der weiblichen und letzteres der männlichen Seite zurechnet. Auf der sachlichen Ebene geht es um die Selbsteinschätzung hinsichtlich der Kategorien expressiv und instrumentell. So schreiben sich laut Weinbach, die sich hier an Parsons und die Attributionsforschung anlehnt, Frauen eher expressive Eigenschaften zu und Männer eher instrumentelle. Abschließend können wir feststellen, dass

»der Bezug auf den eigenen Geschlechtskörper entscheidend ist, denn in Orientierung an ihm versteht sich das Bewusstsein als männlich oder weiblich - und nimmt damit für sich in Anspruch, was es der gesellschaftlichen Semantik nach bedeutet, männlich oder weiblich zu sein«. (Ebd.: 45)

III. DIE FUNKTIONALITÄT VON GESCHLECHT

Keiner der genannten Ansätze mag jedoch das eingangs skizzierte Problem, dass mit dem Übergang von der stratifikatorisch gebauten Gesellschaft zur funktional ausdifferenzierten Gesellschaft das Geschlecht den funktionalen Anker in der Gesellschaft verliere, aufzulösen. Alle genannten Perspektiven erkennen zwar den Befund an, dass das Geschlecht als Kategorie gerade nicht im Verschwinden begriffen ist und erklären wie oder wo sie das Geschlecht als wirksam wahrnehmen. Warum Geschlecht als Kategorie aber weiterhin wirksam ist, kann keine*r von ihnen abschließend klären. Deswegen soll im Folgenden eine funktionale Analyse des Geschlechts vorgenommen werden, um diese Frage genauer in den Blick zu bekommen. Angesiedelt ist der Begriff der Funktion bei Luhmann auf der Ebene der Beobachtung zweiter Ordnung. Die Beobachtung erster Ordnung ist eine, die von Ontologie ausgeht. Sie sieht die Dinge wie sie sie sieht und nimmt sie als gegeben hin. So kann zum Beispiel das Beobachten von Männern und Frauen eine Beobachtung erster Ordnung sein. Auf der Ebene der Beobachtung zweiter Ordnung, also der Beobachtung von Beobachtungen, im Beispiel der Beobachtung dessen, dass vom System Männer oder Frauen gesehen werden, fällt diese ontologische Annahme weg, da verschiedene Beobachtungen beobachtet werden können. Erst das Beschreiben eines Eigenwerts, einer Funktion, also die Antwort auf die Frage nach der Ergiebigkeit oder der Opportunität des Beobachteten, macht es wieder möglich, die Beobachtung in Kommunikation zu reformulieren und eine Beobachtung als solche klar abzugrenzen, die sich nicht wieder in unendliche Möglichkeiten der Beobachtungen der selbigen auseinander dividieren lässt . Bei der Funktion handelt es sich also um eine Grundlage sozialer Systeme. Diese Grundlage können wir auch als Bestandserfordernis beschreiben (vgl. Luhmann 1998: 1124 ff.; Luhmann 1974: 31). Auf die hier angeführte Problemstellung bezogen bedeutet das, dass wir versuchen wollen, die Ergiebigkeit der Form Person und der Geschlechtsrollenidentität für Bewusstseinssysteme zu beobachten und die Frage zu stellen, ob sie als Bestandserfordernis eingeordnet werden kann.

In Bezug auf das Bewusstseinssystem haben wir mit Weinbach Geschlecht als Unterscheidung zwischen männlichen und weiblichen Rollenidentitäten in der Kontingenzformel Geschlechtsrollenidentität festgehalten. Worin besteht die Funktion dieser geschlechtlichen Fassung der Kontingenzformel für das System Bewusstsein? Zur Beantwortung dieser Frage gibt es zwei mögliche Ausgangspunkte. Der erste ist die Herkunft des Begriffs der Kontingenzformel und dessen Funktion. Die zweite Möglichkeit ist, sich die direkten Bestandserfordernisse von Bewusstseinssystemen anzusehen, um dann zu vergleichen, welche davon die Geschlechtsrollenidentität erfüllt. Der Fokus soll zuerst auf Letzteres gelegt werden. Das Bewusstseinssystem ist, so wie alle anderen Systeme bei Luhmann auch, ein autopoietisches. Das bedeutet in erster Linie, dass es operativ geschlossen und zur Umwelt offen gestaltet ist. Auf dem Abstraktionsniveau des Bewusstseinssystems bedeutet dies, dass im System selbst immer nur Gedanken an Gedanken anschließen, es also in seiner Operation stets ein geschlossenes System darstellt, welches nur an sich selbst anschließt. Gedanken sind jedoch auch durch Irritationen geprägt. Diese Irritationen erhält das Bewusstsein über den Körper, genauer gesagt, das Nervensystem. Es ist also strukturell gekoppelt und damit nach außen offen (vgl. Luhmann 1998; Weinbach 2004: 32). »Das Bewusstseinssystem nun übersetzt die internen Erregungszustände des Körpers in extern verortete Phänomene.« (Weinbach 2004: 32) Sogar der eigene Körper wird zuerst als externes Phänomen wahrgenommen, er ist ja nicht Teil der Welt der Gedanken. Um sich jedoch nicht in dieser Ebene der Gedanken zu verlieren, muss sich das Bewusstsein in der wahrgenommenen Welt verorten können, es braucht die Unterscheidung von Selbstreferenz und Fremdreferenz, um Phänomene auf sich selbst oder die Umwelt zuschreiben zu können. So ist der Entwicklungsprozess von Bewusstseinssystemen einer, der immer mit der Identifikation mit dem eigenen Körper einhergeht (vgl. ebd.: 33). Ein weiterer Aspekt von Bewusstseinssystemen ist deren hohe Komplexität. Diese benötigt jedoch Strukturen oder Formen, in denen sie Gedanken fassen kann. Dies geschieht über Sprache. Sprache fasziniert das Bewusstsein so, dass es beginnt, die eigenen Gedanken sprachlich zu fassen. Sprache prägt Bewusstseinssysteme so stark, dass sogar deren Wahrnehmung durch Sprache und deren Bilder vorstrukturiert wird. Diese Bilder können auch als stereotype Erwartungsmuster beschrieben werden. Hinzu kommt die Eigenschaft von Sprache, also im Sprechen oder Zuhören, die Unterscheidung von Selbst- und Fremdreferenz zu ermöglichen (vgl. ebd.: 34 f.). Sowohl Körper als auch Sprache ermöglichen also die genannte Unterscheidung. Möchte das Bewusstseinssystem jedoch ›bewusst sein‹ und nicht einfach nur beobachten, dann muss es diese Unterscheidung steuern können. Es braucht also eine Art Selbstwahrnehmung, eine Identität, etwas für sich selbst Festgelegtes, das steuert, wann Erleben und Handeln des Selbst angebracht sind und wann sich das Bewusstseinssystem als erlebend oder handelnd wahrnehmen möchte (vgl. ebd.: 38 f.). Denken wir zurück an den Ausgangspunkt: Es sollte hier versucht werden, die Bestandserfordernisse von Bewusstseinssystemen aufzuzählen und zu überprüfen, ob einige davon durch das Geschlecht oder eine Geschlechtsrollenidentität abgedeckt werden können. Ein solches Bestandserfordernis haben wir nun gefunden. Die Geschlechtsrollenidentität, die dargestellte Fassung von Geschlecht im Rahmen der Systemtheorie, die auf das Bewusstseinssystem bezogen ist, erfüllt also eine Funktion für dieses System. Sie bietet die Möglichkeit, eine eigene Identität auf der Basis von geschlechtlich gefassten Rollenbündeln aufzubauen und sich an dieser auszurichten. Geschlecht ist hier also identitätsstiftend in Anbetracht der kontingenten Unterscheidung von Bewusstseinssystem und Umwelt, oder, um es mit Weinbach auszudrücken, »[f]ür das Bewusstsein ist die Geschlechterdifferenz zentrale Identifikationsgröße« (ebd.: 31).

Es wurde jedoch noch eine andere, vorhin zuerst genannte, Möglichkeit aufgezeigt, auf die Funktion der Kontingenzformel Geschlechtsrollenidentität zu rekurrieren. Nämlich, den Weg über den Begriff der Kontingenzformel zu gehen. Bei Weinbach finden wir die Aussage, dass Kontingenzformeln bei Luhmann nur in Bezug auf soziale Systeme, also nicht auf Bewusstseinssysteme, dafür auf Funktionssysteme, zu finden sind (vgl. ebd.: 37). Luhmann selbst schreibt dazu:

»Mit der Ausdifferenzierung besonderer Funktionssysteme entstehen, auf sie bezogen, Kontingenzformeln, die eine systemspezifische Unbestreitbarkeit behaupten können, etwa Knappheit für das Wirtschaftssystem,

Legitimität für das politische System, Gerechtigkeit für das Rechtssystem, Limitationalität für das Wissenschaftssystem.« (Luhmann 1988: 470)

Diese Kontingenzformeln werden seiner Meinung nach vor allem deswegen notwendig, weil immer mehr Ablehnungsmöglichkeiten zugelassen werden. Wird nach dem Notwendigen gesucht, entsteht automatisch das Kontingente, also die Möglichkeit, dass auch Anderes notwendig ist, mit. So wird die Anzahl der Nicht-Negierbarheiten immer geringer. In Anbetracht dessen schaffen sich die Funktionssysteme das eigene nicht Negierbare also selbst (vgl. ebd.: 469). So ist bei Luhmann die Funktion des Funktionssystems Wirtschaft »unter der Bedingung von Knappheit künftige Versorgung sicher zu stellen« (ebd.: 758). Aber auch Knappheit übernimmt damit eine Funktion, nämlich als identitätsgebendes Bestandserfordernis, als Nicht-Negierbarkeit, die das Funktionssystem benötigt, um die eigene Funktion zu rechtfertigen. Dies lässt sich nun auch auf die Kontingenzformel der Geschlechtsrollenidentität beziehen. So ist diese für das Bewusstsein in diesem Sinne dann die geschaffene, eigene Nicht-Negierbarkeit, also die Identität, die sich das Bewusstsein gibt, um in der Unterscheidung zwischen System und Umwelt, welche immer kontingent vollzogen wird, etwas Bestimmtes zu haben, auf das es sich beziehen kann. So folgt also auch dieser Weg der Erklärung der bereits gefundenen Antwort.

IV. Funktion statt Problem! Ein Fazit

Es lässt sich also feststellen, dass Geschlecht an einigen Stellen – das Familiensystem ist hier noch gar nicht aufgeführt, da die Beobachtung dessen einer ganz anderen Perspektive bedürfte – in der systemtheoretisch gefassten Erklärung dessen, was wir sehen, eine Rolle spielt. Da das aufgeführte System autopoietisch operiert, kann auch mit Sicherheit gesagt werden, dass Funktionssysteme nicht die Macht haben, die Einbeziehung von Geschlecht zu unterbinden. Schon alleine Stähelis aufgeführte These zeigt uns, dass Geschlecht über das Medium wieder in Funktionssysteme eingeführt werden kann. Die These, Geschlecht würde in den Funktionssystemen als Exklusionsmechanismus wirken, können wir auf der Basis dessen also verwerfen. Es ist dafür mit Erstaunen zu sehen, wie flexibel und divers die geschlechtliche Unterscheidung an vielen Stellen auftaucht und zum Bestehen von Systemen, seien es nun Bewusstseinssysteme, Kommunikationssysteme oder Organisationssysteme, beiträgt. Weinbach und Stichweh kommen für sich an dieser Stelle zu folgendem Schluss:

»Die Geschlechterdifferenz findet also ihre Verankerung nicht – außer vielleicht in Familiensystemen – in der Struktur der untersuchten Systeme, sondern vielmehr in den im System entstehenden Bedarfen für die Personalisierung ihrer psychischen Umwelten, die dann als Personen mit geschlechtsabhängig variierenden Eigenschaften und Verpflichtungen gedacht werden können. Der Status der Geschlechterdifferenz ist somit kontingent. Sie hängt von Beobachtungsmodalitäten des jeweiligen Systems ab.« (Weinbach/Stichweh 2001: 49)

Neben dem systemtheoretischen Ansatz bearbeiten aber auch andere die Frage, wieso Geschlecht trotz dieser Kontingenz so wichtig ist. Besonders erwähnenswert, weil sie auch der Systemtheorie neue Blickwinkel erlauben würden, sind die Ansätze Merleau-Pontys, der in seiner *Phänomenologie der Wahrnehmung* (1974) dem Leib eine wichtige Rolle als Wahrnehmungsraum zuteilt und mit der These, dass der Geist immer an den Leib gebunden sei, eine Einschränkung des Bewusstseins beschreibt, die wir auf ähnliche Art auch in der Systemtheorie finden. Oder der Judith Butlers in *Gender Trouble* (1990), die formuliert, dass die Bezeichnung der Ursprung der Unterscheidung sei und damit den Gedanken Luhmanns, »Der Anfang ist fatal« (1996), wieder aufgreift. Doch abseits dieser beiden stellt sich die abschließende Frage, was die Systemtheorie und die Gender Studies voneinander lernen können. Für die Systemtheorie können wir festhalten, dass sie als Theorie, welche den Anspruch hat, eine umfassende Theorie des Sozialen zu sein, das Themenfeld der Gender Studies nicht ausblenden kann und eine Verknüpfung der beiden damit der Systemtheorie hilft, ihrem Anspruch gerechter zu werden. Man könnte sogar so weit gehen und die Fragen der Gender Studies als eine Aktualitätsprüfung zu sehen, der sich die Systemtheorie unterziehen muss, um weiterhin ihren Geltungsanspruch als Universaltheorie aufrecht zu erhalten.

Die Gender Studies wiederum können in einer systemtheoretischen Betrachtung eine Antwort auf die Frage finden, warum die Kategorie Geschlecht eine so hartnäckige und wirkmächtige ist. Zusätzlich kann eine prozessuale Betrachtung Stück für Stück ermöglichen, an den Stellen, an denen Geschlecht als ›problematic construction‹ auffällt, diese auszuhebeln. Eben mit jenen beschäftigt sich auch die postkoloniale Genderforschung. Der Vorschlag Mario Grizejs (2012: 345), »Differenz, Gender und Race nach ihrem Stabilitäts- und Strukturwert« zu befragen, zeigt, wie viel beide Ansätze noch voneinander lernen können. Dies kann vor allem dann gelingen, wenn beide Forschungsbereiche wieder auf sich zugehen und einen neuen Versuch wagen. So bietet das hier vorgeschlagene Konzept einen Ansatz, den es sich lohnt zusammen mit den Ergebnissen der postkolonialen Genderforschung weiter zu denken.

LITERATUR

Butler, Judith (1990): Gender trouble and the subversion of identity, New York: Routledge.

Grizelj, Mario (2012): »Gender Studies«, in: Luhmann Handbuch. Leben – Werk – Wirkung, Stuttgart: Metzler Verlag, S. 340–346.

Haraway, Donna (1991): Simions, Cyborgs and Women. The Reinvention of Nature, New York: Routledge.

Luhmann, Niklas (1974): Soziologische Aufklärung. Aufsätze zur Theorie sozialer Systeme, Opladen: Westdeutscher Verlag.

Luhmann, Niklas [1988] (1996): »Frauen, Männer und George Spencer Brown«, in: Protest Systemtheorie und soziale Bewegungen, Frankfurt a. M.: Suhrkamp, S. 107–155.

Luhmann, Niklas (1998): Die Gesellschaft der Gesellschaft, Frankfurt a.M: Suhrkamp.

Merleau-Ponty, Maurice (1974): Phänomenologie der Wahrnehmung, Berlin: de Gruyter.

Nassehi, Armin (2003): »Geschlecht im System. Die Ontologisierung des Körpers und die Asymmetrie der Geschlechter«, in: Ursula Pasero/Christine Weinbach (Hg.), Frauen, Männer, Gender Trouble, Frankfurt a. M.: Suhrkamp, S. 80–104.

Pasero, Ursula (1994): »Geschlechterforschung revisited. Konstruktivistische und systemtheoretische Perspektiven«, in: Theresa Wobbe/Gesa Lindemann (Hg.), Denkachsen. Zur theoretischen und institutionellen Rede vom Geschlecht, Frankfurt a. M.: Suhrkamp, S. 264–296.

Pasero, Ursula (1995): »Dethematisierung von Geschlecht«, in: Ursula Pasero/Friederike Braun (Hg.), Konstruktion von Geschlecht. Pfaffenweiler: Centaurus, S. 50–66.

Pasero, Ursula (1997): »Kommunikation von Geschlecht – stereotype Wirkungen: Zur sozialen Semantik von Geschlecht und Geld«, in: Friederike Braun/Ursula Pasero (Hg.), Kommunikation von Geschlecht. Pfaffenweiler: Centaurus, S. 242–260.

Pasero, Ursula (1999): »Wahrnehmung. ein Forschungsprogramm für Gender Studies«, in: Ursula Pasero/Friederike Braun (Hg.), Wahrnehmung und Herstellung von Geschlecht. Perceiving and Performing Gender, Wiesbaden: Westdeutscher Verlag, S. 13–20.

Pasero, Ursula (2003): »Gender, Individualität, Diversity«, in: Ursula Pasero/Christine Weinbach (Hg.), Frauen, Männer, Gender Trouble. Systemtheoretische Essays, Frankfurt a. M.: Suhrkamp, S. 105–124.

Pasero, Ursula (2004a): »Frauen und Männer im Fadenkreuz von Habitus und funktionaler Differenzierung«, in: Armin Nassehi/Gerd Nollmann (Hg.), Bourdieu und Luhmann. Ein Theorievergleich, Frankfurt a. M.: Suhrkamp, S. 191–207.

Pasero, Ursula (2004b): »Gender Trouble in Organisationen und die Erreichbarkeit von Führung«, in: Ursula Pasero/Birger Priddat

(Hg.), Organisationen und Netzwerke. Der Fall Gender, Wiesbaden: VS Verlag für Sozialwissenschaften, S. 143–197.

Pasero, Ursula (2004c): »Systemtheorie. Perspektiven in der Genderforschung«, in: Handbuch Frauen- und Geschlechterforschung, Wiesbaden: VS Verlag für Sozialwissenschaften, S. 217–221.

Pasero, Ursula (2007): »Individualität und die Semantik von Diversität«, in: Alihan Kabalak/Birger Priddat (Hg.), Wieviel Subjekt braucht die Theorie? Ökonomie/Soziologie/Philosophie, Wiesbaden: VS Verlag für Sozialwissenschaften, S. 131–146.

Stäheli, Urs (2003): »134-Who is at the key – Zur Utopie der Gender-Indifferenz«, in: Ursula Pasero/Christine Weinbach (Hg.), Frauen, Männer, Gender Trouble, Frankfurt a. M.: Suhrkamp, S. 186–216.

Tyrell, Hartmann (1986): »Geschlechtliche Differenzierung und Geschlechterklassifikation«, in: Kölner Zeitschrift für Soziologie und Sozialpsychologie 38, S. 450–489.

Weinbach, Christine/Stichweh, Rudolf (2001): »Die Geschlechterdifferenz in der funktional differenzierten Gesellschaft«, in: Bettina Heintz (Hg.), Geschlechtersoziologie. KZfSS Sonderheft 41/2001, S. 30–52.

Weinbach, Christine (2002): »Systemtheorie und Gender. Überlegungen zum Zusammenhang von politischer Inklusion und Geschlechterdifferenz«, in: Soziale Systeme 8, Heft 2, S. 307–332.

Weinbach, Christine (2003): »Die systemtheoretische Alternative zum Sex und Gender-Konzept: Gender als geschlechterstereotypisierte Form ›Person‹«, in: Ursula Pasero/Christine Weinbach (Hg.), Frauen, Männer, Gender Trouble, Frankfurt a. M.: Suhrkamp.

Weinbach, Christine (2004): Systemtheorie und Gender. Das Geschlecht im Netz der Systeme, Wiesbaden: VS-Verlag für Sozialwissenschaften.

Weinbach, Christine (2007): »Überlegungen zu Relevanz und Bedeutung der Geschlechterdifferenz in funktional gerahmten Interaktionen«, in: Christine Weinbach (Hg.), Geschlechtliche Ungleichheit in systemtheoretischer Perspektive, Wiesbaden: VS Verlag für Sozialwissenschaften, S. 141–164.

Systemtheorie und Kritik

Ein Interview mit Armin Nassehi

Jasmin Siri: Was ist Deine soziologische Perspektive auf den Begriff ›Kritik‹?[1]

Armin Nassehi: Wenn von einem Begriff die Rede ist, dann stellt sich die Frage, was er bezeichnen soll, und die Frage ist, mit welcher Unterscheidung er arbeitet. Meistens ist der explizite oder implizite Gegenbegriff so was wie Affirmation oder Nicht-Kritik oder Anpassung – wie auch immer. Insofern ist Kritik immer etwas, das sich unterscheidet von nicht-kritischen Perspektiven, die dann offenbar affirmativ sind. Das wäre ein erster Zugang. Der zweite ist, dass Kritik einen Gegenstand braucht. Das heißt, Kritik ist etwas das sich an etwas wendet, das anders sein soll, als es ist. Das heißt, Kritik hat immer auch einen sachlichen Aspekt, man muss sagen, was der Fall ist, bevor man sagen kann, ob es kritisiert werden muss, oder nicht. Und drittens ist Kritik natürlich auch Erkenntniskritik. Jegliche Art von Wissenschaft muss mit so etwas wie Selbstkritik umgehen, weil sie kritisch reflektiert (oder: kritisch befragt wird), mit welchen Perspektiven, mit welchen Methoden, mit welchen Theorien, mit welchen Fragestellungen sie arbeitet. Das ist sehr allgemein und abstrakt formuliert, aber ich glaube, die erste Frage war auch so allgemein gemeint.

---

1 | Im Folgenden werden die Fragen der Interviewerin kursiv gesetzt, Armin Nassehis Antworten sind dementsprechend nicht kursiviert. Zur besseren Nachvollziehbarkeit finden sich im Text und im Anschluss an das Interview Hinweise auf Literatur, die für das Interview eine Rolle spielten.

Ja, war sie. War denn Niklas Luhmann denn ein kritischer Soziologe?

Also im Hinblick auf die Unterscheidung, kritisch oder affirmativ zu sein, war er das natürlich nicht, wobei er diese Unterscheidung ohnehin unterlaufen hat. Insofern ist Luhmann kein kritischer Soziologe in dem klassischen Sinne der Soziologie, Kritik der Gesellschaft machen zu wollen. Gleichwohl ist er ein sehr kritischer Soziologe im Hinblick darauf, so etwas wie methodische und theoretische Selbstkritik zu machen. Das heißt, es ist eine klassische Idee, nach den Bedingungen der Möglichkeit des eigenen Denkens zu fragen, insofern ist er ein außerordentlich kritischer Soziologe. Und im Hinblick darauf, dass Kritik einen Gegenstand braucht, würde ich sagen, ist er natürlich insofern kritisch, als er zunächst mal versucht, zu beschreiben, was der Fall ist. Der Gegenstand von Luhmanns Kritik ist vor allem die Soziologie selbst. Er kritisiert die Soziologie im Hinblick darauf, dass sie offenbar nicht angemessen beschreibt, was der Fall ist, und womöglich zu leichtfertig mit der Antwort umgeht, was der Fall sein soll. Also, wenn das alles auch Anwendung von Kritik ist, dann ist Luhmann ein außerordentlich kritischer Soziologe.

Ist das eine altmodische, aufklärerische Figur?

Die Frage ist, was man tatsächlich unter Kritik versteht. Nach meinem Dafürhalten überschätzt Kritik manchmal das Kritisierte. Wer etwas kritisiert, hat ja auch die Idee, dass das Kritisierte auch anders könnte, als es ist. Wenn man zum Beispiel die Verhältnisse kritisiert, dann setzt man immer auch eine Position voraus, die handelnd an diesen Verhältnissen etwas ändern könnte. Oder wenn man kritisiert, dass Leute, die mit mehr Handlungsmacht ausgestattet sind, die Dinge falsch machen, dann setzt das auch voraus, dass man es auch richtig machen könnte. Kritik als argumentative Figur setzt also voraus, dass derjenige, der kritisiert wird, auch die Potentiale haben müsste, sich anders zu verhalten. Aber spannenderweise klärt gute Soziologie oftmals genau darüber auf, dass Leute etwas tun und letztlich durch die Verhältnisse zu dem gebracht werden, was sie da tun. Die Geschäftsgrundlage der Soziologie besteht auch darin, zu beschreiben, dass die klassische vernunftaufklärerische Perspektive der inneren Unendlichkeit subjektiver Motive zu viel zutraut. Die Geschäftsgrundlage der Soziologie lautet, dass Verhalten, Handeln, Kommunikationsprozesse vor allem davon abhängen, was in bestimmten sozialen Kontexten möglich und wahrscheinlich ist und was nicht. Insofern ist eigentlich Kritik dann altmodisch, wenn sie davon ausgeht, dass der Kritisierte anders könnte. Insofern müsste kritische Soziologie über die Grenzen der strategischen Möglichkeit klassischer Kritik aufklären. Bisweilen ist solche Kritik allzu subaltern gebaut, weil sie den entscheidenden Eliten tatsächlich zutraut, wenn sie nur wollten, könnten sie das Richtige tun und das Falsche unterlassen. Das zeugt von einem allzu starken Vertrauen in die Planbarkeit und Steuerbarkeit der Gesellschaft. Insofern weiß ich nicht, ob ich die meisten derjenigen, die sich als allzu kritisch beschreiben, wirklich in Entscheidungspositionen sehen möchte. Interessanter für mich wäre die Frage nach den Möglichkeitsbedingungen und einem realistischen Gehalt von Kritik.

Wir sind damit schon beim nächsten wichtigen Punkt. Was bedeutet Kritik aus soziologischer, und darin aufgehoben, aus systemtheoretischer Perspektive? Im soziologischen Diskurs der Moderne hast Du einleitend formuliert, dass die Soziologie auf selbst erzeugte Probleme reagiert, die aber jeweils nicht so aussehen wie ein selbst erzeugtes Problem, sondern wie eines der Welt, der Zeit, des historischen Schicksals und vor allem wie eines der Gesellschaft (vgl. Nassehi 2006: 27). Was bedeutet das für die Grenzen und Möglichkeiten kritischer Soziologie?

Aus einer systemtheoretischen Perspektive würde ich zwei Positionen einnehmen. Die eine ist Kritik als Gegenstand der Soziologie, also: Wer kritisiert eigentlich mit welchen Folgen wen? Die Gesellschaft ist ja voll mit Kritik, man kann geradezu von einem Kritiküberschuss sprechen, weil letztlich kaum etwas unbeobachtbar bleibt und die kommunikative Figur der Kritik sehr anschlussfähig ist, schon wegen ihres appellativen Charakters. Die andere Perspektive wäre die Frage, ob Kritik mit systemtheoretischen Mitteln denkbar ist, etwa in dem Sinne, mithilfe differenzierungstheoretischer Motive zu beschreiben, wie Wechselwirkungsprozesse zu Fehlsteuerungen führen oder wie Eigendynamiken von Funktionssystemen – etwa der Ökonomie, der Politik oder der Medien – Optionssteigerungen verursachen, die in anderen Funktionssystemen als Störung erscheinen. Oder aber auch: wie allzu appellative Kritik sich allzu mächtige Adressaten imaginiert und deshalb die Eigendynamik von Problemlagen unterschätzt.

Meine Position dazu wäre, dass die systemtheoretische Soziologie im Vergleich zu vielen anderen Soziologien einige Vorteile im Gegenstandsbezug hat. Das heißt, angemessener zu beschreiben, was der Fall ist. Wenn ich angemessener beschreibe, was der Fall ist, dann kann ich womöglich die Änderungsmöglichkeiten dessen, was eine Gesellschaft anbietet, viel genauer in den Blick nehmen, kann also die beiden Perspektiven miteinander verbinden, nämlich die Fragen zu stellen, »Was *kann* Kritik eigentlich? Und was *kann* sie dann *wollen*?« Es wäre damit zugleich eine selbstreflexive Form der Kritik – letztlich fallen dann Gegenstandsbezug und Selbstkritik in eins.

Dazu noch eine Nachfrage. Kennt die Systemtheorie Luhmanns keine falschen Verhältnisse? Also was ist mit den Kontexten, in denen funktionale Differenzierung nicht durchgesetzt werden kann, keine Rechtssicherheit besteht? Ich habe den Eindruck, dass unterschwellig durchaus eine normative Idee von richtiger Regierung, von richtiger Verwaltung usw. mitschwingt.

Ja, das ist in der Tat so. Man kann bei Luhmann ganz deutlich mitlesen, dass es auch eine normative Idee gibt, die unterschiedlichen Funktionen tatsächlich wechselseitig möglichst wenig korrumpierbar zu machen. Das ist im Übrigen eine sehr bundesrepublikanische Perspektive, die von einem Institutionenarrangement ausgeht, an das wir uns als Bundesrepublikaner nach dem Zweiten Weltkrieg gewöhnt haben, das heißt eine Art Ausgleich zwischen ökonomischen, politischen, wissenschaftlichen, religiösen Perspektiven hinzukriegen. Und besonders scharf reagiert Luhmann eigentlich dann, wenn man diese Systemgrenzen überschreitet, wenn zum Beispiel Recht aus politischen Gründen gesprochen wird, also wenn man sich nicht darauf verlassen kann, dass die Codierungen von selbst funktionieren – ganz abgesehen davon, dass auch diese ›Vermischung‹ letztlich nichts an der operativen Trennung ändert, sonst wäre etwa Korruption gar nicht nötig. Sie hängt ja davon ab, dass das Geldmedium sein Potential erhält oder dass der Handel mit politischen Posten entsprechende Machtpositionen bereitstellt. Besonders normativ wird Luhmann dann, wenn das Institutionenarrangement die Trennung der operativen Ebenen korrumpiert. Aber letztlich enthält die Differenzierungstheorie kein normatives Element, sondern eher eine deskriptives, unter anderem dies, dass auch der Versuch, die Systemgrenzen zu sprengen, schon dadurch unterlaufen wird, dass nur in Systemen operiert werden kann. Dass die Differenzierungstheorie der Stachel im Fleisch aller linker Träume ist, die Ökonomie politisch stärker zu regulieren, ist dann freilich keine normative oder politische Position – es sei denn, man kann es nur so sehen. Diese Position gibt es, und sie führt dann zu völlig unrealistischen Konzepten von Gesellschaft.

Wie würdest Du denn das Verhältnis von kritischer Theorie Frankfurter Provenienz und Systemtheorie einschätzen?

Also, was immer man für kritische Theorie hält. Die klassische kritische Theorie und die Systemtheorie haben natürlich viele Parallelen, weil sie ausgearbeitete Gesellschaftsbegriffe haben. Weil es Theorien sind, die sich Gedanken darüber machen, dass Einzelphänomene in der Gesellschaft nicht ohne Rekurs auf Gesellschaft möglich sind. Das ist eine starke Verwandtschaft. Aber wie es unter Verwandten so ist, gibt es gerade dort starke Animositäten. Klassische kritische Theorie war auch skeptischer im Hinblick auf die Frage, wie man auf die Gesellschaft einwirken kann. Horkheimer und Adorno waren wahrlich keine Aktivisten, sondern auch Leute, die beschrieben haben, wie sich Gesellschaft der Einwirkung entzieht und eine Dynamik entwickelt, die man nicht so leicht steuern kann. Das waren Leute, die sich dem Instrumentellen – bei Horkheimer ist das schon ein Buchtitel – geradezu entzogen haben. Was dann danach kam, war schon eine gewisse aktivistische/politische Wende, versehen mit einer gewissen Hybris und einer starken Überschätzung des politischen Systems. Hier würde ich eine geradezu unüberbrückbare Differenz zwischen der Systemtheorie und manchen Formen aktueller kritischer Theorien sehen: da ist die ganze Gesellschaft aufgeklärt, nur nicht ihre Politik, nämlich im Hinblick darauf, was richtige Politik wäre. Aber um dieses Verhältnis angemessen zu beschreiben, kann ich ja immer nur die Lektüre von Luhmanns Abschiedsvorlesung »Was ist der Fall? Und was steckt dahinter?« empfehlen, wo er argumentiert, dass gerade Marx zeigen konnte, warum Akteure in den sozialen Strukturen und Erwartungen gefangen waren, eben weil die Akteure in der Gesellschaft sind. Das ist das gemeinsame Erbe, wenn man so will, das freilich Renditen in sehr unterschiedlichen Portfolios erzielt hat (vgl. Luhmann 1993, vgl. auch Nassehi 2015b).

Was sind denn dann die Grenzen der soziologischen Perspektive im Hinblick auf Kritik an Gesellschaft? Sei es nun Kritik an den Nebenfolgen funktionaler Differenzierung oder seien es auch die Grenzen dessen, was man als Soziologe der Gesellschaft beibringen kann?

Zunächst: Formal besteht die Grenze schon darin, dass die Soziologie auch zur Gesellschaft gehört. Dieser Hinweis ist keineswegs ein Taschenspielertrick, sondern verweist darauf, dass die Soziologie selbst Teil dieses Kritisierten ist und damit davon profitiert, was sie kritisiert. In der Mentalität von Soziologen kommt etwa neben der unrealistischen Politisierung des Gegenstandsbezuges auch die Idee prominent vor, dass Gesellschaft besser wäre, wenn mehr sozialer Zusammenhalt und Solidarität und vor allem mehr Koordination möglich wäre. Umgekehrt freilich profitiert die Soziologie als

Wissenschaft gerade von der Nicht-Koordination. Denn die meisten ihrer Fragen kann die Soziologie nur stellen, weil sie damit keine anderen Probleme lösen muss als soziologische Probleme. Das erhöht die Freiheitsgrade – und umgekehrt erhöht hoher Koordinationsbedarf die Wahrscheinlichkeit autoritärer Kontrollverhältnisse.

Die Grenze soziologischer Kritik besteht darin, dass es eine *soziologische* Kritik ist. Entscheidend ist dann dies: Wenn man tatsächlich kritisieren will, das heißt, wenn man wirklich etwas erreichen und verändern will, wird man immer darauf achten müssen, dass das nicht soziologisch gemacht werden kann, sondern in der Ökonomie ökonomisch, in der Politik politisch usw. Das heißt: Die Grenze der Soziologie ist ihre Übersetzbarkeit in andere Logiken. Das war jetzt schon eine soziologische Diagnose dieser ganzen Geschichte. Die Grenzen der Soziologie bestehen darin, dass die Soziologie ihren Gegenstand selber vollzieht, aber darin bestehen auch ihre Möglichkeiten, weil sie als Soziologie am Besten dazu in der Lage sein müsste, eine Idee davon zu bekommen, was denn eigentlich passiert, wenn man ein soziologisch formuliertes Ziel in die Logik anderer Funktionssysteme oder in die Logik von Handelnden oder Organisationen übersetzt. Das ist für mich jenes argumentative Scharnier, an dem die Bedingung der Möglichkeit von soziologischer Kritik auftaucht.

Es gibt ja in der Soziologie zwei, nein eigentlich sind es sogar drei Positionen im Umgang mit Öffentlichkeit, idealtypisch formuliert. Die erste Position ist die, sich dazu nicht zu verhalten und sich nicht um Verständigung mit ›der Gesellschaft‹ zu kümmern, sich sozusagen gar nicht mit der Frage auseinanderzusetzen, ob und wie man Öffentlichkeit sucht oder nicht. Diese Position wird sicher auch von einigen SystemtheoretikerInnen eingenommen. Dann gibt es die Position, sich einzumischen, da gibt es dann wieder ganz unterschiedliche Ideen, wie sich die Einmischung vollziehen sollte. In der Deutschen Gesellschaft für Soziologie gibt es ja zum Beispiel die Initiativen für Public Sociology, es gibt auch immer wieder die Forderung, dass Soziologinnen und Soziologen sich mehr einmischen sollen, sei es in der Beratung oder in den Massenme-

dien. Und dann gibt es noch eine dritte Position, die das ablehnt. Die sagt, Wissenschaft ist Wissenschaft und hat keine öffentliche Funktion. Du selbst hast in den letzten Jahren viel zu politischen Themen wie Migration, der Flüchtlingskrise und über ›deutsche‹ Identität und die deutschen Rechte geschrieben, nicht nur wissenschaftlich, sondern auch publizistisch und auch im Fernsehen über diese Themen geredet. Warum hast Du das gemacht und welche Wirkung hast Du dir davon erhofft?

Darf ich da auch eine biographische Antwort drauf geben?

Ja, logo.

Ich muss gestehen, dass für mich, als ich 1998 nach München kam, Ulrich Beck eine Art *role model* war. Also auf der einen Seite ein Soziologe zu sein, der Soziologie macht, auf der anderen Seite ein Soziologe zu sein, der öffentlich sichtbar wird und in die Gesellschaft hineinwirken will. In die Gesellschaft heißt in seinem Fall: in Öffentlichkeiten. Und ich fand das ehrlich gesagt immer sehr faszinierend, weil ich durchaus glaube, dass die Soziologie als eine empirische Wissenschaft ihrem Gegenstand durchaus etwas zu sagen hat. Davon bin ich eigentlich immer schon ausgegangen, und ich fand das bei Ulrich Beck auf eine bestimmte Art und Weise sowohl sehr gut gelungen als auch misslungen. Gelungen war es, weil es ein Gespür für Themen gab und gelungen war es auch, weil es ein gewisses Milieu von Öffentlichkeit gab – man könnte sagen, Ulrich Beck war der Protagonist und vielleicht sogar Wegbereiter einer rot-grünen Öffentlichkeit und des entsprechenden Milieus, das komplexe gesellschaftliche Fragestellungen in der Form von lebensweltlich wirksamen Narrativen mit stark normativ-appellativem Charakter geschätzt hat. Er hat da die entscheidenden Stichworte geliefert. Ich finde, er ist der Reflexionstheoretiker dieses Milieus und darin für die Soziologie wohl auch international eine einzigartige Figur.

Misslungen ist es dort, wo die Grenze zwischen wissenschaftlicher Perspektive und einer politischen Einwirkung nicht mehr mitreflektiert worden ist. Da ist dann das soziologische Sprechen selbst zu einem politischen Sprechen geworden. Und für jemanden wie mich, der mit einer differenzierungstheoretischen Argumentationsfigur kommt und sich systemtheoretisch darüber Gedanken macht, dass Kommunikation immer zwei Seiten hat, also dass auch der Empfänger nach seinen eigenen Logiken das hört, was er da hören kann, ist das eine besondere Herausforderung gewesen. Ich muss auch gestehen, dass das eine eine Art Ansporn war, darüber nachzudenken, wie man das soziologischer machen kann. Ich will mich nun nicht mit Ulrich Beck messen – und er war ja nicht nur sehr erfolgreich damit, sondern hat auch Debatten angestoßen und einem bestimmten politischen Milieu wirksame Stichworte geliefert. Mir würde es eher darum gehen, dass auch der öffentlichkeitswirksame Satz ein soziologischer Satz sein kann, der davon zehrt, dass er wissenschaftliche Probleme löst, aber sich auch in bestimmte Zusammenhänge übersetzen lässt. Bei Ulrich Beck wurde diese Übersetzung dadurch geleistet, dass die Rede selbst politisch geworden ist.

Ich mische mich auch in politische und öffentliche Debatten ein, auch durchaus mit normativem Impetus, gar keine Frage, aber was mich eher umtreibt, ist eine verfremdende soziologische Perspektive, die nicht unbedingt ein Milieu bedient oder sich in der Selbststilisierung als ›Kritik‹ gefällt, sondern Beschreibungen mit Alternativen, mit funktionalen Äquivalenten, mit kontraintuitiven Chiffren zu versorgen. Wir müssen Erwartungen enttäuschen, auch die Erwartungen, deren Enttäuschung von Akademikern üblicherweise erwartet wird. Und das ist etwas, was ja durchaus gelingen kann und auch wahrgenommen wird als Soziologie, selbst wenn die Texte natürlich keine wissenschaftlichen Texte innerhalb des soziologischen Publikationsgeschehens sind. Wichtig ist dabei aber auch, dass das eine ohne das andere nicht zu haben ist. Wenn man nicht innerhalb der Soziologie die klassischen wissenschaftlichen Formvorschriften erfüllt, kann man die Differenz der Form ja an sich gar nicht wahrnehmen, wenn man denn tatsächlich beides macht.

Du hast auf die Frage biographisch geantwortet und soziologisch geendet. Gerade wenn man sich in hochpolitisierte Debatten einmischt, wie Du das ja auch aktuell wieder tust, hat man dann auch eine politische Position? Also systemtheoretisch gesprochen würden wir ja sagen, dass man dem dann eben auch als Differenzierungstheoretiker nicht entkommt, wenn man in Kontexte reingeht, in denen man eben dann vor allem politisch adressiert wird.

Ja, diese Debattenbeiträge sollen ja auch politisch gelesen werden. Also wenn ich jetzt verlange, dass jemand, der politisch interessiert ist, an meinen Sachen schätzen soll, wie hübsch sie auf verschiedene Soziologien verweisen, die nur zwischen den Zeilen stehen und die nur die Kenner kennen, wäre ich naiv, sehr selbstverliebt und sehr naiv. Natürlich soll daran politisch angeschlossen werden können. Bei den Themen, die Du eben auch angesprochen hast, kommen manche Leute vielleicht darauf, dass es mein nicht ganz westfälischer Nachname ist, der mich besonders prädisponiert, um über diese Themen zu sprechen. Das glaube ich gar nicht. Sondern es ist ganz interessant, dass gerade an diesen Themen sich die Geister darüber scheiden, wie wir Gesellschaft wahrnehmen, welche Narrative des Gesellschaftlichen wirksam sind. Gesellschaft wird nach wie vor als etwas angesehen, dass am besten funktioniert, wenn es so etwas wie Verständigung der unterschiedlichen Teile oder einen Ausgleich der unterschiedlichen Teile oder eine Homöostase oder – noch schlimmer womöglich – etwas Gemeinschaftliches gibt. Das ist zurzeit eine Diskussion, die stark geführt wird. Als Differenzierungstheoretiker würde ich Gesellschaft inzwischen als die »Gleichzeitigkeit von Unterschiedlichem« definieren. Und gerade an dieser Frage, wie man auf diese Gemeinsamkeiten-Geschichte kommt, sieht man sehr deutlich, dass eine Aufklärung über Narrative des Gesellschaftlichen erhebliche Folgen dafür haben könnte, welche politischen Forderungen realistisch sind. Das ist soziologische Aufklärung in dem Sinne, auf Faktizitäten hinzuweisen. Es ist ja kein Zufall, dass an diesen Themen wie zum Beispiel der Flüchtlingsgeschichte, überhaupt Migrationspolitik, Einwanderungsfragen und so weiter, die Grundlagen dessen, was wir für eine Gesellschaft halten oder was wir als eine Gesellschaft beschreiben, virulent wird, weil die Kriterien der Zugehörigkeit/Nicht-Zugehörigkeit oder des Gemeinsamen fast nur in der Sozialdimension diskutiert werden – auch von ›Kritikern‹. Das ist das Argument, was mich sehr stark öffentlich ausmacht. Und dabei geht es primär gar nicht ums Politische, sondern um die Frage des soziologischen *state of the art.*

Außerhalb der Soziologie bin ich freilich auch zu ganz anderen Themen unterwegs. Ich mache sehr viel Organisations- und Unternehmensberatung, und mich interessiert zum Beispiel die Frage, wie Multiprofessionalität funktioniert. Mich interessiert religionssoziologisch, was es heißt, Mitglied einer Kirche zu sein usw. Also alles Fragen, die soziologisch formuliert werden, aber dazu helfen sollen, die Reflexionsmöglichkeiten der Akteure, vor denen man spricht oder die man berät, zu erhöhen.

Im soziologischen Diskurs der Moderne (Nassehi 2006: 68 ff.) machst Du das ja sehr schön durch eine Abgrenzung von Durkheim und dem Integrationsbegriff. Ist das so ein bisschen die Ursache dafür, dass Du Dich zuletzt mit einem rechtsextremen Aktivisten und Verleger sehr stark auseinandergesetzt hast? Du hast da einen Briefwechsel geführt, der im letzten Jahr im Anhang ihres Buches »Die letzte Stunde der Wahrheit« auch publiziert wurde (vgl. Nassehi 2015a). Ist der Systemtheoretiker also der Antipode zu diesem identitären Denken? Oder warst Du einfach nur ethnographisch neugierig oder warst Du total politisch und wolltest ihn bekehren? Also ich denk mir schon, dass es vermutlich nicht das Dritte ist, aber das sind die Motive, die mir auf den ersten Blick einfallen würden.

Ach doch ja, alle drei eigentlich. Ich meine, man kann sich dann hinterher immer schöne Geschichten darüber erzählen, warum man was gemacht hat. Wir sind als Bildungsbürger daran gewöhnt, konsistente Geschichten über uns zu erzählen. Die Praxis selbst war gar nicht so konsistent. Das ist zufällig entstanden. Ich habe mich schon länger für diese Szene interessiert, wir haben ja auch oft drüber gesprochen. Und ich hatte dann eben Bücher bestellt in diesem Verlag und so kam der Kontakt zustande. Und ich muss gestehen: Zunächst war das für mich vor allem die Lust daran, herauszufinden, wie solch rechtes Denken funktioniert. Und normativ würde ich sagen: Wenn Leute argumentieren, und das tun auch Rechtsintellektuelle, auch wenn sie falsch argumentieren, argumentieren sie, und dann muss man auch argumentativ dagegen vorgehen. Es wäre ja schrecklich, wenn diese am Ende sehr einfachen Sätze, die diese Leute sagen, nicht argumentativ widerlegt werden würden. Ich bin nicht so naiv, zu denken, dass sich dadurch irgendetwas ändert oder dass man jemanden ›bekehren‹ kann. Aber ich glaube schon, dass ich in dem Briefwechsel soziologisch demonstrieren konnte, warum es nicht nur politisch oder normativ keinen Grund gibt, rechts sein zu müssen, sondern auch soziologisch. Übrigens selbst dann nicht, wenn man das will, was Rechte wollen. Das ist für mich die akademisch interessante Figur: Was bleibt am Ende übrig, wenn man nachfragt. Mit einigem Abstand betrachtet kann man mir vorwerfen, ich hätte vielleicht nicht hart genug nachgefragt, sei ihm zu sehr entgegengekommen. Aber ich wollte natürlich auch etwas rausfinden und halte es daher im Sinne einer hermeneutischen Technik durchaus für legitim – aber es war eben auch die Form des respektvollen akademischen Gesprächs. Eine gewisse Form akademischen Takts sollte man nicht unterschätzen. Und ich finde auch, es kommt etwas dabei heraus. Es kommt nämlich heraus, dass am Ende nichts dabei heraus kommt. Und das ist eine ganze Menge. Angesichts dessen, dass rechtes Denken in unserer Gesellschaft ja offensichtlich stark anschlussfähig ist, muss man darauf offenbar andere Antworten geben, als wir das im öffentlichen Raum hören.

Um nochmal auf die soziologischen Fragen zurückzukommen: Ich würde schon sagen, dass eine der Kompetenzen einer Soziologie, wie ich sie betreibe, darin besteht, solche Formen von Perspektivendifferenzen auch mal vorzuführen. Also vorzuführen, was mit den Argumenten geschieht, wenn man sie aus einer anderen Perspektive anguckt. Und dann auch vorzuführen, was von solchen Argumenten übrigbleibt.

Meine Vermutung ist ja, das mag aber auch meiner aktuellen Empirie geschuldet sein, dass die Veränderungen im öffentlichen Diskurs viel mehr mit Medien zu tun haben als zum Beispiel mit Ideologien, bspw. mit dem Hinzukommen des Netzwerkmediums Internet. Du hast im soziologischen Diskurs der Moderne diese Erweiterung oder Präzisierung der Luhmann'schen Politikformel gemacht und dabei die Herstellung eines Publikums als Hauptherausforderung moderner Politik beschrieben. Immer wieder kommt dabei die Idee, dass trotzdem so etwas entstünde wie ein in der Heterogenität homogenes Publikum. (Nassehi 2006: 335ff.)

Was aber passiert, wenn wir in einer Gesellschaft voller Echokammern leben und wenn dadurch die Idee von Öffentlichkeit noch weiter prekarisiert wird. Das hat Habermas schon diskutiert, ist mir klar, aber wenn wir immer stärker mitsehen können, dass wir voneinander separierte Öffentlichkeiten haben, was bedeutet das für soziologische Kritik aber auch für Gesellschaftskritik? Mein Lieblingsbeispiel gerade sind die Reichsbürger, diese Leute die sagen, wir leben in der Deutschland GmbH und ihre eigenen Nummernschilder drucken. Und die sind deshalb so ein schönes Beispiel, weil die zum Beispiel in Polizeikontrollen geraten und der Polizei sagen, ich erkenne Dich nicht als Polizist an, quasi die Umkehrung der Althusser'schen Formel der Anrufung. Und dafür müssen Beamte Schulungen machen. Und das finde ich eine sehr interessante Frage: Wie verändert sich Öffentlichkeit, wie verändert sich Politik und wie verändern sich auch die Möglichkeiten von Gesellschaftskritik, wenn wir diese neuen Entgrenzungen haben. Oder ist das womöglich gar nichts Neues und es wird womöglich nur sichtbarer, dass wir eine Konkurrenz von Wahrheiten haben.

Also vielleicht zu Beginn zu meiner Erweiterung der Beschreibung der Funktion des Politischen durch die Herstellung von Kollektivitäten. Das bezieht sich ja auf eine ganz alte Unterscheidung, die schon bei den alten Griechen vorkommt, nämlich jene von Ethnos und Demos. Ethnos ist die Abstammungsgemeinschaft, die gewissermaßen immer schon, biologisch reproduziert dagewesen sein soll, und Demos ist die politische Nation. Diese muss hergestellt werden. Der eigentliche politische Akt ist, nicht ein Ethnos zu bleiben, sondern ein Demos zu werden. Und diese politische Leistung war nur möglich aufgrund von Medienveränderungen: Buchdruck, Zeitung, Massenmedien. Diese haben erst dazu geführt, dass über Texte und Bilder so etwas wie eine Identität hergestellt werden kann. Dirk Baecker hat das mal sehr schön ausgedrückt in der Idee, dass sich dort ein Kritiküberschuss etabliert hat, der in der Lage ist, sagbare und unsagbare Sätze in dieser Öffentlichkeit zu definieren. (vgl. Baecker 2007) Und bei den neuen Medien, sagt Baecker, haben wir einen Kontrollüberschuss, der darin besteht, dass man kontrollieren müsste, aber nicht kontrollieren kann. Und das scheint mir doch das Entscheidende. Was sich also verändert hat, ist die schnelle Sichtbarkeit von schneller Erregungsfähigkeit. Und das ändert natürlich die Idee des Demos. Der Demos ist sozusagen nicht mehr so träge, wie er mal war. Und um das zu lösen, kommen die Leute auf Ethnos zurück. Sie wollen sozusagen mit dieser merkwürdigen, komplizierten Welt klarkommen und ein Ethnos haben, das durch biologische Zugehörigkeit immer schon dagewesen sei, und man will durch diesen Rekurs auf das Eigene diese unglaublich vervielfältigte Welt, die man eigentlich nicht kontrollieren kann, in den Griff bekommen. Auch das ist übrigens eine politische Strategie, um Kollektivität herzustellen. Und wie die Reichsbürger sagen: Es gibt gar kein Deutschland, das kann man nur in einer sehr stabilen staatlichen Struktur machen. In Syrien würde das daran scheitern, dass der Polizist, dem ich die Anerkennung verweigere, mich vermutlich erschießen würde. Das ist ja eine relativ alte Diskussion. Um Anarchist sein zu können, braucht es einen starken Staat, der den Anarchisten vor dem anderen Anarchisten schützt.

Sollten denn Soziologinnen und Soziologen sich mehr in öffentliche Debatten einmischen?

Ich bin der Meinung, dass wir in der Soziologie unsere Möglichkeiten zur Teilhabe an öffentlichen Debatten stark unterschreiten. Ich würde Vielen in der Disziplin auch vorwerfen, in selbst erzeugten Blasen zu leben, die womöglich dann nur noch in Spezialdiskursen verstehbar sind. Das finde ich schade. Gerade in diesen jungsaffinen Theorien, sei es der Poststrukturalismus oder auch die Systemtheorie, da gibt es Diskurse, da muss man froh sein, dass die Leute von der Straße sind. Das gilt für mich auch für Teile des Milieus der Gender-Studies, dem es freilich gelingt, Chiffren für eine neue Politisierbarkeit der eigenen privaten Verhältnisse zu liefern – etwas, womit die Soziologie gerne erfolgreich, aber nicht unbedingt reflexionsstark war. Es geht also darum, die Theorie auch in eine Form zu bringen, die vielleicht auch ein bisschen jenseits dieser ganz engen akademischen Kultur bespielbar ist, diese Übersetzungsleistung vorzunehmen und damit aus dem eigenen Milieu auszubrechen. Vielleicht ist das ja die höchste Form der (Selbst-)Kritik: Nicht nur im eigenen Milieu anschlussfähig zu sein.

LITERATUR

Baecker, Dirk (2007): Studien zur nächsten Gesellschaft, Frankfurt a. M.: Suhrkamp.

Luhmann, Niklas (1991): »›Was ist der Fall?‹ und ›Was steckt dahinter?‹ Die zwei Soziologien und die Gesellschaftstheorie«, in: Zeitschrift für Soziologie 22, S. 245–260.

Nassehi, Armin (2006): Der soziologische Diskurs der Moderne, Frankfurt a. M.: Suhrkamp.

Nassehi, Armin (2015a): Die letzte Stunde der Wahrheit, Hamburg: Murmann.

Nassehi, Armin (2015b): »Zirkulation als Selbstzweck? Kann man Marx mit Luhmann in kritischer Absicht lesen – und umgekehrt?«, in: Albert Scherr (Hg.), Systemtheorie und Differenzierungstheorie als Kritik, Weinheim/Basel: Beltz, S. 56–79.

Wahr ist nur, dass alles falsch ist

Zur Kritik in der nächsten Gesellschaft

Dirk Baecker

I

Kritik ist, wenn wahr nur ist, dass alles falsch ist, inklusive dieses Satzes.

Logisch entspricht dies, wie Spencer-Brown (1961) gezeigt hat, dem NOR-Gatter, inklusive eines Einbaus einer Gedächtnisfunktion, die jedes Ergebnis einer Schlussfolgerung in die zu prüfenden Sätze wieder einspeist. Das NOR-Gatter, dessen Name aus dem Englischen *not...or* abgeleitet ist, ist eine in einer elektronischen Schaltung realisierbare logische Verknüpfung Boole'schen Typs, die immer dann wahr ist, wenn alle Teilaussagen beziehungsweise Eingänge falsch sind.

Es kann daher nicht überraschen, dass man der Kritik oft ein utopisches Potential beimisst beziehungsweise Kritik dann vermisst, wenn eine Gesellschaft keine Utopie mehr kennt. Nur die Utopie kann den Ort benennen, der wahr ist, wenn alles falsch ist. Und es kann auch nicht überraschen, dass jüngere Überlegungen zum Ort der Kritik von einer absoluten Wahrheit sprechen, die sich nicht zur Diskussion stellt, in keinen Diskurs einfädelt, keinen Widerspruch sucht, aber den, der forscht, überschreibt (Avanessian 2015: 57 ff.).

»Es gibt kein richtiges Leben im Falschen«, hat Theodor W. Adorno die Übung der Kritik anlässlich einer Untersuchung von Optionen möglicher Wohnungseinrichtungen auf den Punkt gebracht (Adorno 1951: 42). Diese maximale Formulierung wird in jeder konkreten Kritik nur einschränkend verwendet, aber sie benennt den Einsatzpunkt von Kritik. Denn das Richtige, wenn auch nur etwas falsch ist, kann neben dem Falschen nicht richtig sein. Es muss ebenfalls falsch sein; nur dann ist die Kritik des Falschen wahr, so sehr das Gesagte auch für die Kritik selber gilt.

Die Weder-noch-Operation, so hat Spencer-Brown ebenfalls gezeigt, kann dabei nicht nur als universaler Boole'scher Operator (siehe auch Peirce 1880; Sheffer 1913), sondern auch als eine nicht nur binäre, sondern generelle Negation verstanden werden. Die Verneinung benennt ihr Gegenteil nicht, sondern lässt es unbestimmt; daraus resultieren ihre Leistungen der Generalisierung und Reflexivität (Luhmann 1975).

In Spencer-Browns Notation seines Indikationenkalküls (Spencer-Brown 1961, Part II: 2) kann man die NOR-Operation »Weder a noch b noch c noch« wie folgt schreiben:

$$\overline{a\ b\ c}$$

Für »weder (weder (weder a noch b noch c) noch (d oder e)) noch f« schreibt man (ebd.: 3):

$$\overline{\overline{a\ b\ c}\ \ \overline{d\ e}\ f}$$

Damit werden drei voneinander unterschiedene Einheiten zueinander in eine Weder-noch-Relation gesetzt. Spencer-Brown hat seine Idee eines Weder-noch-Operators zu einem selbstreferenz- und paradoxietauglichen Kalkül ausgearbeitet (Spencer-Brown 1969), der in der soziologischen Theorie in dem Moment Verwendung finden kann, in dem diese sich auf hinreichend komplexe Operationen der Kommunikation im Medium des eigenen Widerstreits einzulassen bereit ist (vgl. Derrida 1967; Deleuze 1968; Lyotard 1983; Luhmann 1984; Baecker 2005, 2013; Karafillidis 2010; Lehmann 2011). Kommunikation ist die laufende Wiedereinführung des Neins in das Ja, der Varietät in die Redundanz, des unerfüllten Begehrens in den aktuellen Affekt und erfüllt so erst die Bedingungen jenes pragmatischen Kalküls, den zu interpretieren uns noch immer nicht gelungen ist (so Watzlawick/Beavin/Jackson 1969: 43 f.; und vgl. Luhmann 1997: 113; Bateson 1972: 405 ff., 416 ff.; Angerer 2007).

II

Versteht man die Weder-noch-Relation nicht als logischen Widerspruch, sondern als reale Entgegensetzung, so ist das Ergebnis nicht »gar nichts« (nihil negativum, irrepraesentabile), sondern »etwas« (cogitabile) (nihil privativum, repraesentabile) (Kant 1763: 783). Die Entgegensetzung macht aus den entgegengesetzten Momenten Momente des Übergehens vom einen ins andere (Hegel 1807: 212 ff.). Man hat es mit einer Reflexionsbestimmung zu tun: »Das Anderssein ist hier nicht mehr das *Qualitative*, die Bestimmtheit, Grenze; sondern als im Wesen, dem sich auf sich beziehenden, ist die Negation zugleich als Beziehung, *Unterschied, Gesetztsein, Vermitteltsein*« (Hegel 1830: §116, Herv. i. O.). »Die Negation nicht mehr das abstrakte Nichts, sondern als ein Dasein und *Etwas*, ist nur Form an diesem, sie ist als *Anderssein*. Die Qualität, indem dies Anderssein ihre eigene Bestimmung, aber zunächst von ihr unterschieden ist, – ist *Sein-für-Anderes*, – eine Breite des Daseins, des Etwas.« (Ebd.: §91, Herv. i. O.)

Auf diesen Übergang kommt es den Leistungen der Generalisierung und Reflexivität an. Die romantische Kunstkritik formuliert im Anschluss an Johann Gottlieb Fichte den Übergang als Unmittelbarkeit des Moments im Medium der Unendlichkeit, das heißt eines unabschließbaren Prozesses der Herstellung eines Zusammenhangs, in dem das jeweilige Werk, wie das Bewusstsein bei Fichte, bestimmte Setzungen unter anderen Setzungen vornimmt (Benjamin 1920: 59 ff.; vgl. Schlegel 1810: 390 ff., 421 ff., 1820: 111 ff., 313).

In der Kritik der politischen Ökonomie formuliert Marx die Idee der lebendigen Arbeit als im Prozess der Vergegenständlichung immer wieder zu erneuernden Einwand gegen die tote, die bereits vergegenständlichte Arbeit, das heißt als Einwand des Prozesses gegen das Resultat (Marx 1861: 31 ff.).

Kritik heißt, nach den Bedingungen der Möglichkeit von etwas im reflexiven Zusammenhang des anderen zu fragen und jede Setzung für falsch zu halten, die in diesem reflexiven Zusammenhang nicht ihre eigene Beweglichkeit erhält.

III

Kritik zu üben hieß für Kant, sich als Leser vor einem Publikum von Lesern im deswegen öffentlichen Gebrauch einer Vernunft zu üben, deren privater Gebrauch derweil den Zwecken zu gehorchen hat, die ein Geschäft oder ein Amt in fremdem Auftrag, von dem nicht auszuschließen ist, dass Wahrheit in ihm enthalten ist, setzen (Kant 1784a). Das »eigentliche Zeitalter der Kritik, der sich alles unterwerfen muss« (Kant 1781: AXI), ist das Zeitalter der Aufklärung, nicht zu verwechseln mit einem aufgeklärten Zeitalter (Kant 1784a: A491). Es ist das »Jahrhundert Friederichs« (ebd.), der als Monarch die Weisheit besitzt, die bürgerlichen Freiheiten um jenen Grad einzuschränken, der der Entfaltung der Freiheit des Geistes günstig ist (ebd.: A492 f.). Denn »paradox« ist der »Gang menschlicher Dinge«, dem Hang und Beruf zum freien Denken entspricht nicht zwangsläufig die Fähigkeit zum freien Handeln (ebd.: A 493 f.). Es ist mit dem Antagonismus einer »ungeselligen Geselligkeit« (Kant 1784b: 392) zu rechnen, die aus dem (ehrsüchtigen, herrschsüchtigen, habsüchtigen) Widerstand des Menschen gegen die Gesellschaft, aus der »Zwietracht« (ebd.: 394), Recht, Kultur und Kunst zu gewinnen versteht: Eine bürgerliche Verfassung kombiniert Freiheit mit »unwiderstehlicher Gewalt« (ebd.: 395), um dem Rechnung zu tragen, dass die Vernunft der Freiheit des Willens sich beim Menschen eher in der Gattung denn im Einzelnen verwirklicht (ebd.: 388).

Der Status der Öffentlichkeit ist unklar. Zum einen ist sie kritisches Publikum und Publikum der Kritik, zum anderen jedoch

Gerichtshof, dessen Sprüche nicht folgenlos bleiben können, soll er einen Anspruch auf jene Vernunft erheben können, der die Kritik ihre Einwände vorlegt. Sich selbst vor die Wahl stellend, sein Vertrauen auf einen »verborgenen Plan der Natur« für »schwärmerisch« oder für eine Idee zu halten, die es erlaubt, »schwache Spuren der Annäherung« an eine innerlich und äußerlich vollkommene Staatsverfassung zu beobachten, wählt Kant Letzteres (ebd.: 403 f.). Denn die Alternative einer zwecklos spielenden Natur würde nur »das trostlose Ungefähr [...] an die Stelle des Leitfadens der Vernunft« treten lassen (ebd.: 388). Der Leitfaden der Vernunft setzt einen Plan der Natur voraus, der nur spekulativ erschlossen werden kann, ganz so, wie auch die Vernunft selbst »durch Fragen belästigt wird, die sie nicht abweisen [...], aber auch nicht beantworten kann, denn sie übersteigen alles Vermögen der menschlichen Vernunft.« (Kant 1781: AVII)

Der Ort der Kritik ist eine Öffentlichkeit, die sich mit dieser Kritik in einem spekulativen Überschuss bewegt. Hegel versucht, diesen Überschuss als Moment der dialektischen Entwicklung des Geistes zu verstehen; Marx fasst ihn als Einwand des Bestehenden gegen die Wirklichkeit (Röttgers 1975: 253 ff.; vgl. Röttgers 1982). Marx wechselt auf die Ebene einer Gesellschaftskritik, die nichts Geringeres ist als zugleich eine Theorie der Gesellschaft (Luhmann 1992: 19 ff.; jüngst Dörre/Lessenich/Rosa 2009; Jaeggi/Loick 2013). Erst jetzt darf es heißen, dass kritische Theorie ein »menschliches Verhalten« ist, »das die Gesellschaft selber zu ihrem Gegenstand hat« (Horkheimer 1937: 27). An die Stelle eines Plans der Natur und eines Leitfadens der Vernunft tritt eine Beobachtung der Gesellschaft, die den spekulativen Überschuss der Kritik auf den Erfahrungsraum der Lektüre, der Loge, der Kleinfamilie, der Arbeitswelt zurückrechnet (vgl. Koselleck 1959; Habermas 1962; Negt/Kluge 1972). Ihre wichtigsten Motive gewinnt diese nicht mehr an Vernunft, sondern an Gesellschaft orientierte Kritik aus einer Beobachtung von Subjektivierungspraktiken, die zu jener Natur, deren Beherrschung sie erlernen, auch das Subjekt selber zählen, und so machtlos gegenüber einem »System« werden, dessen »kulturindustrielle« Bedienung dieser Praktiken schließlich an die Stelle der Kant'schen Schematismen von Raum und Zeit selber tritt (Horkheimer/Adorno 1969, insbes. S. 132).

IV

Die Zurechnung auf Gesellschaft statt auf Vernunft bedeutet jedoch auch, dass soziologisch nach dem Ort der Kritik in dieser Gesellschaft gefragt werden kann. Nicht nur in der Kunstkritik ist schon seit Längerem aufgefallen, dass Kritik selber eine legitimierende Funktion hat, weil sie gleichzeitig beschreibt und damit der Kritik würdigt, was sie kritisiert (Avanessian 2015: 24 ff. und 47 ff.). Gesellschaft kritisiert, und wird kritisiert, ohne dass es möglich ist, die Perspektiven, Maßstäbe und Kriterien festzulegen, die dieser Kritik ihre Anlässe, ihre Adresse und ihre Zielsetzung geben (Jaeggi/Wesche 2009; Edlinger 2015). Jedes Auftreten einer Macht, jeder Anspruch auf ein Wissen genügen, um den Wunsch auszulösen, »nicht auf diese Weise und nicht um diesen Preis regiert zu werden« (Foucault 1992: 12). Im Anschluss daran kann eine Soziologie der Kritik entworfen werden, die empirisch danach fragt, welche »Unbestimmtheitslücken« (Vobruba 2013: 164) unter welchen institutionellen Voraussetzungen von wem genutzt werden, um Kritik zu üben (Boltanski 2010; Vobruba 2009; Lessenich 2014). Das kann eine Kritik sein, die nach wie vor ihre Anlässe aus der Beobachtung des »Kapitalismus« zieht, kann jedoch auch weitere oder engere Kreise ziehen.

Wichtiger ist, dass diese Wendung zu einer Soziologie der Kritik es erlaubt, nach der Geschichte von Kritik in Gesellschaft zu fragen. Wenn wahr nur ist, dass alles falsch ist, nimmt das, was falsch ist, eine Gesellschaft in den Blick, die eine spezifische historische Formation hat.

Wenn die Moderne als Zeitalter der Kritik verstanden werden kann und wenn dies mit Kant, Schlegel, Hegel und Marx dahingehend präzisiert wird, dass die Kritik in diesem Zeitalter reflexiv wird und sich damit auch selber in den Blick nimmt, bedeutet das nicht,

dass es vorher und nachher keine Kritik gegeben hat beziehungsweise geben wird.

Interpretieren wir die Moderne mit Rücksicht auf die Erfindung
des Buchdrucks und damit eines Publikums von Lesern als eine
spezifische Medienepoche der Gesellschaft, so können wir gemäß
kulturtheoretischer Übung die vorherigen Medienepochen der auf
Mündlichkeit beruhenden Stammesgesellschaft und der zusätzlich
mit Schriftlichkeit rechnenden antiken Hochkultur sowie die auf die
Moderne folgende Gesellschaft der elektronischen und digitalen Medien unterscheiden (vgl. McLuhan 1962, 1964; Baecker 2007; u. v. a.).

Für frühere Gesellschaften muss ich mich hier mit Hinweisen
begnügen, die überdies in der ethnologischen und historischen Literatur erst noch überprüft werden müssen. So kann man annehmen, dass die Weder-noch-Operation in der Stammesgesellschaft
zwei richtige Ergebnisse errechnet, nämlich den Rausch des Rituals
und die Auswanderung und Neugründung eines Stammes (Dürr
1978). In der antiken Hochkultur errechnet sie die Umkehrung der
Hierarchie und die spitzfindig sich selbst auflösende Unterscheidung (»sic et non«; vgl. Grabmann 1909). In der Moderne errechnet
sie die Kontingenz des Bestehenden im Kontext historisch unein-
gelöster Möglichkeiten.

Diese Medienarchäologie der Kritik müssen wir hier auf sich be-
ruhen lassen. Interessanter ist die Frage danach, wie sich der Stellenwert der Kritik in der nächsten Gesellschaft der elektronischen
und digitalen Medien entwickelt.

V

Kritische Theorien der Gegenwart entdecken unter Titeln wie Eigensinn, Plateau, Projekt oder Posse soziale Ordnungen der Selbstregulation, die die Unterscheidung zwischen Kritik und Emanzipation
unterlaufen, weil sie beides sind, kritikwürdig und emanzipatorisch
(vgl. Negt/Kluge 1981; Deleuze/Guattari 1992; Boltanski/Chiapello
1999; Hardt/Negri 2000). Sie sind emanzipatorisch, weil sie An-

satzpunkte finden, sich der »verwalteten Welt« (Horkheimer/Adorno 1969: ix) zu entziehen; und sie sind kritikwürdig, weil sie alsbald selbst verwaltet werden müssen.

Wie also verhält sich die Kritik zur Gesellschaft, wenn sie mit Kant reflexiv, mit Hegel spekulativ, mit Marx praktisch und mit der Soziologie immanent geworden ist? Operiert sie nicht bereits mit Kant auf der Höhe einer nächsten Gesellschaft, die mit der Entdeckung der Elektrizität auch paradigmatisch gezwungen wird, positive und negative Prinzipien nur noch »in einem bestimmten Wechselverhältnis« (Schelling 1798: 528) zueinander denken zu können? Welchen Ort findet man für diese Kritik, wenn sie aus der Philosophie mit Marx und der Soziologie in die Gesellschaft zieht, ohne ihren notwendig spekulativen Status einer Weder-noch-Operation damit zu verlieren? Auf welchen Übergang spezialisiert sich die Kritik?

Wenn die Kritik ein Modus von Ordnungen der Selbstregulation ist, als Weder-noch-Operation aber nicht der einzige Modus sein kann, in dem Gesellschaft sich ordnet, stellt sich die Frage, welche Modalitäten sie ergänzen, um jene positiven Sätze zu generieren, die von der Kritik Satz für Satz für falsch gehalten werden. Die Prüfung der Welt »auf ihre Zerstörungswürdigkeit«, die in dieser Welt »jung und heiter« Platz schafft und doch »zuverlässig« die geprüften Dinge »überliefert« (Benjamin 1931: 97 f.), setzt voraus, dass sich in dieser Welt anderes ereignet als diese Prüfung. Was könnte das sein, wenn es darum geht, der Negativität, der Destruktion, dem Übergang immer wieder neu zu Material zu verhelfen?

Ansätze zu einer Theorie der nächsten Gesellschaft gibt es nur in der Form einer Theorie der Netzwerkgesellschaft (vgl. Castells 1996; van Dijk 1999; Lehmann/Qvortrup/Walther 2007), deren herausragendes Kennzeichen ist, dass sie zugunsten eines denkbar offenen Begriffs der Vernetzung auf einen prominenten Gesellschaftsbegriff verzichtet (vgl. White 1992, 2008; Latour 2007, 2014). Es geht um Schaltungen im Sinne operationaler Verknüpfungen, die ihre Möglichkeit radikal sich selbst und ihrer Differenz zu Anderem verdanken. Es geht um Ausdifferenzierung und Reproduktion, die beiden Schlüsselargumente jeder soziologischen Systemtheorie (Luhmann 1980).

Kritik muss sich in einem Netzwerk anderer Schaltungen zu diesem Netzwerk verhalten. Welche anderen Schaltungen kommen hier in Frage? Sicherlich kann diese Frage nicht im Handumdrehen beantwortet werden, doch einen Anfang kann man setzen, indem man auf Niklas Luhmanns These zurückgreift, dass die (für ihn: moderne) Gesellschaft vollständig mithilfe der beiden Analyseebenen Codierung und Programmierung beschrieben werden kann (Luhmann 1986: 90f.). Wir gehen einen Schritt weiter und vermuten, dass die Unterscheidung dieser beiden Analyseebenen geeignet ist, die fehlende Verbindung zwischen den beiden Differenzierungstheorien herzustellen, die Luhmann in seinem Werk meist nebeneinander her geführt hat: die Differenzierung des Sozialen in Interaktion, Organisation und Gesellschaft und die Differenzierung der Gesellschaft in Funktionssysteme, ohne sie je zu integrieren (Schmidt, im Druck). Allerdings kann die Unterscheidung von Codierung und Programmierung diese Verbindung nur dann herstellen, wenn wir sie durch das dritte Element der Kritik, Bezug nehmend auf die Interaktion, ergänzen.

Die Einheit der Differenz von (1) binärer Codierung, (2) mehrwertiger Programmierung und (3) undurchdringlich elastischer Kritik kann die Netzwerkgesellschaft vollständig beschreiben, wenn man (4) das Moment einer Technopoiesis hinzunimmt, das dem Umstand Rechnung trägt, dass die elektronischen und digitalen Medien technisch nicht hingenommen, sondern mitgestaltet werden. So ambivalent die Intervention des Digitalen in »kollektive« Prozesse sich gegenwärtig darstellt (Reichert 2013), so wichtig wird es sein, zwischen Gesellschaft, Organisation und Interaktion differenziert genug zu unterscheiden, um nicht nur den Strukturwandel der Gesellschaft, sondern auch die Auseinandersetzung um evolutionäre Pfade der Weiterentwicklung beschreiben und erklären zu können. Die Beschreibung nicht von Kritik, aber von »Geselligkeit« mithilfe der beiden Momente der Undurchdringlichkeit und Elastizität stammt von Friedrich Schleiermacher (1798: 26).

Ich übernehme diese beiden Begriffe, weil es darum geht, das Interaktionspotential der Geselligkeit in eine Beziehung zu binär codierten Kommunikationsmedien und zu programmierbaren Organisationen zu setzen und dabei elektronischen und digitalen Medien durch eine laufende Online/Offline-Vernetzung Rechnung zu tragen. ›Undurchdringlichkeit‹ soll heißen, dass die Interaktion der Gesellschaft ein jederzeit zur Kritik bereites Potential der Beobachtung bereitstellt, das dank körperlicher, mentaler und biographischer Intransparenz der beteiligten Personen zwar gesellschaftlich gerahmt und institutionell kanalisiert, aber nicht eindeutig bestimmt und festgelegt werden kann. ›Elastizität‹ soll heißen, dass die eindeutige Binarität der Codes und geordnete Mehrwertigkeit der Programme jederzeit zugunsten alter oder neuer Gesichtspunkte unterlaufen, das heißt zugunsten anderer Codes gewechselt und mit anderen Werten aufgeladen werden können, die bisher nicht vorgesehen waren, aber in der Interaktion überzeugen.

Mit der sprichwörtlichen Granularität der personalisierten Kontrollmöglichkeiten der nächsten Gesellschaft stehen diese beiden Eigenschaften der Undurchdringlichkeit und Elastizität auf dem Spiel, doch wird dieser Effekt durch den Zugang weiterer Milliarden von Nutzern zum Internet bislang mehr als aufgehoben; niemand weiß, wie das Netz von Leuten genutzt werden wird, die nicht in der Tradition einer literarisch aufgeklärten Moderne stehen (vgl. Kucklick 2014; Schmidt/Cohen 2013).

Einstweilen können wir von folgender Gleichung ausgehen:

$$\text{Kritik} = \overline{\text{Code}\ \ \text{Programm}\ \ \text{Technik}}$$

Genauer, denn jeder Code wird mit einer Alternative, jedes Programm mit seiner Selektivität, jede Technik mit ihrer Exklusivität konfrontiert:

$$\text{Kritik} = \overline{\text{Code}\ \text{Programm}\ \text{Technik}\,|\,\text{Code}\ \text{Programm}\ \text{Technik}}$$

Die Kritik rechnet Festlegungen aller drei Bereiche zusammen, indem sie sie geschlossen negiert, mit Alternativen vergleicht und sofort wieder bereit ist, sie geschlossen zu negieren. Und sie kann dies, das musste bislang jede Suche nach einem Subjekt der Kritik eingestehen, nur als Interaktion. Die Interaktion ist der ebenso utopische wie laufend realisierte Ort einer Gesellschaft, die sich als Code, Programm und Technik reproduziert, aber nur in den Übergängen zwischen diesen zu erkennen gibt:

Kritik = Interaktion | Code Programm Technik | Code Programm Technik

Im Extremfall ist diese Interaktion, da ihrerseits falsch, entweder ebenso riskant wie idiotisch (vgl. Rinck 2015) oder schlicht phatisch, jede Negation inhibierend (Malinowski 1923: 315 f.). In allen anderen Fällen beschränkt sie sich auf jenes Switching zwischen Codes, Programmen und Techniken, dessen Reichweite nur durch den Sinnhorizont selbst beschränkt wird (vgl. White/Godart 2007; Godart/ White 2010). Nur im Übergang ist sie ganz bei sich, ist sie ganz Negativität (vgl. Noys 2010; Marchart 2013). Sobald sie sich festlegt, verfällt sie sich selber, kann aber auch dadurch neue Kraft gewinnen (vgl. Goffman 1967).

Luhmann hat vorgeschlagen, die Differenz von Codierung und Programmierung an die Stelle mittelalterlicher, marxistischer und weberianischer Vorstellungen eines herrschenden Apparats zu setzen (Luhmann 1986: 172 f.). Nimmt man die Kritik und die Technisierung als weitere Variablen hinzu, kann man die marxistische Theorie des Kapitalismus als einen Spezialfall der Ausprägung einer Gesellschaftstheorie würdigen, die zugunsten eines auf einen ökonomischen Fundamentalismus nicht festgelegten Netzwerkkalküls von Gesellschaft überwunden und allmählich an die Beobachtung und Beschreibung der Gesellschaft elektronischer und digitaler Medien herangesteuert werden kann. Man weiß dann allerdings auch, welches Gewicht auf der Beweglichkeit einer Interaktion liegt, die Gespräch und Dialog, Witz und Begegnung, Unterhaltung und Vertiefung, Themen und Themenwechsel, Öffentlichkeit und Gemeinschaft sucht, ohne sich je mit einem Code oder Programm zu verwechseln (siehe zum Dialog als Prinzip des Films Kluge 1983).

VI

Für die neuerdings attraktive Suche nach einer kritischen Variante der soziologischen Systemtheorie (vgl. Amstutz/Fischer-Lescano 2013; Scherr 2015; Möller/Siri 2016; der vorliegende Band) können die vorstehenden Überlegungen bedeuten, dass »Kritik« als Beobachtung dritter Ordnung, genauer: als reflektierte Beobachtung zweiter Ordnung gefasst wird. Das muss jedoch nicht heißen, dass sie ein mehr oder minder folgenloses Geschäft von Intellektuellen ist, denen in einer komplexen und polykontexturalen Welt nichts anderes bleibt, als die Bedingungen zu klären (beziehungsweise schmerzlich zu erfahren), unter denen diese Gesellschaft noch beschrieben werden kann (so Luhmann 1997: 1116 f.).

Es kann auch heißen, dass die Soziologie auf die Bedingungen aufmerksam wird, unter denen Dinge, Formen und Ereignisse, einmal kritisiert, wieder in das Medium zerfallen, aus dem sie gewonnen beziehungsweise in das sie geprägt worden sind (Heider 1926). Hat man bisher angenommen, dass sich dieser Zerfall energetisch und evolutionär von selbst vollzieht, so wie jede Kommunikation als Ereignis auftaucht und wieder verschwindet (Luhmann 1984: 387 ff.), kann man diese Annahme durch die Hypothese ergänzen, dass die Weder-noch-Operation nicht nur wahr ist, wenn alles falsch ist, sondern auch ein Medium produziert, wo vorher eine Form zu beobachten war. Die Wahrheit der Kritik ist so unsichtbar wie ein Medium. Wer weiß, ob es nicht die kritische Reflexion der Moderne auf dem Höhepunkt ihrer Ausdifferenzierung gewesen ist, die nicht nur den Begriff der Gesellschaft, sondern auch die Praxis der Medialisierung ihrer Verhältnisse hervorgebracht hat.

Die Annahme, dass sich der Blick des Intellektuellen, des Aufklärers, des Philosophen und des Revolutionärs prinzipiell von dem des Politikers, Unternehmers, Lehrers, Richters, Wissenschaftlers oder Künstlers unterscheidet, müsste man fallen lassen. Sie alle sind dafür verantwortlich, dass »alles Ständische und Stehende verdampft« (Marx/Engels 1848: 23), insofern sie Dinge, Ereignisse und Begegnungen auf Möglichkeiten anderer Dinge, Ereignisse und

Begegnungen zurückrechnen und damit im unbestimmten Raum dieser Möglichkeiten das Medium produzieren, das ihnen dabei zu Hilfe kommt. Doch dies festzustellen, läuft eher auf eine Systemtheorie der Kritik als auf eine kritische Systemtheorie hinaus.

Die nächste Gesellschaft kassiert endgültig jene Differenz von Kritik und Gesellschaft, die die moderne Gesellschaft so lange beschäftigt hat. Besser könnte das Überleben der Kritik nicht gesichert sein. Sie ist die »Negativsprache« der Gesellschaft (Günther 1980; vgl. Baecker 2016), deren Formalisierung in der Soziologie, kritisch oder nicht, noch aussteht.

LITERATUR

Adorno, Theodor W. (1951): Minima Moralia: Reflexionen aus dem beschädigten Leben, Frankfurt a. M.: Suhrkamp.

Amstutz, Marc/Fischer-Lescano, Andreas (Hg.) (2013): Kritische Systemtheorie: Zur Evolution einer normativen Theorie, Bielefeld: transcript.

Angerer, Marie-Luise (2007): Vom Begehren nach dem Affekt, Zürich: diaphanes.

Avanessian, Armen (2015): Überschrift: Ethik des Wissens – Poetik der Existenz, Berlin: Merve.

Baecker, Dirk (2005): Form und Formen der Kommunikation, Frankfurt a. M.: Suhrkamp.

Baecker, Dirk (2007): Studien zur nächsten Gesellschaft, Frankfurt a. M.: Suhrkamp.

Baecker, Dirk (2013): Beobachter unter sich: Eine Kulturtheorie, Berlin: Suhrkamp.

Baecker, Dirk (2016): »Negativsprachen aus soziologischer Sicht«, in: Ders., Wozu Theorie? Aufsätze, Berlin: Suhrkamp, S. 78–114.

Bateson, Gregory (1972): Steps to an Ecology of Mind, Reprint Chicago, IL: Chicago University Press, 2000.

Benjamin, Walter (1920): »Der Begriff der Kunstkritik in der deutschen Romantik«, in: Rolf Tiedemann/Hermann Schweppenhäuser (Hg.), Gesammelte Schriften I. 1, Frankfurt a. M.: Suhrkamp, 1974, S. 7–122.

Benjamin, Walter (1931): »Der destruktive Charakter«, in: Ders., Denkbilder, Frankfurt a. M.: Suhrkamp, 1974, S. 96–98.

Boltanski, Luc (2010): Soziologie und Sozialkritik: Frankfurter Adorno-Vorlesungen 2008, aus dem Französischen von Bernd Schwibs und Achim Russer, Frankfurt a. M.: Suhrkamp.

Boltanski, Luc/Chiapello, Ève (1999): Le nouvel esprit du capitalisme, Paris: Gallimard.

Castells, Manuel (1996): The Rise of the Network Society, Oxford: Blackwell.

Deleuze, Gilles (1968): Differenz und Wiederholung, aus dem Französischen von Joseph Vogl, München: Fink, 1997.

Deleuze, Gilles/Guattari, Félix (1992): Tausend Plateaus: Kapitalismus und Schizophrenie II, aus dem Französischen von Gabriele Ricke und Ronald Voullié, Berlin: Merve.

Derrida, Jacques (1967): Die Schrift und die Differenz, aus dem Französischen von Rodolphe Gasché, Frankfurt a. M.: Suhrkamp, 1972.

Dörre, Klaus/Lessenich, Stephan/Rosa, Hartmut (2009): Soziologie, Kapitalismus, Kritik, Frankfurt a. M.: Suhrkamp.

Dürr, Hans Peter (1978): Traumzeit: Über die Grenze zwischen Wildnis und Zivilisation, Frankfurt a. M.: Syndikat.

Edlinger, Thomas (2015): Der wunde Punkt: Vom Unbehagen an der Kritik, Berlin: Suhrkamp.

Foucault, Michel (1992): Was ist Kritik? Aus dem Französischen von Walter Seitter, Berlin: Merve.

Godart, Frédéric C./White, Harrison C. (2010): »Switchings Under Uncertainty: The Coming and Becoming of Meanings«, in: Poetics 38, 6, S. 567–586.

Goffman, Erving (1967): »Wo was los ist – wo es action gibt«, in: Ders., Interaktionsrituale: Über Verhalten in direkter Kommunikation, aus dem Amerikanischen von Renate Bergsträsser und Sabine Bosse, Frankfurt a. M.: Suhrkamp, 1971, S. 164–292.

Grabmann, Dieter (1909): Die Geschichte der scholastischen Methode, nach gedruckten und ungedruckten Quellen, 2 Bde, unver-
änd. Nachdruck, Band 1, Darmstadt: Wissenschaftliche Buchgesellschaft, 1957.

Günther, Gotthard (1980): »Identität, Gegenidentität und Negativsprache«, in: Hegel-Jahrbuch 1979, Köln: Pahl-Rugenstein, S. 22–88.

Habermas, Jürgen (1962): Strukturwandel der Öffentlichkeit: Untersuchungen zu einer Kategorie der bürgerlichen Gesellschaft,
mit einem Vorwort zur Neuauflage 1990, Frankfurt a. M.: Suhrkamp, 1990.

Hardt, Michael/Negri, Antonio (2000): Empire, Cambridge, MA:
Harvard University Press.

Hegel, Georg W. F. (1807): Phänomenologie des Geistes. Werke 3,
Frankfurt a. M.: Suhrkamp, 1973.

Hegel, Georg W. F. (1830): Enzyklopädie der philosophischen Wissenschaften im Grundrisse, hg. von Friedhelm Nicolin und Otto
Pöggeler, 7., durchges. Aufl., erneut durchges. Nachdruck, Hamburg: Meiner, 1975.

Heider, Fritz (1926): Ding und Medium, Nachdruck, Berlin: Kultur-
verlag Kadmos, 2005.

Horkheimer, Max (1937): »Traditionelle und kritische Theorie«, in:
Ders., Traditionelle und kritische Theorie: Vier Aufsätze, Frankfurt a. M.: Fischer Tb., 1970, S. 12–64.

Horkheimer, Max/Adorno, Theodor W. (1969): Dialektik der Aufklärung: Philosophische Fragmente, Frankfurt a. M.: Fischer Tb.

Jaeggi, Rahel/Loick, Daniel (Hg.) (2013): Nach Marx: Philosophie,
Kritik, Praxis, Berlin: Suhrkamp.

Jaeggi, Rahel/Wesche, Tilo (Hg.) (2009): Was ist Kritik? Frankfurt
a. M.: Suhrkamp.

Kant, Immanuel (1763): »Versuch, den Begriff der negativen Größen
in die Weltweisheit einzuführen«, in: Wilhelm Weischedel (Hg.),
Werke, Band II, Frankfurt a. M.: Suhrkamp, 1968, S. 775–819.

Kant, Immanuel (1781): Kritik der reinen Vernunft. Werke III-IV, hg.
von Wilhelm Weischedel, Frankfurt a. M.: Suhrkamp, 1968.

Kant, Immanuel (1784a): »Beantwortung der Frage: Was ist Aufklärung?«, in: Wilhelm Weischedel (Hg.), Werke XI, Frankfurt a. M.: Suhrkamp, 1968, S. 53–61.

Kant, Immanuel (1784b): »Idee zu einer allgemeinen Geschichte in weltbürgerlicher Absicht«, in: Wilhelm Weischedel (Hg.), Werke XI, Frankfurt a. M.: Suhrkamp, 1968, S. 33–50.

Karafillidis, Athanasios (2010): Soziale Formen: Fortführung eines soziologischen Programms, Bielefeld: transcript.

Kluge, Alexander (1983): »Deutsches Kino«, in: Ders. (Hg.), Bestandsaufnahme: Utopie Film. Zwanzig Jahre neuer deutscher Film/Mitte 1983, Frankfurt a. M.: Zweitausendeins, S. 141–194.

Koselleck, Reinhart (1959): Kritik und Krise: Eine Studie zur Pathogenese der bürgerlichen Welt. Neuausgabe Frankfurt a. M.: Suhrkamp, 1973.

Kucklick, Christoph (2014): Die granulare Gesellschaft: Wie das Digitale unsere Wirklichkeit auflöst, Berlin: Ullstein.

Latour, Bruno (2007): Eine neue Soziologie für eine neue Gesellschaft: Einführung in die Akteur-Netzwerk-Theorie, aus dem Englischen von Gustav Roßler, Berlin: Suhrkamp.

Latour, Bruno (2014): Existenzweisen: Eine Anthropologie der Modernen, aus dem Französischen von Gustav Roßler, Berlin: Suhrkamp.

Lehmann, Maren (2011): Mit Individualität rechnen: Karriere als Organisationsproblem, Weilerswist: Velbrück.

Lehmann, Niels Overgaard/Qvortrup, Lars/Kampmann Walther, Bo (Hg.) (2007): The Concept of the Network Society: Post-Ontological Reflections, Copenhagen: Samsfundslitteratur Press.

Lessenich, Stephan (2014): »Soziologie – Krise – Kritik: Zu einer kritischen Soziologie der Kritik«, in: Soziologie 43, 1, S. 7–24.

Luhmann, Niklas (1975): »Über die Funktion der Negation in sinnkonstituierenden Systemen«, in: Harald Weinrich (Hg.), Positionen der Negativität. Poetik und Hermeneutik, Bd VI, München: Fink, S. 201–218 (wiederabgedruckt in: Ders., Soziologische Aufklärung 3: Soziales System, Gesellschaft, Organisation, Opladen: Westdeutscher Verlag, 1981, 35–49).

Luhmann, Niklas (1980): »Talcott Parsons – Zur Zukunft eines Theorieprogramms«, in: Zeitschrift für Soziologie 9, 1, S. 5–17.

Luhmann, Niklas (1984): Soziale Systeme: Grundriß einer allgemeinen Theorie, Frankfurt a. M.: Suhrkamp.

Luhmann, Niklas (1986): Ökologische Kommunikation: Kann die moderne Gesellschaft sich auf ökologische Gefährdungen einstellen? Opladen: Westdeutscher Verlag.

Luhmann, Niklas (1992): »Das Moderne der modernen Gesellschaft«, in: Ders., Beobachtungen der Moderne, Opladen: Westdeutscher Verlag, S. 11–49.

Luhmann, Niklas (1997): Die Gesellschaft der Gesellschaft, Frankfurt a. M.: Suhrkamp.

Lyotard, Jean-François (1983): Der Widerstreit, aus dem Französischen von Joseph Vogl, München: Fink, 1987.

Malinowksi, Bronislaw (1923): »The Problem of Meaning in Primitive Languages«, in: C. K. Ogden, I. A. Richards, The Problem of Meaning: A Study of the Influence of Language upon Thought and of the Science of Symbolism, New York: Routledge & Kegan Paul, 1969, 296–336.

Marchart, Oliver (2013): »Mit Marx am Strand: Die negative Ontologie des Marxismus«, in: Rahel Jaeggi, Daniel Loick (Hg.), Nach Marx: Philosophie, Kritik, Praxis, Berlin: Suhrkamp, S. 486–514.

Marx, Karl (1861): Ökonomisches Manuskript 1861–1863, Teil I. (= Karl Marx-Friedrich Engels-Werke, Band 43), Berlin: Dietz, 1990.

Marx, Karl/Engels, Friedrich (1848): Manifest der Kommunistischen Partei, Stuttgart: Reclam, 1989.

McLuhan, Marshall (1962): The Gutenberg Galaxy: The Making of Typographic Man, Toronto: Toronto University Press.

McLuhan, Marshall (1964): Understanding Media: The Extensions of Man, New York: McGraw-Hill.

Möller, Kolja/Siri, Jasmin (Hg.) (im Druck): »Systemtheorie und Kritik«, in: Soziale Systeme: Zeitschrift für soziologische Theorie.

Negt, Oskar/Kluge, Alexander (1972): Öffentlichkeit und Erfahrung: Zur Organisationsanalyse von bürgerlicher und proletarischer Öffentlichkeit, Frankfurt a. M.: Suhrkamp.

Negt, Oskar/Kluge, Alexander (1981): Geschichte und Eigensinn, Frankfurt a. M.: Zweitausendeins.

Noys, Benjamin (2010): The Persistence of the Negative: A Critique of Contemporary Continental Theory, Edinburgh: Edinburgh University Press.

Peirce, Charles Sanders (1880): »A Boolean Algebra with One Constant«, in: Charles Hartshorne/Paul Weiss (Hg.), Collected Papers of Charles Sanders Peirce, Bd 4: The Simplest Mathematics, Cambridge, MA: Harvard UP, 1933, S. 13–18.

Reichert, Ramón (2013): Die Macht der Vielen: Der Kult der digitalen Vernetzung, Bielefeld: transcript.

Rinck, Monika (2015): Risiko und Idiotie: Streitschriften, Berlin: kookbooks.

Röttgers, Kurt (1975): Kritik und Praxis: Zur Geschichte des Kritikbegriffs von Kant bis Marx, Berlin: de Gruyter.

Röttgers, Kurt (1982): »Kritik«, in: Otto Brunner/Werner Conze/ Reinhart Koselleck (Hg.), Geschichtliche Grundbegriffe: Historisches Lexikon zur politisch-sozialen Sprache in Deutschland, Bd 3, Stuttgart: Klett-Cotta, S. 651–675.

Schelling, Friedrich Wilhelm Josef (1798): Von der Weltseele: Eine Hypothese der höheren Physik zur Erklärung des allgemeinen Organismus (= Sämtliche Werke, hg. von K. F. A. Schelling, Band 1), Stuttgart: Cotta, 1856, S. 443 ff.

Scherr, Alfred (Hg.) (2015): Systemtheorie und Differenzierungstheorie als Kritik: Perspektiven im Anschluss an Niklas Luhmann, Weinheim: Beltz Juventa.

Schlegel, Friedrich (1810): Lessings Geist aus seinen Schriften. Kritische Schriften, hg. von Wolfdietrich Rasch, 3., erw. Aufl., München: Carl Hanser, 1971, S. 384–451.

Schlegel, Friedrich (1820): Philosophische Vorlesungen (1800–1807), mit Einl. und Komm. hg. von Jean-Jacques Anstett, 2 Teile (Kritische Friedrich-Schlegel-Ausgabe, Bde 12–13, Abt 2), Darmstadt: Wissenschaftliche Buchgesellschaft, 1964.

Schleiermacher, Friedrich (1798): »Versuch einer Theorie des geselligen Betragens«, in: Ders., Texte zur Pädagogik: Kommentierte

Studienausgabe, Bd 1, hg. von Michael Winkler und Jens Brach-mann, Frankfurt a. M.: Suhrkamp, 2000, S. 15–35.

Schmidt, Eric/Cohen, Jared (2013): The New Digital Age: Reshaping the Future of People, Nations and Businesses, London: John Murray.

Schmidt, Johannes (im Druck): »Differenz oder Interdependenz? Das Verhältnis von gesellschaftlicher und sozialer Differenzierung in Luhmanns Gesellschaftstheorie«, in: Soziale Systeme: Zeitschrift für soziologische Theorie.

Sheffer, Henry Maurice (1913): »A Set of Five Independent Postulates for Boolean Algebras, with Applications to Logical Constants«, in: Transactions of the American Mathematical Society 14, S. 481–488.

Spencer-Brown, George (1961): Design with the NOR, unpubliziertes Memorandum, London: Mullard Equipment Limited.

Spencer-Brown, George (1969): Laws of Form, 5., intern. Ausg., Leipzig: Bohmeier, 2008.

van Dijk, Jan (1999): The Network Society: Social Aspects of New Media, London: Sage.

Vobruba, Georg (2009): Die Gesellschaft der Leute: Kritik und Gestaltung der sozialen Verhältnisse, Wiesbaden: VS Verlag für Sozialwissenschaften.

Vobruba, Georg (2013): »Soziologie und Kritik: Moderne Sozialwissenschaft und Kritik der Gesellschaft«, in: Soziologie 42, 2, S. 147–168.

Watzlawick, Paul/Beavin, Janet H./Jackson, Don D. (1969): Menschliche Kommunikation: Formen, Störungen und Paradoxien, Bern: Huber.

White, Harrison C. (1992): Identity and Control: A Structural Theory of Action, Princeton, NJ: Princeton University Press.

White, Harrison C. (2008): Identity and Control: How Social Formations Emerge, Princeton, NJ: Princeton University Press.

White, Harrison C./Godart, Frédéric C. (2007): Stories from Identity and Control, in: Socio*logica*: Italian Journal of Sociology on line, No. 3 Online unter www.sociologica.mulino.it/journal/article/index/Article/Journal:ARTICLE:123

Autorinnen und Autoren

Dirk Baecker ist Soziologe und Professor für Kulturtheorie und Management an der Universität Witten-Herdecke. Er hat unter anderem über Kunst, Organisationssoziologie, Managementtheorien und postheroisches Management, über Mediensoziologie und soziologische Theorien gearbeitet und eine Vielzahl systemtheoretischer Monographien und Aufsätze vorgelegt. Aktuell erschienen sind u. a. »Kulturkalkül« (Berlin: Merve Verlag) und »Neurosoziologie« (Berlin: edition unseld). Für diesen Band besonders relevant sind außerdem die »Studien zur nächsten Gesellschaft (2007, Frankfurt a. M., Suhrkamp). Dirk Baecker betreibt einen Blog, auf dem er regelmäßig neue theoretische Gedanken zur Diskussion stellt (catjects. wordpress.com).

Sascha Dickel ist wissenschaftlicher Mitarbeiter am Friedrich Schiedel-Stiftungslehrstuhl für Wissenschaftssoziologie an der TU München. Seine bisherige Laufbahn führte ihn nach Bielefeld, Cardiff, Washington und Berlin. Er promovierte zu Technikutopien des Human Enhancement am Institut für Wissenschafts- und Technikforschung an der Universität Bielefeld. Gegenwärtig arbeitet er zu neuen Modi technologischer Inklusion. Forschungsschwerpunkte: Wissenschafts- und Technikforschung, Digitalisierung, Zukunftswissen, Posthumanismus. Neueste Publikation: Dickel, Sascha/ Franzen, Martina (2015): Digitale Inklusion: Zur sozialen Öffnung des Wissenschaftssystems, in: Zeitschrift für Soziologie, Jg. 44, H. 5, S. 330–347.

Korbinian Gall absolvierte seinen Bachelor in Soziologie an der LMU München. Er schrieb seine Bachelorarbeit über die Funktionalität von Geschlecht am Lehrstuhl für Allgemeine Soziologie und Gender Studies bei Prof. Dr. Paula-Irene Villa in München. Seine Forschungs- und Interessensschwerpunkte liegen in der kritischen Gesellschaftsanalyse und der interdisziplinären Verknüpfung und Weiterentwicklung der Systemtheorie mit Fokus auf Geschlechterfragen.

Victoria von Groddeck ist wissenschaftliche Mitarbeiterin am Institut für Soziologie der LMU München. Sie forscht derzeit zur Konstruktion von gesellschaftlicher Veränderbarkeit, insbesondere in den Bereichen der Kunst und der Wirtschaft. Schwerpunkt ihrer wissenschaftlichen Tätigkeit sind: Organisations- und Kultursoziologie, Soziologische Theorie und qualitative Methoden der empirischen Sozialforschung. Aktuelle Publikation: Atzeni, Gina/v. Groddeck, Victoria (2016): »Die Veränderung ärztlicher Professionsnarrationen – Ansatzpunkte zur Entwicklung einer komplexitätssensiblen Krankenhausforschung.« In: Bode, Ingo/Vogd, Werner (Hg.): Mutationen des Krankenhauses. Soziologische Diagnosen in organisations- und gesellschaftstheoretischer Perspektive. Wiesbaden: Springer VS, S. 67–83.

Moritz Klenk studierte Kulturwissenschaft, interkulturelle Germanistik und Religionswissenschaft in Bayreuth und Edinburgh. Nach Lehr- und Forschungstätigkeiten am Lehrstuhl für Kultur- und Religionssoziologie an der Universität Bayreuth und am Lehrstuhl Kulturtheorie und -analyse an der Zeppelin Universität in Friedrichshafen ist er derzeit wissenschaftlicher Mitarbeiter bei Dirk Baecker an der Fakultät für Kulturreflexion der Universität Witten/Herdecke. Zu seinen wissenschaftlichen Interessen gehören soziologische Systemtheorie, Kritische Theorie, philosophische Grundlagen der Soziologie, Medientheorie, Religionssoziologie und ›Wahrheit unter Bedingungen des Internets‹. Es finden sich darüber hinaus in den Weiten des Netzes sein Weblog (www.sinnsysteme.de), Podcasts (twitter radio.de, 1968kritik.de) sowie sein Twitteraccount (@r33ntry).

Guilherme Leite Gonçalves ist Professor für Rechtssoziologie an der Staatlichen Universität Rio de Janeiro, Brasilien. Er forscht zu Fragen sozialer Theorie und Rechtssoziologie. Jüngere Veröffentlichungen: (mit Sergio Costa) The global constitutionalization of human rights: Overcoming contemporary injustices or juridifying old asymmetries? in: Current Sociology, 2016, 64, 2, S. 311–331; (mit Judith Schacherreiter) The Zapatista struggle for the right to land: Background, strategies and transnational dimensions, in: Andreas Fischer-Lescano/Kolja Möller: Transnationalisation of Social Rights, Intersetia 2016, S. 265–303.

Benjamin Lipp ist wissenschaftlicher Mitarbeiter am Friedrich Schiedel-Stiftungslehrstuhl für Wissenschaftssoziologie an der TU München. Er studierte Soziologie, Volkswirtschaftslehre und Kriminologie an der LMU München und an der Sorbonne (Paris Descartes). Gegenwärtig arbeitet er zur Formierung der Sozialrobotik als techno-gesellschaftliches Projekt an der Schnittstelle von Mensch und Technik. Forschungsschwerpunkte: Wissenschafts- und Technikforschung, New Materialism, Interfaces/Interfacing, Poststrukturalismus. Neueste Publikation: Hoppe, Katharina/Lipp, Benjamin: Experiments with »New Materialisms« – workshop report on »Sociology and New Materialisms«, in: EASST Review 2016 Vol. 35, No. 1. S. 30–33.

Kolja Möller ist wissenschaftlicher Mitarbeiter am Exzellenzcluster »Normative Orders« an der Universität Frankfurt. Er hat an der Universität Flensburg 2014 mit einer Arbeit zum Thema »Formwandel der Verfassung. Die postdemokratische Verfasstheit des Transnationalen« promoviert. Er forscht zu Fragen internationaler politischer Theorie, Soziologie und Rechtstheorie. Jüngere Veröffentlichungen: Formwandel der Verfassung. Die postdemokratische Verfasstheit des Transnationalen, Bielefeld 2015; A Critical Theory of Transnational Regimes. Creeping Managerialism and the Quest for a Destituent Power, in: Kerstin Blome/Hannah Franzki/Nora Markard/Stefan Oeter: Contested Collisions. Interdisciplinary Inquiries into Norm Fragmentation in World Society, Cambridge University Press 2016, S. 255–280. Er ist Herausgeber und Redaktionsmitglied der Online-Zeitschrift »Prager Frühling« (www.prager-fruehling-magazin.de).

Armin Nassehi ist Professor für Soziologie an der Ludwigs-Maximilians-Universität und Herausgeber der Zeitschrift »Kursbuch«. Er arbeitet auf Gebieten der politischen Soziologie, der Kultur-, Religions-, Migrations- und Medizinsoziologie und verbindet die systemtheoretische Soziologie mit qualitativ-empirischen Methoden. Als öffentlicher Intellektueller äußert sich Armin Nassehi regelmäßig in Interviews, Zeitungsartikeln und Fernsehsendungen zu einer Vielfalt aktueller Themen, zuletzt auch zu Fragen der Exklusion, des Rassismus und der Zukunft Europas. Literatur: Nassehi, Armin (2006). Der soziologische Diskurs der Moderne; Nassehi, Armin (2015). Die letzte Stunde der Wahrheit. Hamburg: Murmann. Nassehi, Armin (2015). Zirkulation als Selbstzweck? Kann man Marx mit Luhmann in kritischer Absicht lesen – und umgekehrt?, in: Scherr, Albert (Hg.), Systemtheorie und Differenzierungstheorie als Kritik, Weinheim Basel: Beltz, S. 56–79.

Tanja Robnik (Dipl. Soz.) ist wissenschaftliche Mitarbeiterin im Forschungsprojekt »Ernährung, Gesundheit und soziale Ordnung. Deutschland und die USA«, gefördert durch die Volkswagenstiftung. Sie promoviert am Lehrbereich für allgemeine Soziologie und Gender Studies bei Prof. Dr. Paula-Irene Villa in München zum Thema »Ko-Konstruktionen des Nationalen und Natürlichen im deutschen Ernährungsdiskurs der Gegenwart«. Ihre Forschungs- und Interessenschwerpunkte sind die Körper- und Ernährungssoziologie, Gesellschaftstheorie, Religionssoziologie und Methoden der qualitativen empirischen Sozialforschung.

Cornelia Schadler ist Erwin-Schrödinger-Stipendiatin am Institut für Soziologie der Ludwig-Maximilians-Universität München. Sie hat 2011 in Wien promoviert und arbeitet zurzeit an einer Habilitation, die menschliche Nahebeziehungen aus der Perspektive neomaterialistischer Theorien analysiert. Ihre Forschungsschwerpunkte sind New Materialism, Intimität, Wahlfamilien und Übergang zur Elternschaft. 2013 ist ihr Buch »Vater, Mutter, Kind werden: Eine posthumanistische Ethnographie der Schwangerschaft« bei transcript erschienen. Aktuelle Publikation: »Polyviduen: Liebe und Subjektivierung in Mehrfachpartnerschaften« in GENDER 1/16 (gemeinsam mit Paula-Irene Villa).

Jasmin Siri ist aktuell Vertretungsprofessorin für politische Soziologie an der Fakultät für Soziologie der Universität Bielefeld. Sie studierte Soziologie, Psychologie und Kriminologie an der Albert-Ludwigs-Universität Freiburg i. Br. und an der Ludwig-Maximilians-Universität München. Die Promotion erfolgte 2011 ebenfalls an der LMU mit der Arbeit »Parteien. Zur Soziologie einer politischen Form« (erschienen 2012 bei Springer VS). Ihre Forschungsschwerpunkte sind politische Soziologie, soziologische Theorie und qualitative empirische Sozialforschung. Freie Literatur zum Download unter: https://www.researchgate.net/profile/Jasmin_Siri. Online außerdem auf Twitter als @grautoene. Jüngste Publikation (im Erscheinen 2016): »Karl Mannheim und die Politische Soziologie«, in: Endreß, Martin/Lichtblau, Klaus/Moebius, Stephan (Hg.): Zyklos 3, Handbuch für Theorie und Geschichte der Soziologie, Wiesbaden: Springer VS.

Alexander Weiß ist wissenschaftlicher Mitarbeiter im Bereich Politische Theorie an der Universität Hamburg. Seine Schwerpunkte liegen im Bereich der Demokratietheorie und der vergleichenden politischen Theorie. Jüngere Veröffentlichungen: »Left after Luhmann. Emanzipatorische Potenziale in Luhmanns Systemtheorie«, in Michael Haus, Sybille De La Rosa (Hg.): Politische Theorie und Gesellschaftstheorie – Zwischen Erneuerung und Ernüchterung, Baden-Baden 2016, S. 169–191. »Die Kanonisierung der westlichen Demokratietheorie. Drei Beispiele vernachlässigter nicht-westlicher Klassiker: Simón Bolívar, Sun Yat-sen, Bhimrao Ramji Ambedkar«, in Walter Reese-Schäfer, Samuel Salzborn (Hg.): ›Die Stimme des Intellekts ist leise‹. Klassiker/innen des politischen Denkens abseits des Mainstreams, Baden-Baden 2015, S. 59–84.

Sozialtheorie

Urs Lindner, Dimitri Mader (Hg.)
Critical Realism meets kritische Sozialtheorie
Erklärung und Kritik in den
Sozialwissenschaften

Februar 2017, ca. 300 Seiten, kart., ca. 25,99 €,
ISBN 978-3-8376-2725-1

Joachim Renn
**Selbstentfaltung – Das Formen der Person und
die Ausdifferenzierung des Subjektiven**
Soziologische Übersetzungen II

September 2016, 296 Seiten, kart., 39,99 €,
ISBN 978-3-8376-3359-7

Henning Laux (Hg.)
Bruno Latours Soziologie der »Existenzweisen«
Einführung und Diskussion

September 2016, 264 Seiten, kart., 29,99 €,
ISBN 978-3-8376-3125-8

**Leseproben, weitere Informationen und Bestellmöglichkeiten
finden Sie unter www.transcript-verlag.de**

Sozialtheorie

Hilmar Schäfer (Hg.)
Praxistheorie
Ein soziologisches Forschungsprogramm

Mai 2016, 384 Seiten, kart., 29,99 €,
ISBN 978-3-8376-2404-5

Andreas Reckwitz
Kreativität und soziale Praxis
Studien zur Sozial- und Gesellschaftstheorie

Mai 2016, 314 Seiten, kart., 29,99 €,
ISBN 978-3-8376-3345-0

Silke Helfrich, David Bollier,
Heinrich-Böll-Stiftung (Hg.)
Die Welt der Commons
Muster gemeinsamen Handelns

2015, 384 Seiten, kart., zahlr. Abb., 19,99 €,
ISBN 978-3-8376-3245-3

Leseproben, weitere Informationen und Bestellmöglichkeiten
finden Sie unter www.transcript-verlag.de

Sozialtheorie

Gabriele Klein,
Hanna Katharina Göbel (Hg.)
Performance und Praxis
Praxistheoretische Studien
zu szenischer Kunst und Alltag
Januar 2017, ca. 300 Seiten,
kart., ca. 29,99 €,
ISBN 978-3-8376-3287-3

Benjamin Rampp
Die Sicherheit der Gesellschaft
Gouvernementalität – Vertrauen –
Terrorismus
Januar 2017, ca. 310 Seiten, kart., ca. 39,99 €,
ISBN 978-3-8376-3414-3

Thomas S. Eberle (Hg.)
Fotografie und Gesellschaft
Phänomenologische und
wissenssoziologische Perspektiven
Dezember 2016, ca. 420 Seiten,
kart., zahlr. Abb., ca. 29,99 €,
ISBN 978-3-8376-2861-6

Pradeep Chakkarath,
Doris Weidemann (Hg.)
Kulturpsychologische
Gegenwartsdiagnosen
Bestandsaufnahmen zu Wissenschaft
und Gesellschaft
November 2016, ca. 226 Seiten,
kart., ca. 25,80 €,
ISBN 978-3-8376-1500-5

Brigitte Bargetz
Ambivalenzen des Alltags
Neuorientierungen für eine Theorie
des Politischen
September 2016, 298 Seiten, kart., 29,99 €,
ISBN 978-3-8376-2539-4

Ruggiero Gorgoglione
Paradoxien der Biopolitik
Politische Philosophie und
Gesellschaftstheorie in Italien
August 2016, 404 Seiten, kart., 39,99 €,
ISBN 978-3-8376-3400-6

Mathias Lindenau,
Marcel Meier Kressig (Hg.)
Miteinander leben
Ethische Perspektiven
eines komplexen Verhältnisses.
Vadian Lectures Band 2
Mai 2016, 114 Seiten, kart., 16,99 €,
ISBN 978-3-8376-3361-0

Katharina Block
Von der Umwelt zur Welt
Der Weltbegriff in der
Umweltsoziologie
Februar 2016, 326 Seiten, kart., 39,99 €,
ISBN 978-3-8376-3321-4

Hanna Katharina Göbel,
Sophia Prinz (Hg.)
Die Sinnlichkeit des Sozialen
Wahrnehmung und materielle Kultur
2015, 464 Seiten, kart., 32,99 €,
ISBN 978-3-8376-2556-1

Florian Süssenguth (Hg.)
Die Gesellschaft der Daten
Über die digitale Transformation
der sozialen Ordnung
2015, 290 Seiten, kart., zahlr. Abb., 29,99 €,
ISBN 978-3-8376-2764-0

Peter Wehling (Hg.)
Vom Nutzen des Nichtwissens
Sozial- und kulturwissenschaftliche
Perspektiven
2015, 276 Seiten, kart., 29,99 €,
ISBN 978-3-8376-2629-2

Franka Schäfer, Anna Daniel,
Frank Hillebrandt (Hg.)
Methoden einer Soziologie der Praxis
2015, 320 Seiten, kart., 29,99 €,
ISBN 978-3-8376-2716-9

Leseproben, weitere Informationen und Bestellmöglichkeiten
finden Sie unter www.transcript-verlag.de